GEF 中国湿地保护体系规划型项目成果丛书

大兴安岭湿地保护地管理

主编 马广仁 刘国强

科学出版社

北 京

内 容 简 介

本书是全球环境基金"增强大兴安岭地区保护地网络的有效管理项目"部分成果内容,包括大兴安岭地区基本情况,大兴安岭地区生物多样性保护与可持续利用行动计划,大兴安岭大区湿地保护融资计划,两个项目示范点的管理计划和旅游发展计划,以及根河源国家湿地公园传统知识利用与惠益分享等项目产出。

本书可供湿地保护管理人员、研究人员、规划设计人员及其他有关人士参阅。

图书在版编目(CIP)数据

大兴安岭湿地保护地管理/马广仁,刘国强主编. —北京:科学出版社,2019.10

(GEF 中国湿地保护体系规划型项目成果丛书)

ISBN 978-7-03-062457-4

Ⅰ.①大… Ⅱ.①马… ②刘… Ⅲ.①大兴安岭地区–沼泽化地–自然资源保护 Ⅳ.①P942.350.78

中国版本图书馆 CIP 数据核字(2019)第 215199 号

责任编辑:张会格 / 责任校对:郑金红
责任印制:吴兆东 / 封面设计:图阅盛世

科学出版社 出版
北京东黄城根北街 16 号
邮政编码:100717
http://www.sciencep.com

北京虎彩文化传播有限公司 印刷
科学出版社发行 各地新华书店经销

*

2019 年 10 月第 一 版 开本:787×1092 1/16
2020 年 5 月第二次印刷 印张:15 1/4
字数:359 000
定价:228.00 元
(如有印装质量问题,我社负责调换)

"GEF 中国湿地保护体系规划型项目成果丛书"编委会

主　　任：李春良

执行主任：马广仁　刘国强　鲍达明　马超德

副 主 任（按姓氏笔画排序）：

　　　　马文森（Vincent Martin）　王春峰　田凤奇
　　　　刘　志　李东升　邱　辉　周绪梅　胡跃进
　　　　黄德华　戴文德（Devanand Ramiah）

委　　员（按姓氏笔画排序）：

　　　　于秀波　马敬能（John MacKinnon）王一博
　　　　王少明　王连成　方　艳　吕连宽　吕金平
　　　　朱　奇　朱兆泉　刘早阳　孙玉露　孙可思
　　　　李吉祥　李德怀　冷　斐　宋东风　张渊媛
　　　　阿勒泰·塔依巴扎尔　　周小春　周志琴
　　　　郑联合　赵念念　侯　鹏　袁　军　莫燕妮
　　　　崔培毅　韩凤泉　辜绳福　曾南京　薛达元

《大兴安岭湿地保护地管理》编委会

主　编：马广仁　刘国强

副主编：鲍达明　田凤奇　于志浩　刘　志　马超德　袁　军

编　委（按姓氏笔画排序）：

　　　　于秀波　马晓晖　丰庆荣　王一博　王伟达
　　　　王连成　王春玲　王铁钢　代玉丽　吕连宽
　　　　吕金平　吕宪国　朱永红　朱新胜　任　涛
　　　　刘　平　孙玉成　孙玉露　孙可思　李玉成
　　　　李吉祥　杨永峰　杨京彪　宋东风　宋百忠
　　　　张大为　张晓云　张渊媛　陈康娟　林　琳
　　　　欧阳峰　周天元　赵有贤　侯　鹏　栗晓禹
　　　　高　健　高作锋　高俊琴　蒋爱军　韩凤泉
　　　　温亚利　谢　屹　慈雪伦　魏伯阳

序 一

——在2017年12月湿地保护体系国际研讨会上的总结讲话

在过去20年，我国的湿地保护工作发展得非常好。当前，全球环境基金（GEF）中国湿地保护体系规划型项目的实施也为我国湿地保护事业增添了新的一笔成绩。我希望该项目的实施能够成为我国湿地保护和湿地科学发展的一个新的里程碑，并对湿地事业发展起到很好的示范作用。

在我看来，该项目在湿地保护体系建设与发展方面实现了三个方面的成果。

第一是总结分享了国内外关于湿地保护体系建设的经验，湿地保护体系实际上是一个很复杂的问题，该项目的实施、推广应用了很多有益的国内外经验，为给国家提出有价值的建议做了很好的铺垫。

第二是示范应用了湿地修复与保护的技术和模式，涉及湿地的保护修复、科研监测、合理利用、栖息地管理、科普宣教和社区参与等方面，形成了很好的经验，为湿地事业的发展奠定了良好的基础。

第三是在促进湿地保护体系建设中取得了显著成效，体现了湿地保护与管理的系统性，在各省区级子项目的实施过程中取得了良好的效果。如何扩大湿地保护的面积，如何提升湿地保护与管理的有效性，如何完善湿地保护体系，该项目进行了有益的探索和创新实践。

针对未来湿地保护体系建设发展，我认为应加强以下三个方面的重点工作。

第一是在保护体系建设中进一步加强顶层设计。湿地保护体系建设尚缺乏顶层设计，当前，国家所有的保护地都是采用"自下而上"的申报方式。今后，我们应该加强顶层设计，对全国的湿地资源进行统筹规划，全国"一盘棋"，把资源和资金优先用于真正亟待保护的保护地建设上来，所以，必须引起大家认真的关注。

第二是加强对保护地建设的科学指导。这实际上是延续上述第一项工作的观点，目前湿地概念的泛化要引起注意。所谓的湿地是一个生态系统，在湿地要素中，包括水、湿地土壤、植被覆盖，这三个要素凑在一起，才能形成一个湿地生态系统，而这个生态系统，具有它特殊的功能，当然水是基本要素，但不能因为有水就说是湿地。所以，我提出来的要求就是，一定要把生态系统整体性概念引进湿地保护和建设的总体设计中，保护湿地生态系统的结构、功能和过程，希望大家都能够回归到一个比较客观的科学概念，从而来开展湿地保护和湿地建设。

第三是进一步加强科普教育，引导公众参与，这是我们体系建设的一个很重要的组成部分。发动公众力量，提高公众意识，通过公民的广泛参与来科学地推动我国的保护事业，进而来实现湿地及生物多样性保护的目标，是我们下一步的工作重点。

我欣喜地看到，全球环境基金中国湿地保护体系规划型项目取得的成果为业界同行提供了广泛而有益的借鉴。我希望在这样一个新起点、新时代，在十九大精神的指引下，我们大家携手共进，迎接湿地保护的美好明天。

中国科学院院士
国家湿地科学技术专家委员会主任

序 二

大兴安岭作为我国北方重要的生态屏障，拥有面积广阔、自然状态保护较好的森林、湿地和草原生态系统，野生动植物资源十分丰富，其中不乏具有全球意义的珍稀濒危物种，具有重要的保护价值。大兴安岭是我国最大的国有天然林区，历史上承担着繁重的木材生产任务，为国家经济建设做出过巨大的贡献，但由于超负荷采伐，林区生态状况退化明显，生态建设相对薄弱，再加上气候变化和人类活动的综合影响，大兴安岭生态保护面临严峻挑战。

GEF 大兴安岭保护地项目，自 2013 年 9 月启动，正值大兴安岭国有林区全面停止商业性采伐，林区主体功能由木材生产向生态建设全面转型的特殊时期。项目在五年的实施过程中，围绕推动生物多样性保护主流化进程、开展能力建设、推广湿地保护恢复技术、推进生物多样性调查监测、宣传教育和社区共管等主题，开展了大量探索性和示范性实践活动，取得了重要的创新性成果，为推动大兴安岭地区生物多样性保护事业做出了重要贡献。应该说，该项目的实施不仅为大兴安岭地区生态建设提供了宝贵的资金支持，更重要的是引入了国内外生态保护的新理念、新机制、新技术和新经验，为大兴安岭生态保护建设提供了重要借鉴。

为了总结和分享 GEF 大兴安岭保护地项目的成果与经验，促进项目成果在全国示范和推广，我们决定编写出版《大兴安岭湿地保护地管理》一书。该书的作者都是直接参与或指导项目实施的专家和管理人员，他们从不同层面和角度总结了项目推进大兴安岭湿地保护与管理的成功实践、方法、案例和模式，具有较高的参考价值。我相信，该书的出版将为推进大兴安岭地区生态保护建设做出有益贡献。

国家林业和草原局副局长

GEF 中国湿地保护体系规划型项目指导委员会主任

Foreword Three

As a global development network, UNDP works in around 170 countries and territories to build a better future through knowledge and experience sharing, fostering cooperation between governments and communities, and promoting private sector engagement to achieve the *Sustainable Development Goals* (SDGs). We support the establishment of institutional mechanisms such as policies, laws and regulations, promoting the process of mainstreaming sustainable development, strengthening capacity building and cooperative partnership, and increasing publicity and promotion efforts. These priorities, alongside years of engaging and exploring practices for biodiversity conservation have laid the foundation for the promotion of equality and inclusive sustainable development.

At the United Nations Sustainable Development Summit on 25 September 2015, world leaders adopted *The 2030 Agenda for Sustainable Development*, which includes a set of 17 SDGs to eradicate poverty, fight inequality and injustice, and tackle climate change by 2030. By working together on sustainable initiatives, we have an opportunity to meet aspirations set out under the 2030 Agenda for peace, prosperity, and well-being, and to preserve our planet. UNDP cooperates with member states at all levels of the government to ensure that the SDGs are inclusive by implementing grassroots initiatives and integrating social and economic development between countries.

Biodiversity contributes to human welfare in many ways. We can term these benefits 'ecological services'. Such services include sustainable supplies of timber, medicines, edible animals and plants. They can include less direct services such as the formation of soils, pollination of our crops, the recycling of nutrients, replenishment of water tables, fixation of pollutants, amelioration of climate and control of watersheds. They can even provide value to our culture, meet recreation needs, serve as tourism resources and add to property values. The international community continuously recognizes biodiversity conservation as a key priority for securing sustainability. Ranging from international days such as International Biodiversity Day, held annually on 22 May, to the International Year of Biodiversity in 2010, as well as the UN-Decade on Biodiversity that is taking place from 2011 to 2020, and now *The 2030 Sustainable Development Goals*, UNDP is actively engaged in public awareness campaigns on biodiversity conservation. These campaigns are implemented based on our longterm cooperation with our partners, integrating initiatives from a variety of perspectives.

All ecosystems deliver a wide range of ecological services, but wetland ecosystems are by far the most precious. In a recent comprehensive study of the values of these different ecosystem services globally (Costanza et al. researched it in 2014), it was found that on average the values derived from estuaries ($29, 000), mangroves ($194, 000), floodplain marshes ($25, 700) and open waters ($12, 500) are respectively several times more valuable ($/year/hectare) than such ecosystems as croplands ($5, 600), tropical forests ($5, 400), temperate forests ($3, 000) and grasslands ($4, 200) respectively ($/year/hectare). This study reveals the importance of protecting and maintaining wetlands. Wetlands should not be converted to urban use or farmlands or planted into forests, and they should never be labeled as wastelands. Wetlands should be included into the redline for ecological conservation zoning by government agencies, rather than being degraded and destroyed.

Healthy wetlands are a vital foundation for a secure environment for human development. Wetlands are a large factor in the creation of the 'Ecological Civilization' demanded by Chinese leaders. The world is beginning to recognize the importance of this and UNDP is working together with international programs to make this a reality in China.

China's wetlands are vital habitat for many rare birds, such as cranes, storks, swans, geese and ducks, and some endangered mammals such as beaver, otters and moose. But these are only a few charismatic species out of the hundreds of fishes, insects, water plants and other species that are essential for wetland health and sustainability. Without their dependent species our wetlands become putrid and a source of disease. Without their natural vegetation, they offer no shade, no water cleansing functions, no holding back of the flood waters, no delivery of clean water in the dry times, no shelter against the battering of coastal typhoons.

It remains our duty to safeguard our wetlands and this means raising awareness in terms of planning, zoning, protection and management. We can harvest many resources from wetlands but only on a sustainable basis. It is vital we extend the protected area network to include more wetlands and raise standards of management to high international levels. By adding new Ramsar wetland sites of international significance, China can demonstrate to the world that it understands the importance of wetlands, that it cares and that it can manage them beautifully. By raising county protected areas to provincial level and provincial protected areas to national level, we can help ensure that wetlands receive higher attention and better management investment. By creating wetland parks or national parks, we help the general public to understand their wetlands, enjoy their beauty, understand their needs and offer conservation support.

China has made impressive efforts in wetland conservation. UNDP would like to express gratitude to Ministry of Finance, State Forestry Administration and relevant provincial forestry departments for selecting UNDP as a key partner to undertake the implementation of six of the projects under the Mainstreams of Life (MSL) Programme totaling US $ 20 million within the 7 projects totally US $ 26 million. This UNDP-GEF (Global Environment Facility) MSL Programme aims for a transition towards the appreciation of wetlands and to raise both public and government awareness to their values. Our program covers wetlands from north to south and east to west, developing new standards, applying innovative approaches, involving local people of various ethnic groups and spreading best practices for better conservation of all wetlands in China.

In order to summarize and raise awareness of the project's fruitful achievements throughout its implementation, this brings together the best practices and lessons learned from five years of hard work and demonstration. It highlights the need for mainstreaming wetland conservation into the agenda of several different departments and shows what can be done when partnerships are built between different agencies and between government and the public. This book will provide experience from the programmatic approach for other GEF programmes and similar international initiatives. This programme is conducive to GEF knowledge management and experience sharing, and will continue to be promoted across the wider region to benefit more people.

Agnes Veres

Country Director
UNDP China

序　三

作为一个致力于全球发展的组织，联合国开发计划署（UNDP）的工作范围遍及全球170个国家和地区，旨在通过知识和经验分享，建立一个更美好的未来，促进政府与当地社区之间的合作，推动私营部门参与到实现可持续发展目标（SDG）的进程中。我们为建立各种政策、法律法规等机制提供支持，致力于推动可持续发展主流化的进程，加强能力建设和合作伙伴关系的建立，增强宣传教育和推广工作的力度等。这些优先领域及我们在生物多样性保护领域所开展的长期探索，为促进平等和包容性的可持续发展奠定了坚实的基础。

在2015年9月25日召开的联合国可持续发展峰会上，来自世界各国的领导人通过了《2030年可持续发展议程》，该议程涵盖在2030年前消除贫困、应对不公平和不公正现象及应对气候变化等领域的17个可持续发展目标。通过在各种可持续发展动议中开展合作，我们将有机会实现《2030年可持续发展议程》中有关和平、经济繁荣、人类福祉及保护地球方面的目标。联合国开发计划署与各成员国的各级政府部门精诚合作，确保在实施各种基层项目时将可持续发展目标纳入其中，并将可持续发展目标纳入各国的社会经济发展规划之中。

生物多样性可在许多方面促进人类福祉。我们将这些惠益称为生态服务。生态服务包括可持续提供的木材、药材、可食用动植物。此外，生态服务也包括部分间接服务，如土壤的形成、对作物的授粉、养分的再循环、地下水的补充、污染物的固定、气候变化减缓、流域调控等。生态服务还可以提供文化价值，满足娱乐需求，作为旅游资源，增加物业价值等。国际社会日益将生物多样性保护视为实现可持续发展的一个关键优先领域。在各种国际性的节日，如每年5月22日的"国际生物多样性日"，2010年的"国际生物多样性年"，2011~2020年的"联合国生物多样性十年"及当前的《2030年可持续发展目标》中，联合国开发计划署均积极参与各种旨在提高公众对生物多样性保护意识的宣传活动。这些宣传活动依托我们与合作伙伴的长期合作项目进行开展，并纳入我们的各种项目活动中。

所有生态系统类型都提供多种生态服务，但湿地生态系统是至今为止所有生态系统类型中价值最大的。近年来对全球不同生态系统服务价值开展的一项全面研究显示（Costanza等2014年的研究），平均而言，河口（29 000美元）、红树林（194 000美元）、洪泛区沼泽湿地（25 700美元）和开阔水域（12 500美元）的单位价值[美元/（年·hm^2）]分别是农田（5600美元）、热带森林（5400美元）、温带森林（3000美元）和草地（4200美元）单位价值的若干倍，该项研究揭示了保护和维护湿地的重要性。我们不应将湿地改造为城市或农田用地，也不应将湿地改造为森林，更不应将湿地认为是荒地。湿地应纳入各级政府部门的生态保护红线，而不应遭到退化和毁坏的厄运。

健康的湿地将为人类的发展提供一个重要的安全环境。在帮助建设中国领导人所倡导的生态文明方面，湿地是一个重要的因素。全世界也已开始意识到湿地的这一重要性。为此，联合国开发计划署通过与多个国际项目合作，帮助中国实现这一目标。

中国的湿地是许多珍稀鸟类（如鹤、鹳、天鹅、雁鸭等），以及部分濒危哺乳动物（如河狸、水獭和驼鹿等）的重要栖息地。除此以外，数百种鱼类、昆虫、水生植物和其他物种对于湿地的健康与可持续性也具有至关重要的作用。如果没有那些依赖于湿地生存的各种物种，湿地就会变得恶臭不堪，从而成为疾病的发源地。如果没有湿地的天然植被，它们就不可能为人们提供避荫之处、洁净水源，发挥阻挡洪水、在干旱时期提供洁净水的功能，也无法抵御沿海台风的侵袭。

保护湿地是我们义不容辞的责任。因此，必须提高人们对湿地规划、分区、保护和管理的认识程度。我们必须扩大保护区网络，将更多的湿地纳入保护区网络，提高管理水平，并达到国际高标准的要求。中国通过新增国际重要湿地，向世人展示其能够认识到湿地的重要性、关心湿地的保护，并且可以有效地管理这些湿地。通过将县级保护区升级为省级保护区，或者将省级保护区升级为国家级保护区，我们可以确保这些湿地得到更大程度的重视和更多的管理投资。与此同时，通过建立湿地公园或国家公园，我们可以帮助公众更好地了解湿地、欣赏湿地之美、认识湿地的需求并提供自然保护方面的支持。

中国在湿地保护方面已采取了许多令人瞩目的行动。联合国开发计划署在此向中国财政部、国家林业和草原局及相关林业厅（局）表示感谢，感谢他们将我们选定为实施"生命主流化"（MSL）计划中6个项目（累计投资2000万美元）的主要合作伙伴。"生命主流化"计划共有7个项目，总投资2600万美元。联合国开发计划署-全球环境基金（UNDP-GEF）"生命主流化"计划旨在让人们逐步认识到湿地的重要性，提高公众及政府部门对湿地价值的认识程度。本规划型项目涵盖的湿地项目点分布在中国的各个地区，从南到北、从东到西都有。本项目旨在通过建立新标准，采纳创新方法，让当地不同的族群参与其中，并且推广各种最佳实践，更好地保护中国所有的湿地。

为总结本规划型项目在实施过程中取得的丰硕成果并推广这些成果，该书汇集了本规划型项目过去五年间各种项目活动和示范活动的最佳实践与经验教训。该书表明，必须将湿地保护工作纳入多个不同政府部门的议事日程主流化进程之中。此外，该书还展示了可以开展哪些活动，来建立不同政府部门及政府部门与公众之间的合作伙伴关系。最后，该书还提供了有关全球环境基金实施的其他项目及类似国际项目实施方法的经验。本规划型项目有助于推动全球环境基金的知识管理和经验分享，并将继续在其他地区推广其知识和经验，以便让更多的人群从中受益。

文霭洁（Agnes Veres）
联合国开发计划署驻华代表处国别主任

前　言

　　大兴安岭地处我国最北端，包括内蒙古自治区的东北部和黑龙江省的西北部。辽阔的低谷平地、湿冷的气候和永久冻土造就了大兴安岭地区丰富的湿地资源。第二次全国湿地资源调查结果显示，大兴安岭湿地总面积约为 27 339km^2，约占大兴安岭地区土地面积的 14.4%，对保护具有全球重要意义的生物多样性、维护区域生态安全具有重要意义。

　　20 世纪 50 年代以来，由于气候变化和人类活动的影响，大兴安岭湿地面临着森林火灾、农业垦殖、林产品过度采集、旅游开发及基础设施建设等威胁，迫切需要进一步完善保护地体系，增强保护地的管理有效性。为此，通过各方努力，全球环境基金(GEF)"增强大兴安岭地区保护地网络的有效管理项目"应运而生。

　　本项目是 GEF "中国湿地保护体系规划型项目"的子项目之一，全球环境基金赠款 3 544 679 美元，中国政府配套 23 500 000 美元，实施期为 2013 年 9 月至 2018 年 9 月。本项目国际执行机构为联合国开发计划署，国内执行机构为国家林业局湿地保护管理中心（现国家林业和草原局湿地管理司），实施机构为国家林业和草原局调查规划设计院、内蒙古大兴安岭林业管理局和大兴安岭林业集团公司（黑龙江），示范点为内蒙古根河源国家湿地公园和黑龙江多布库尔国家级自然保护区。

　　本项目旨在消除大兴安岭具全球重要意义的生物多样性面临的主要威胁，增强大兴安岭地区保护地体系的管理水平。本项目实施 5 年来，围绕推进湿地与生物多样性保护主流化、增强保护地网络的管理有效性及开展项目点层面的保护管理示范等主题开展了多层面、多角度的探索和实践，取得了显著成效。为了总结、分享大兴安岭项目的成效与经验，促进本项目成果在全国示范和推广，现将大兴安岭项目部分与管理有关的报告编辑出版，本册为《大兴安岭湿地保护地管理》，主要内容包括本项目支持开展的大兴安岭湿地管理实践成果，各章主要内容如下。

　　第一章为大兴安岭地区基本情况，介绍了大兴安岭地区的社会、经济和生态状况，提供了大兴安岭地区开展项目活动的背景情况。此章主要完成人为中国科学院东北地理与农业生态研究所的吕宪国、邹元春、薛振山、刘晓辉。

　　第二章为大兴安岭地区湿地保护示范点管理计划，介绍了湿地保护管理计划的概念、目的和作用、组成与编制程序；评价了两个项目示范点的管理现状，分析了保护管理对策，编制了行动计划和经费估算。此章主要完成人为北京林业大学经济管理学院的谢屹、周瑞原。

　　第三章为大兴安岭地区生物多样性保护与可持续利用行动计划，介绍了大兴安岭地区生物多样性保护与可持续利用工作概况，提出了该地区生物多样性保护与可持续利用战略，梳理了生物多样性保护优先区域，总结了生物多样性保护主要领域与优先行动，讨论了保障措施。此章主要完成人为北京林业大学自然保护区学院的高俊琴、蒋丽华、李红丽、宫玉婷。

第四章为大兴安岭地区湿地保护融资计划，梳理了黑龙江和内蒙古大兴安岭地区的湿地保护融资现状、融资目标和任务，并分别编制了黑龙江和内蒙古大兴安岭地区及两个项目示范点的融资计划。此章主要完成人为北京林业大学经济管理学院的温亚利、王会、冯骥。

第五章为大兴安岭地区示范点旅游发展现状及规划，介绍了黑龙江与内蒙古大兴安岭地区生态旅游开展的总体情况，分别介绍了多布库尔国家级自然保护区生态旅游资源和发展规划，以及根河源国家湿地公园生态旅游发展历程和主要旅游项目。此章主要完成人为黑龙江多布库尔国家级自然保护区的李玉成、任涛、韩志敏，内蒙古根河源国家湿地公园的王连成、高健、王铁钢。

第六章为根河源国家湿地公园传统知识利用与惠益分享，介绍了根河源国家湿地公园周边自然环境与社会经济文化、遗传资源及传统知识调查与评估结果、遗传资源及传统知识惠益分享情况，以及生态系统文化服务功能调查与评估结果。此章主要完成人为中央民族大学的杨京彪、薛达元、窦月含、贾若男、黄超，内蒙古大兴安岭重点国有林管理局的王伟达。

由于本项目开展的许多工作具有开创性和探索性，部分成果难免不够成熟和完善，加之编者水平有限，因而本书可能存在不足之处，敬请读者批评指正。

编　者

2018 年 8 月 15 日

目　　录

第一章　大兴安岭地区基本情况 ... 1
第一节　自然环境条件 ... 1
第二节　社会经济状况 ... 3
第三节　面临的问题 ... 5

第二章　大兴安岭地区湿地保护示范点管理计划 ... 7
第一节　湿地保护管理计划概况 ... 7
一、管理计划的概念 ... 7
二、管理计划的目的和作用 ... 7
三、管理计划的组成 ... 8
四、管理计划的编制程序 ... 8

第二节　多布库尔国家级自然保护区保护管理计划 ... 10
一、自然保护区管理现状与评价 ... 10
二、自然保护区保护管理对策 ... 17
三、行动计划 ... 27
四、经费预算 ... 43

第三节　根河源国家湿地公园保护管理计划 ... 45
一、湿地公园管理现状与评价 ... 45
二、湿地公园保护管理对策 ... 53
三、行动计划 ... 61
四、经费预算 ... 77

第四节　管理计划的监测、评价和调整 ... 78
一、项目监测 ... 78
二、管理计划实施效果评价 ... 79
三、管理计划的调整和修改 ... 79

第三章　大兴安岭地区生物多样性保护与可持续利用行动计划 ... 80
第一节　大兴安岭地区生物多样性保护与可持续利用工作概况 ... 80
一、大兴安岭地区生物多样性概况 ... 80
二、大兴安岭地区生物多样性受威胁状况 ... 81
三、大兴安岭地区生物多样性保护工作措施及成效 ... 82
四、大兴安岭地区生物多样性保护面临的问题与挑战 ... 85

第二节　生物多样性保护与可持续利用战略

一、指导思想 ... 86

二、基本原则 ... 87

三、战略目标 ... 87

四、战略任务 ... 88

第三节　生物多样性保护优先区域

一、生物多样性保护主要优先区域 ... 89

二、保护地体系建设 ... 90

第四节　生物多样性保护与可持续利用主要领域和优先行动

一、加强保护地规范化建设，强化保护地能力建设 ... 92

二、恢复野生生物种群、生境及典型退化生态系统 ... 95

三、科学开展珍稀物种迁地保护 ... 99

四、控制外来入侵物种，加强病虫害和转基因生物安全管理 ... 100

五、科学、规范开展生态旅游业 ... 102

六、加强生物多样性保护利用科研监测 ... 105

七、发展环境友好型农业和林业 ... 106

八、加强保护地资金投入，拓宽保护地融资渠道 ... 108

九、强化生物多样性保护管理体制与法律法规体系建设 ... 108

第五节　保障措施

一、完善政策法规，强化法制保障 ... 111

二、加强组织领导，明确部门职责 ... 111

三、落实配套政策，加大资金投入 ... 111

四、建立监督机制，提高实施能力 ... 112

五、完善生态补偿机制，提升保护效果 ... 112

第四章　大兴安岭地区湿地保护融资计划 ... 113

第一节　黑龙江大兴安岭地区湿地保护融资计划 ... 113

一、湿地保护融资现状 ... 113

二、湿地保护融资目标与任务 ... 116

三、区域层面湿地保护融资计划 ... 117

四、多布库尔国家级自然保护区融资计划 ... 129

第二节　内蒙古大兴安岭地区湿地保护融资计划 ... 137

一、湿地保护融资现状 ... 137

二、湿地保护融资目标与任务 ... 140

三、区域层面湿地自然保护区融资计划 ... 141

四、区域层面湿地公园融资计划 …………………………………………… 149
　　五、根河源国家湿地公园融资计划 …………………………………………… 155
　第三节　结论与讨论 …………………………………………………………… 161
　　一、黑龙江大兴安岭湿地融资计划结论 ……………………………………… 161
　　二、内蒙古大兴安岭湿地融资计划结论 ……………………………………… 162

第五章　大兴安岭地区示范点旅游发展现状及规划 ……………………………… 165
　第一节　黑龙江省大兴安岭地区生态旅游概况 ………………………………… 165
　第二节　多布库尔国家级自然保护区生态旅游 ………………………………… 171
　　一、生态旅游资源 …………………………………………………………… 171
　　二、生态旅游规划 …………………………………………………………… 174
　第三节　内蒙古大兴安岭地区生态旅游概况 …………………………………… 181
　第四节　根河源国家湿地公园生态旅游概况 …………………………………… 192
　　一、发展历程 ………………………………………………………………… 192
　　二、主要旅游项目 …………………………………………………………… 192
　第五节　结论与讨论 …………………………………………………………… 195

第六章　根河源国家湿地公园传统知识利用与惠益分享 ………………………… 197
　第一节　周边自然环境与社会经济文化概况 …………………………………… 197
　　一、自然环境与传统文化 …………………………………………………… 197
　　二、少数民族地区社会经济 ………………………………………………… 198
　　三、少数民族文化 …………………………………………………………… 202
　第二节　遗传资源及传统知识调查与评估 ……………………………………… 204
　　一、遗传资源及传统知识名录 ……………………………………………… 204
　　二、遗传资源及传统知识开发利用现状 …………………………………… 204
　第三节　遗传资源及传统知识惠益分享 ………………………………………… 205
　　一、惠益分享现状分析 ……………………………………………………… 206
　　二、惠益分享制度需求与能力建设分析 …………………………………… 206
　　三、惠益分享可行性分析 …………………………………………………… 207
　　四、惠益分享措施建议 ……………………………………………………… 207
　第四节　生态系统文化服务功能调查与评估 …………………………………… 208
　　一、生态系统文化服务与民族文化 ………………………………………… 208
　　二、调查方法及受访人基本信息 …………………………………………… 209
　　三、根河源国家湿地公园及周边地区生态系统文化服务与少数民族文化 … 210
　　四、根河源国家湿地公园及周边地区生态系统文化服务评估 …………… 211

参考文献 ………………………………………………………………………………… 217

第一章　大兴安岭地区基本情况

大兴安岭地区湿地资源丰富，具有重要的生物多样性保护等生态服务功能，也为当地经济社会可持续发展提供了重要的物质支撑。为了支持大兴安岭地区湿地生态系统保护，选定黑龙江多布库尔国家级自然保护区和内蒙古根河源国家湿地公园作为项目示范点，对现行的生态系统健康情况、生物多样性指数、保护管理能力等进行评价，提出促进和支持湿地合理利用及有效保护的对策建议，为在大兴安岭地区全面示范和推广项目成功经验奠定基础。两个选定的项目示范点的生态系统特点、栖息地类型和需解决的保护及管理问题与大兴安岭地区其他保护地一样，从而具有良好的代表性。根河源国家湿地公园以"湿地"生态系统为主，而多布库尔国家级自然保护区则不仅分布有大面积湿地，还分布有大面积森林。这两个项目示范点有着各自的特点和问题，可作为不同的实例来全面增强大兴安岭地区保护地管理的有效性。

第一节　自然环境条件

大兴安岭地区地处中国最北端，包含黑龙江省的西北部和内蒙古自治区的东北部（北纬47°03′40″～53°33′25″，东经119°36′20″～127°01′17″），北部与俄罗斯相毗邻。大兴安岭地域宽广，总面积189 775 km^2（内蒙古境内为106 275 km^2，黑龙江境内为83 500 km^2）。这里广泛分布着北方寒温带针叶林和河流沼泽湿地（主要是森林沼泽与草本沼泽，包括泥炭地）。全区以低山丘陵地貌为主，整体地势南高北低。全区平均海拔为500 m，有岛状分布的多年冻土，厚度为0.8～1.5 m。北部地区多年冻土分布较为集中。

大兴安岭地区属于寒温带大陆性季风气候，冬季严寒而漫长（12月和1月平均气温可降至-30℃），夏季温暖而短暂，7月的最高平均气温为20℃（图1-1）。中国有史以来记录到的最低气温（-52.3℃）即在此区。大兴安岭地区的年平均降雨量400～500 mm，降雨多集中在5～9月，7月的平均降雨量可高达逾120 mm（图1-1）。大兴安岭年平均风速为2～3 m/s，最大风力8级，多集中在春季。在过去的50年里，大兴安岭地区的年平均气温上升了近2℃，极端天气事件发生频繁。大兴安岭地区植物的生长期约为100天。

大兴安岭地区既是东北亚主要河流——黑龙江的主要水源地，又是内蒙古呼伦贝尔地区的主要水源地。区内水系要么直接汇入黑龙江，要么经由松花江再注入黑龙江。大兴安岭地区是黑龙江省及其下游地区湿地的主要水源地。区内众多河流仍保持其原始状态，水质清澈。大兴安岭地区水资源总量为197亿 m^3（含地表水与地下水）。

大兴安岭地区丰富的森林生态系统、湿地（包括河流）和草甸生态系统为具全球重要性的生物提供了理想的栖息场所。这一地区的优势植被类型主要包括针叶林（兴安落叶松、樟子松、红松和云杉）、阔叶林（白桦、山杨和钻天柳）、苔草、藓类、灌木（如

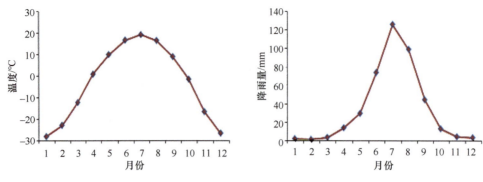

图 1-1　大兴安岭地区月平均气温与降雨量

笃斯越橘、修氏苔草和沼柳)、浮叶植物(浮萍、睡莲、荇菜和毛茛)和沉水植物(龙须眼子菜、菹草和金鱼藻)。事实上,在过去的 50 年里,因森工企业大力发展及农田对林地的蚕食(大兴安岭南部地区),大兴安岭地区的植被已经发生了显著的变化。尤其是 20 世纪 50 年代大面积的森林采伐使得这一地区的原始林面积骤减。现在,大兴安岭大部分地区分布着大面积的天然次生林和人工林。

辽阔的低谷平地及其下的永久冻土造就了大兴安岭地区丰富的湿地资源。国家林业局 2010 年湿地资源调查结果显示,大兴安岭地区湿地总面积约为 27 339km², 约占大兴安岭地区总面积的 14.4%。其中,沼泽湿地为优势湿地类型,约占全区湿地总面积的 96.5%,其次依面积比例分别为河流湿地(3.4%)、湖泊湿地(0.1%)和人工湿地(<0.1%)(表 1-1)。其中沼泽湿地又分为多种类型,森林沼泽和草本沼泽为优势类型,灌丛沼泽和沼泽化草甸次之。大兴安岭地区独特的地理位置、气候条件,以及大面积的泥炭地、有机土壤和地下多年冻土带造就了这一地区森林沼泽、灌丛沼泽、沼泽化苔草草甸和泥炭沼泽交错分布的特点。

表 1-1　大兴安岭地区湿地概况一览表

湿地类型	黑龙江片区 面积/hm²	内蒙古片区 面积/hm²	小计 面积/hm²	比例/%
河流湿地	58 600	34 506	93 106	3.4
湖泊湿地	500	2 208	2 708	0.1
沼泽湿地	1 471 100	1 166 321	2 637 421	96.5
人工湿地	600	85	685	—
总计	1 530 800	1 203 120	2 733 920	100

寒冷、干燥和较短的植物生长期(约 100 天)使得大兴安岭地区注定不适于发展农业。目前,仅大兴安岭的南缘和西缘分布有少量毁林后开发的农地。毁林种地使大兴安岭部分地段的林缘向北后退了约 100km。尽管这一地区的生长期很短,但从长远来看,气温升高会使区内更北部的地区适于发展农业,这将对这一地区的自然生态系统产生负面影响。恶劣的气候意味着树木生长缓慢,针叶树需生长百年以上才能成材,这意味着大面积恢复退化的林地将是一个非常缓慢的过程。

大兴安岭地区刚开始实施实地环境监测,且仅有几处保护地开展此类监测。黑龙江南瓮河国家级自然保护区、内蒙古的根河市和北大河都设有环境监测站。尽管许多自然保护区制订了环境监测计划，但因技术能力不足，这些计划的实施效果往往很差或者根本未被付诸实施。

第二节　社会经济状况

大兴安岭 2011 年的总人口为 970 245 人［其中黑龙江片区为 516 390 人（53.2%），内蒙古片区为 453 855 人（46.8%）］。大兴安岭的人口密度非常低，尤其是内蒙古片区。大兴安岭的平均人口密度为 5 人/km^2，远远低于全国 135 人/km^2 的平均值。因大兴安岭地区的人口多集中在城镇区域，其农村地区的人口密度就更低了。近年来，大兴安岭的人口增长处于极低水平。黑龙江片区人口年增长率仅为 1.8%，而内蒙古片区则出现了人口增长率不断下降的现象（创有史以来人口增长新低）。

大兴安岭的城市社区能提供水电、教育、医疗和通信服务。在大兴安岭，尽管公路路况较差且路网稀疏，但这一地区的交通仍以公路和铁路为主。近年来，大兴安岭通过开展大扫除、植树、美化建筑物和铺设城市街道等系列活动改善周围环境质量。

大兴安岭地区生活着 20 多个少数民族。这一地区共有 4 个宗教派别，分别为佛教、基督教、伊斯兰教、天主教。鄂温克族分布在俄罗斯、蒙古国和中国。中国黑龙江省、内蒙古自治区的鄂温克族自治旗等地方共居住着约 3 万名鄂温克族人民。他们以放牧、农业和狩猎为生。政府颁给鄂温克族人民狩猎特别许可证。本项目示范点周边居住的唯一的土著民就是根河源国家湿地公园周边的少数民族部落——敖鲁古雅鄂温克族。他们从俄罗斯迁居于此，并曾以驯鹿为生。现如今，只有 243 名鄂温克族人民生活在靠近根河市的特别居住区内。他们养鹿和从事旅游活动（每年游客量约 3 万人次）。政府也给他们颁发狩猎特别许可证。在本项目准备阶段，项目设计人员与少数民族代表（达斡尔族与鄂温克族）举行了座谈咨询会，以确保本项目的实施不但不会给他们带来不良的影响，还会让他们因项目的实施而受益。在本项目实施期间，两个项目示范点将成立当地"社区论坛"，届时少数民族代表将作为"社区论坛"成员参与本项目的实施。

大兴安岭地区的 GDP 为 164 亿元（约 26.3 亿美元）。其中，面积仅占大兴安岭地区 44% 的黑龙江片区 GDP 占到整个大兴安岭地区 GDP 的 76.2%。大兴安岭地区的经济增长和就业基本上依赖于这一地区的自然资源及生物多样性。大兴安岭的支柱产业有林业、农业、畜牧业和渔业。大兴安岭的就业劳动力以男性居多。内蒙古自治区与黑龙江省的林业管理局是大兴安岭地区最主要的用工单位。2011 年，两省区林业管理局的职工总数高达 121 482 人（其中黑龙江片区为 62 969 人，内蒙古片区为 58 513 人）。林业仍是大兴安岭地区的支柱产业，其中木材生产和木材产品加工带来的经济收益约占全区经济总收入的 60%。事实上，因过去长达半个世纪对大兴安岭地区成材林的过度砍伐、木材价格走低，之后林业管理规定从紧从严及伐木指标的减少，使这一地区的木材销售量锐减。贫困困扰着大兴安岭地区，林业工人的收入低（仅为全省人均工资的 50%）。即使在大兴安岭的城市地区，2011 年的人均年收入也仅为 12 480 元。人们开始探索新的谋生手段，包括非木材林产品的采集与加工、种植林下农产品和开展生态旅游。大兴安岭地区其他非主导性的产业活动还包括开矿、畜牧业和农业（因气候条件限制，仅局限于大兴安岭南缘地带）。保护地周边地区的利益相关者主要从事药材和食用菌的种植与栽培、绿色健康食品的种植与加工、生态旅游管理和木材深加工。综上所述，保护区周边的相关部门对湿地及保护地体系的影响甚微。

非木材林产品的采集、种和加工，或者按当地说法"林下经济"已经在大兴安岭地区的经济发展中占据了重要地位。大兴安岭的非木材林产品主要包括：①浆果，尤其是蓝莓和越橘（Vaccinium vitis-idaea）；②菌类，尤其是木耳（Auricularia spp.）、伞菌（Agaricus spp.）、猴头菌（Hericium erinaceus）等可食用的菌类；③野生蔬菜；④动物皮毛和传统的动物药材；⑤药用植物。非木材林产品销售市场成形，加之非木材林产品属于有机食品（如未使用农药和杀虫剂），市场前景看好。在大兴安岭，当地居民采集到非木材林产品后，自己食用或者使用，或者储存起来备用，或者直接售卖到当地集市或者收购商。收购商再将收购的非木材林产品贩卖到大城市，如哈尔滨或呼和浩特。浆果则主要是出售给当地的软性饮料加工厂或果酒酿造厂。非木材林产品的采集主要集中在每年的7~8月。每位采集者每年可收入约1万元。因此，非木材林产品采集是大兴安岭地区许多林区家庭主要的收入来源。林下经济正为大兴安岭地区的人们提供新的就业机会。

大兴安岭葱郁的森林、原始的河流、美丽的自然景观、众多的保护地、丰富的生物多样性和独特的北国风光使得生态旅游在这一地区尤其具有发展潜力。作为中国气温最低的地区，大兴安岭被称为"中国的北极"，这使得这一地区具有发展冬季运动和活动的有利条件，如观看北极光。这类旅游活动虽然在大兴安岭地区仍处于早期发展阶段，但鉴于中国日益富强，人口流动性增加，人们越来越向往外出旅游，这类旅游仍有望成为这一地区经济发展的主动力。在旅游发展的过程中，要严格控制其对环境可能造成的负面影响。黑龙江大兴安岭地区目前约有3000人从事生态旅游及其相关的经济活动。近年来，在当地有关政策和措施的推动下，生态旅游发展迅猛。2011年，黑龙江全省（含黑龙江大兴安岭地区）的游客量为299万人次，旅游总收入为27.5亿元，分别较以往增长了34%和37%。在内蒙古自治区，集健康、享受、消暑和休闲于一体的旅游新概念正日益盛行。2011年，保护区及周边社区共接待游客354 500人次，创经济收益2.42亿元。例如，内蒙古奎勒河湿地生态旅游直接创收150万元，并为当地社区提供了110个就业岗位。

因大兴安岭地区植物生长周期短（约100天），农业收益低。大兴安岭地区的农业仅局限在这一地区的南缘地带。随着大兴安岭局部地区的森林皆伐活动的加剧和森工企业的停转产，大兴安岭地区的农田大面积扩增。这就导致大兴安岭地区的栖息地不断地被片段化，甚至某些早已建立的保护区也未能幸免，如多布库尔国家级自然保护区。农业用地多从那些平缓且肥沃的土地垦殖而来，这使得湿地在这场"浩劫"中成为最大的牺牲者。尽管毁林开荒垦殖为农地现在已经受到政府的严格管控，且某些农地也已被退耕还林，但随着气候的变暖和生长期的延长，长期看来，大兴安岭地区仍面临着毁林开荒种地的威胁。开矿，主要是取沙（主要采自河床）、采石和小面积的采金（现已全面禁止），正成为蚕食天然栖息地的另一威胁。2006~2010 年，内蒙古大兴安岭地区每年因农业和矿业而蚕食掉的天然栖息地的面积约为 145hm^2。

第三节 面临的问题

大兴安岭地区横跨黑龙江省和内蒙古自治区，由国家林业和草原局直属的黑龙江林业和草原局与内蒙古林业和草原局负责管理，包括林业和自然保护活动（及多项公共事务）。尽管大兴安岭地区现有保护地的面积占大兴安岭地区总面积的 16.6%且保护地数量达到 43 处，但其有效管理所面临的问题甚多。虽然保护地管理人员数量众多，但未接受过保护地管理的相关培训，亦无有关机构机制保障其能接受相关的培训。因林业收入减少，大兴安岭林业管理局无力为其辖区内的保护地管理提供足够的资金、技能和设备支持。当地社区在保护地管理中参与有限。目前，这一地区尚无社区参与保护地治理的先例。

大兴安岭地区具全球重要性的森林和湿地生态系统一度深受史上大规模木材砍伐的影响，当前生物多样性和生态系统则面临着来自其他方面的威胁。大兴安岭南缘已向北缩进了约 100km，主要原因在于南缘的毁林开荒。永久冻土的后退由气候变化与森林覆盖率下降共同造成。森林可作为"绝缘层"保护永久冻土，大兴安岭生态系统的生态服务功能退化，直接导致自然灾害频发，如下游洪水泛滥、干旱、森林火灾和病虫害等。基础设施建设（尤其是道路）和游客数量增加也会给大兴安岭带来越来越大的生态压力。城市污水排放污染了大兴安岭地区的某些河流。因大兴安岭上游地区农业发展有限，加之那里的地理条件不适于建水坝，大兴安岭的湿地通常极少受到上游取水或建坝这类活动的威胁和影响。

一是大面积不可持续性的森林皆伐活动，尤其是20世纪后半叶，对大兴安岭地区这一重要水源地内丰富的生物多样性和重要的生态系统服务产生了深远的不良影响。这些影响包括生境丧失、退化和片段化，以及物种消失和动物迁徙通道的丧失。大兴安岭林业管理局在15年前仍将木材采伐作为当地经济和居民生活的主要收入来源，继续实施林木采伐活动，从而一度使得这一地区的自然保护区面积比例从曾经的15%降至13%。因这一地区的木材采伐已经成为历史，加之政府正在推行可持续林业这一政策，这一"史上威胁"已被大大削弱。现在的主要问题是要确保新的生计手段和活动不会造成环境的进一步退化。这就需要大兴安岭林业管理局高度重视此类活动带来的影响，如旅游、开矿、农业、工业和基础建设。大兴安岭林业管理局尤其要重视规划的重要性，不仅包括单个保护地的规划，还要包括生物多样性和生态系统服务生存所需的更大空间尺度范围内的规划。

二是在过去的几十年里，大兴安岭地区丧失了约50%的湿地。这主要是由毁林开荒造成的。湿地因地势平缓且土壤营养丰富而成为毁林开荒的主要目标。毁林开荒主要发生在大兴安岭南缘地带，从而使得大兴安岭南端的林缘向北后缩了 100 多千米。毁林开荒不仅威胁湿地生境及其物种，造成地表水流失和引发生态调节功能丧失，还会导致永久冻土融化。冻土融化会进一步增加甲烷释放的概率。农业耕作区向北推进的速度受制于大兴安岭生长期的长短。从长远来看，气候变化可能会对此产生影响。

三是大兴安岭地区的气候参数记录了这里气候的长期变化趋势。在过去的50年里，大兴安岭地区的年平均气温直线上升了约2℃，年降雨量略有增加，并在300~500mm波动。与此类似，大兴安岭地区的极端天气事件显著增加，如热浪（heat wave）、持续极低气温，甚至包括沙尘暴。这些变化可能是由气候变化引发的，气候变化会引发生境改变，从而造成森林覆盖率的下降；气候变化还会引发中国主要生态区的重新分布，改变物种分布区、迁徙格局和生物气候学。例如，有研究预测表明，气候变化会使大兴安岭地区的落叶松逐步被阔叶树如蒙古栎（*Quercus mongolica*）所取代。气候变化对大兴安岭高地敏感物种的影响可能更为显著，因为这些物种及其生境不能很好地适应纬度变化带来的影响。

第二章　大兴安岭地区湿地保护示范点管理计划

为提高大兴安岭地区湿地保护和管理的有效性，改善目前的管理状况，在全球环境基金（GEF）的支持和资助下，编制了"多布库尔国家级自然保护区管理计划（2016～2020）"和"根河源国家湿地公园管理计划（2016～2020）"（以下称管理计划）。期望通过管理计划的制订，为多布库尔国家级自然保护区和根河源国家湿地公园今后的保护与管理工作提供一份具有明确保护目标的纲领性文件和管理工作指南，明确优先领域和协调实施的管理行动，指导自然保护区的自然资源管理、生态系统保护、基础设施建设、生态旅游活动、公众科普教育、科研监测等方面的工作，并在管理计划制订的过程中培养、锻炼自然保护区管理人员的工作能力。

第一节　湿地保护管理计划概况

一、管理计划的概念

管理计划是自然保护区、湿地公园等自然保护地管理单位开展工作的基础性文件，用作指导和调控自然保护地自然资源的保护、管理和利用。通过管理计划的编制、执行和检查，协调和合理安排组织各方面的经营和管理活动，有效地发挥所有人力、物力和财力资源，使得自然保护地实现最佳的生态、社会和经济效益。

管理计划是自然保护地实施管理的行动计划，相当于《中华人民共和国森林法》规定的森林经营方案，是自然保护地开展所有工作的行动纲领。管理计划是对为实现自然保护地总体目标所需采取的各种具有科学性、逻辑性、有效性和可操作性行动的归纳。提高保护和管理效率要求自然保护地编制管理计划。管理计划编制和执行的实施情况，可用来衡量一个自然保护地的管理水平和有效管理程度。

管理计划是落实自然保护地总体规划的阶段性计划，指导自然保护区一定时期内的具体工作，逐一实现总体规划确定的自然保护区阶段性目标（中期目标）、强调对自然保护地日常保护管理工作的指导。如果将自然保护地总体规划比喻成远景规划，那么管理计划就是自然保护地的阶段性计划。管理计划的制订和实施均应具有持续性，支持自然保护地总体目标的实现。

二、管理计划的目的和作用

管理计划的目的是使管理者有效发挥自然保护地现有的人力、物力和财力，解决一段时期内自然保护地面临的主要问题。换而言之，编制管理计划要求管理者清楚一段时期内自然保护地面临哪些主要问题，具有哪些可调配的人力、物力、财力等资源，然后确定如何有效地利用现有资源解决面临的主要问题。此外，管理计划也有利于上级主管部门或外部捐赠者了解哪些是自然保护地重点领域和如何支持自然保护地重点领域。

管理计划是自然保护区开展管理工作的指导性文件，能够保证自然保护区管理施工组的有效性、连续性，避免资源的浪费和不必要的重复工作。具体而言，管理计划有以下6方面的作用。第一，明确每一个时期的中心任务和工作重点，明确保护管理工作的具体任务和要求。第二，明确管理工作的宗旨、目标和战略。第三，规定各项工作的时间表，以便有效地控制和调节。第四，规定各项工作实施的地点和场所，了解实施的环境条件和制约因素，合理安排实施的组织形式和布局。第五，确定完成任务的实施单位或个人及其职责和权力。第六，制定实现管理的措施，以及相应的政策和规章，对人力、物力和财力资源进行合理分配及集中使用，做到综合平衡和有效调控。

三、管理计划的组成

管理计划一般由4部分组成。

一是自然保护地基本情况描述。此部分系统描述自然保护地的现状，目的是客观地阐述自然保护地下一步开展各项管理工作的基础，内容包括自然条件、生物资源、保护对象、人文历史、社会经济、管理体制及运作状况、管理措施等。

二是分析和评价。根据自然保护地现状，与总体目标进行分析比较，阐明自然保护地的重要性和必要性。确定自然保护地现状中存在的问题及解决问题所遇到的困难，对所有的问题根据自然保护地的人、财、物进行排序，提出今后一段时间内需要解决的主要问题及管理目标。

三是管理措施和行动。针对自然保护地的管理目标，一一设置可行的管理措施，提出相应的管理行动，阐明每项管理行动的目标、必要性、要求、工作程序、人员需求、经费预算和来源，以及开展活动的时间和期限等。

四是行动计划和资金预算。将所有管理行动分为优先行动、一般行动和特殊行动，并据此安排管理计划实施期间所有行动的时间表。根据所有管理行动的经费预算，统计出整个管理计划的经费预算。

管理计划是特定时期内指导自然保护地管理工作的文件。根据中国的实际情况，这一特定时期一般为5年。管理计划可以在每年的具体实施过程中修订和完善。

四、管理计划的编制程序

（一）准备

1. 定义规划面积

首先，识别湿地，或部分湿地，或一组湿地，形成规划面积，作为管理规划编制范围。为此，需要获得整个规划区域的地图及部分区域的地图以显示更详细的细节。

其次，设定规划目标和实体。一是考虑管理规划活动的总体目标。作为湿地管理者，通常是正在努力实现某一目标，如恢复和维持近自然的状态。二是考虑更详细和具体的目标，与湿地管理实践一致。诸如，恢复接近死水潭分流的自然水流，或者建立一个系统维护恢复近自然条件。

这个阶段设定的目标和战略可以在今后进行修改，符合规划过程中遇到意想不到的情况或方向。这个阶段至关重要，可能会涉及法律等方面的问题。

2. 收集信息

调研中计划收集的信息既包括统计资料、研究报告、总体规划等二手资料，又包括针对利益相关者调查获取的一手资料。通过调查，可以了解到土地所有者已有或潜在的影响湿地的行为。如果需要，还可以与这些利益相关者举办会议或者进行讨论。在信息收集过程中，既要对直接的相关方进行调研，又需要对间接的相关方进行调研，以确保"兼听则明"。

（二）计划编写

进行管理计划编写，可以考虑采用规范的管理计划模板。在案例涉及小或简单的湿地管理情形下，也可以不需要模板，管理计划可以进行简化编写，包括相当短的文档、几页正文和地图，包括基本要素，同时具有很高的适用性。对于子流域或大型复杂的湿地管理计划，可涉及更多的细节，需要考虑湿地与更广泛的景观之间的联系等问题。为此，计划应该确定湿地的独特价值、生产效益和相关的土地类型，匹配管理选项。计划还应该评估不同的成本和收益管理选项，法律和公众要求解决湿地威胁以达到规划目标。如果计划进行重新种植或恢复湿地的植被，需要考虑如何利用最合适的物种，确保现有湿地的自然价值观没有不利影响。在管理措施和行动计划编写方面，要优先考虑可行性、不同行动的成本效益和目标实现能力。管理计划还须包括一个明确的时间表、负责主体、所需的资源和成本预算。此外，管理计划还应包括监督机制。完成后的管理计划要充分收集利益相关者的意见和建议，以做进一步的优化与完善。

（三）计划实施和监测

管理计划的实施决定管理计划目标能否得以实现。管理计划原则上都应能得以实施，但在实际中可能受人、财、物等方面的限制，出现延迟。为此，在实施过程中，要对具有计划活动实施能力的外部承包商和专家给予充分关注，确保计划实施能够"有人可用"。如果管理计划实施所需资金来自外部，需要预留足够长时间确保应用程序和审批流程能够完成。

在实施过程中，可设定几个时间节点，用作监测和评估管理计划的实施效果，以预留一些灵活的时间和可用的关键人员来应对不断变化的环境，监测可能揭示各个时间节点进度所需要的调整，越早的调整可能能确保最好的结果。监测工作记录做了什么，在哪个日期观察到了什么，即要确保资料详细和真实。

（四）计划评估

管理计划实施后的第 3 年或第 5 年要进行合理性评估，考虑涉及的关键利益相关者及其利益实现程度，得出管理计划的适用性和合理性，为管理计划的进一步优化奠定基础。

第二节　多布库尔国家级自然保护区保护管理计划

一、自然保护区管理现状与评价

（一）保护管理体制

1. 管理组织机构

多布库尔国家级自然保护区管理局为全民所有制事业单位，行政上由大兴安岭林业集团公司领导。自然保护区为正处级建制，目前核定事业编制 35 名，管理局下设综合管理办公室、计划财务科、保护管理科、科研中心、宣教中心、生产经营科等 6 个职能部门（图 2-1）。

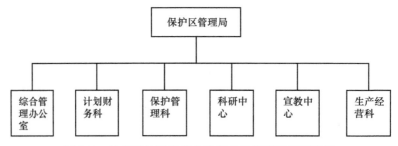

图 2-1　多布库尔国家级自然保护区管理组织架构图

各科（室）既有分工，又密切配合，不足人员根据工作需要，采用聘任或雇用临时工解决，以节省开支。

自然保护区内设立了保护管理中心站 1 处，管理站点 10 处，初步形成了保护区三级垂直管理网络（图 2-2）。

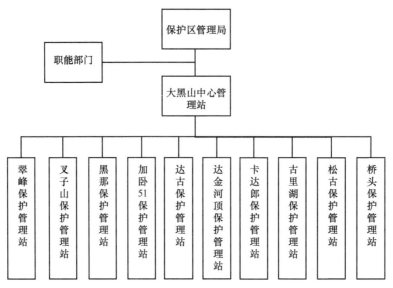

图 2-2　多布库尔国家级自然保护区三级管理组织架构图

天保工程实施后,自然保护区所在地区中心工作由木材生产转为生态保护、森林资源管理、森林经营、森林防火,当地已建成了较为完整的生态保护和建设体系,为自然保护区的保护和恢复提供了有利条件。

2. 管理制度

自然保护区重视管理制度建设,积极推行用制度说话,按法律办事,加强政风行风建设、提高工作质量,确保自然保护区管理局工作全面有效开展,提高保护区管理局的工作效率和工作质量,加强廉政风险工作的防控。自然保护区出台的制度由职责类、行政类、责任类、党风类、廉政建设类等五大类组成。

自然保护区自建立以来,持续完善各项保护管理制度,为保护管理工作构建有效的制度保障。当前自然保护区的管理制度较为全面,覆盖了行政管理、科研管理、生物多样性保护、岗位责任、党风廉政建设等多个方面。

据2016年5月自然保护区管理制订的《黑龙江多布库尔国家级自然保护区管理办法汇编》,核心制度由11个管理办法组成(表2-1)。

表2-1 多布库尔国家级自然保护区管理制度名单

序号	制度名称
1	资源保护管理办法
2	森林和湿地防火工作管理办法
3	科研工作管理办法
4	宣传教育工作制度
5	对外交流与合作管理办法
6	社区共管管理办法
7	办公工作制度
8	干部人事管理办法
9	劳资管理办法
10	财务管理办法
11	档案管理办法

《资源保护管理办法》是多布库尔国家级自然保护区开展保护管理工作的重要依据,是保护区根据《中华人民共和国自然保护区条例》《黑龙江省湿地保护条例》及有关法律、法规规定并结合保护区实际制定的。该管理办法规定了自然保护区内开展资源保护的方针,即"依法保护、科学管理、合理利用",原则为"保护优先、分区管理、以人为本"。该管理办法还规定了资源保护的目的在于"有利于生物多样性保护、有利于促进湿地生态系统功能恢复、有利于人与自然和谐相处、有利于保护区可持续发展、有利于生态文明建设"。

(二)保护管理措施

1. 科普宣教工作

自然保护区采取多元化手段和措施开展科普宣教工作,取得了积极成效。

一是加大对内宣传力度。2016年，借助GEF项目积极参加了项目组织的各项学习活动，指派56余人次分别参加了加格达奇、北京、香港、盐城等地的培训班学习。利用LED屏幕，循环播放保护区宣传片、党的建设等方面内容，并根据不同时间节点播放相关宣传题材，更新宣传版面16次；利用宣教标本馆扩大保护区资源保护宣传教育力度，目前已接待参观人员700余人，发挥了很好的宣教作用。

二是拓宽媒体，加强对外宣传工作，在各相关新闻媒体、网络平台共发布信息140余条。

三是强化重要时间节点宣传力度，在湿地日、野生动植物保护日、爱鸟周、春秋两个防火季节等重要日期开展宣教活动，切实提高公众对保护资源重要性的思想认识。共制作悬挂条幅10幅，发放保护野生动植物宣传单1000余份、入区须知宣传单2000余份，起到良好的宣传效果。

2. 科研监测工作

自然保护区的主要科研监测工作包括病虫害防治、野生动植物资源监测、标本的采集制作、水文气象观测、鸟类环志及其他与科研相关的工作，监测工作涉及观测站、监测站、实验室等部门。

2015年，自然保护区管理局开展了一系列科研工作，具体如下。

一是对保护期内种植户和养殖户开展调研，摸清保护区内种养殖户底数。为全面掌握各类基本情况，摸清种养殖户底数，进一步加大了对保护区内种养殖户的清查力度，现有种养殖户228户（其中种植户200户、养殖户28户），为今后的有效管理打下良好基础。

二是开展生物多样性调查，丰富完善保护区本底资料。

三是有效开展林业有害生物预测预报工作，完成樟子松红斑病、舞毒蛾等病虫害监测，检测覆盖率达到100%，并在年终考核获得较好成绩。

四是开展水生态监测工作。在东北林业大学野生动物资源学院专家的带领下，于6月、8月、10月对保护区内多条河流进行水生态监测。

五是加强对红外线监测的应用。在3月、6月、8月，使用红外线监测设备共7次，累计监测时长208h。

六是加强气象监测设备的使用。2015年首次将手持气象仪投入使用，共记录数据191条。

3. 外来人员入区管理

自然保护区管理局坚持特别通行证制度，2016年共办理长期特别通行证262份，年检长期特别通行证87份，短期特别通行证1167份，严格控制无关人员进入保护区。

4. 区内执法

2015年，自然保护区管理局参与实施了"兴安七号""绿剑行动"、清理非法占用林地等专项行动，有效制止和打击了非法进入保护区内破坏自然资源的违法犯罪行为，对3起违法行为进行了严肃查处，处理行为人3人，收回林地3.6亩（1亩≈666.7m^2）。排查重点区域 10 处，清除非法采集山产品人员 290 余人，收缴非法采集药材 600 余千克，清除捕鱼、捕猎人员 20 余人，清理捕鱼、捕猎工具 72 个。

5. 森林防火

自然保护区管理局重视区内森林防火工作。一是局领导驻防辖区一线，检查督导防火工作，组建了防扑火小分队，开展"三清"和巡护工作，逐户进行宣传检查，并与种养殖户签订防火责任状 189 份，从思想上提高种养殖户的紧迫感。二是加大防火宣传力度。在各保护管理站及种养殖户墙上张贴防火宣传单和防火布告，在主要道路沿线和重要路口设立了防火宣传标语，发放宣传单 1300 余份，悬挂条幅 10 余幅，提高了公众防火意识。三是严格控制火源。各保护管理站认真履责，严查过往车辆及人员，严控区域内种养殖户火源，保护区内至今无火灾发生。2015 年秋季，抓住有利气候条件，在保护区内的重点区域点烧防火隔离带总计 383km，为 2016 年防火工作奠定了基础。

6. 环境整治

2015 年，自然保护区管理局开展了生境治理工作，加大了环境整治力度，增强了区内种植户和养殖户的保护意识。针对保护区内因种养殖户生产生活导致的环境脏、乱、差，以及污染环境等问题，开展"环境治理月"活动，指派专人现场监督，对种养殖户遗弃在河边、道路两侧、房前屋后的农药瓶、化肥袋及生活垃圾进行了清理，促进种养殖户养成良好的生活方式和行为习惯，提高了其保护环境的意识。

（三）湿地和森林生态旅游

自然保护区重视开展湿地生态旅游，为保护区拓展资金来源，解决基础设施投入、科研监测、科普宣教经费需求量大与投入不足间的矛盾。

在切实保护好森林、湿地、珍稀野生动植物等资源的前提下，管理局树立了"全景兴安""全域旅游"理念。深入探寻、挖掘旅游景观，开发了多布库尔湿地观光、露营体验、漂流探险等多个生态旅游项目，对基础设施进行了科学设计和建设，健全完善配套服务设施，逐步打造以"湿地观光、露营体验、漂流探险"为主要景点的旅游品牌。当前，自然保护区内漂流活动已经成为成熟的旅游产品，吸引了大量本地游客，产生了良好的经济效益。管理局还编制了自然保护区生态旅游规划，有望促进自然保护区生态旅游工作更好更快的发展。

由于发展历史的原因，多布库尔国家级自然保护区与加格达奇林业局在土地权属等方面有密切关系。根据自然保护区的新区划，漂流活动位于自然保护区的实验区范围内。为实现旅游活动的可持续发展，自然保护区管理局积极协调解决好与林业局的旅游工作相关事宜，以实现相互促进与和谐发展。

（四）能力建设

1. 软件能力建设

自然保护区管理局注重人力资源培训，确保员工保护管理能力逐步提升。针对保护管理队伍能力相对较弱，管理局坚持"干中学、学中干"，在生态系统修复、道路建设、种养殖户宣教、牌匾张挂等具体活动中，对员工进行现场培训和教育，通过具体工作，让员工掌握工作方法，理解工作原则，提升工作能力。

管理局还注重"适时走出去"和"请进来"，活化学习形式，保证学习效果，不断提高干部职工综合素质和业务能力。利用 GEF 项目实施机会，派出骨干人员参加培训和实地考察，以了解湿地保护管理新理念、新知识、新举措、新成效，进而反哺和推进湿地保护管理工作。

对于前来自然保护区执行 GEF 项目活动和开展科研调查的专家学者，自然保护区管理局不仅热情接待、大力配合，还"求贤若渴"，争取每一位专家能为自然保护区所有员工"上一堂课"，帮助提升员工能力。

2. 基础设施与办公条件

当前，自然保护区内通信条件很差，只有车载电话没有有线电话，移动通信无信号。自然保护区基础设施不甚健全，管理办公条件一般，各种设备装备有待进一步配置。

管理局致力于推进管理信息化，积极构建信息网络化平台，对保护区从筹建到2015年的各项工作进行逐一收集、整理、归类、存档。建设信息板块九大类，收集各类信息资料 502 份，各类信息现已归类完成。

管理局在加格达奇林业局办公大楼办公，没有自有产权的办公场所，与林业局下辖的部门共享该办公大楼，办公主要集中在一楼至三楼，行政办公用房基本充足，但科研和宣教等综合业务用房不足。管理局在一、二楼处设置了野生动植物标本馆，展示保护区内的野生动植物情况。虽然标本馆面积较小，但展示的物种数量较多，且展示的方式较为直观和生动，有助于开展宣教活动。

自然保护区内现有保护管理中心站 1 处，保护管理站点 10 处，有相应的房舍。中心站办公场地为两层楼房，匹配了会议室、防火和应急指挥中心，功能相对完整。管理站点值班用房基本齐全，业务用房不足，除开展值班外，难以开展野生动物救护等工作。中心站和管护站之间的道路通畅，但是机动车等交通工具数量较少，不同站点之间的交通能力有待进一步提升。

区内设置有各种界碑、宣传牌和告示牌，总共有 148 块。在实施 GEF 项目过程中，新增设了一批界碑、宣传牌和告示牌。在野生动物活动较为活跃的地区，新增了相应的告示牌。在有野生动物通过的道路边，添加了相应的警示牌。在保护区的入口开阔地方，树立了加强自然保护的宣传口号和标语，十分醒目。

自然保护区距加格达奇区 30km，外部公路交通比较发达。区内有 5 条主干路，分别为翠古公路、达金开发路、达古公路、多古公路、黑那支线公路，均为砂石路。保护区内很多公路为加格达奇林业局与保护区管理局共同使用。

管理局目前只有两台机动车，但全区面积大、道路长，交通能力有待进一步提升。保护区内通信信号没有全覆盖，不便于应急联络。随着自然保护区建设的深入，必须对现有设施进行有效的更新和增设，使基础设施适应新形势下保护管理工作的需要。

(五)边界划定与土地权属

自然保护区土地权属基本清晰,全部为国有林,产权证持有人为加格达奇林业局,管理局拥有辖区范围内土地的使用权和自然资源的管护权。

自然保护区土地范围及其权属主要由管理部门的文件批复确立。国家林业局于2002年下发《关于同意建立内蒙古阿尔山等11个省(部)级自然保护区的批复》(林护发[2002]204号),批准同意成立黑龙江多布库尔省(部)级自然保护区等,要求为自然保护区办理林权证、勘设区界,设立明显的宣传和标示标志。该批复中的多布库尔国家级自然保护区地理坐标为:北纬 50°19′~50°55′和东经 125°4′~125°18′。保护区的总面积约为213 945hm^2,核心区为 59 534.7hm^2,缓冲区为 86 434.3hm^2,实验区为 67 975.9hm^2。

2014年,中华人民共和国环境保护部下发《关于发布山西灵空山等24处国家级自然保护区面积、范围及功能区划的通知》(环函[2014]64号),发布了黑龙江多布库尔等24处国务院新批准的国家级自然保护区的面积、范围及功能区划。要求有关地区和部门按照公布的面积、范围和功能区划,抓紧组织开展自然保护区的勘界和立标工作,落实自然保护区的土地和海域权属,标明区界,并向社会公布。该通知中发布的自然保护区总面积为 128 959hm^2,核心区为 41 786hm^2,缓冲区为 38 879hm^2,实验区为 48 294hm^2。保护区地理坐标为:北纬 50°19′56″~50°43′2″和东经 124°17′9″~125°3′36″。

当前,自然保护区部分道路与加格达奇林业局共同使用。由于加格达奇林业局停止了商业性采伐作业,共同使用的道路主要用于管护人员通行。

(六)管理成效评价

多布库尔国家级自然保护区管理局自批复建立以来,开展了栖息地保护管理、科研监测、科普宣教、自然资源利用管理、人力资源培训与能力提升、自然保护区进入管理与执法、野生动物疫源疫病监测、森林和湿地防火等大量保护管理工作,取得了积极成效,面临的保护与发展矛盾正在缓和,区内自然资源保护管理工作得以有效开展,非法和无序利用野生植物活动得到有效管理,盗猎野生动物等恶性事件得到有效遏制,湿地生态系统的质量得到一定提升,森林资源的数量得以增长和质量得以提高,制约自然保护区健康发展的体制机制因素正在消除。

由于管理局成立晚,发展时间短,保护管理工作还存在很大的提升空间。当前,管理局应着力解决基础设施薄弱问题,加大基础设施建设力度,尤其需要积极争取建设项目。管理局还要加强保护管理能力建设,增加管护、巡护、监测、科研人员数量,提高员工素质,提升保护管理工作投入产出比。在具体保护管理工作方面,湿地生态系统恢复、修复和重建等方面的工作较为薄弱,有待重点加强。

(七)保护管理利益相关者分析

1. 利益相关者

自然保护区的利益相关者指对自然保护区有直接或间接兴趣的机构、组织、团体或个人，他们对自然保护区管理的实施过程和结果有着积极或消极的影响，或是受其影响。

基于实地调研与关键人员研讨，多布库尔国家级自然保护区的利益相关者可分成以下8个群体，涉及公众、游客、企业、大兴安岭林业集团公司及其下辖机构、高等院校和科研机构、政府及其职能部门、非政府组织等多元主体。

第一，多布库尔国家级自然保护区内的种植户和养殖户。

第二，加格达奇区当地的利益相关者，主要为当地公众、商贩等个人，旅行社、宾馆等旅游业单位，中小学校，加格达奇区政府及其职能部门。

第三，大兴安岭林业集团公司层面的利益相关者，包括加格达奇林业局、松岭林业局等部门。

第四，黑龙江省政府层面的利益相关者，包括黑龙江省政府、水利厅、交通厅、气象局、环保厅、发改委、民政厅、林业厅等政府职能部门。

第五，国务院层面的利益相关者，包括国家林业和草原局、国家环保部等国务院职能部门。

第六，非政府组织层面的利益相关者，包括全球环境基金（GEF）、世界自然基金会（WWF）、湿地国际（WI）等生物多样性保护组织。

第七，高等院校及科研院所层面的利益相关者，包括东北林业大学、北京林业大学、中国科学院等。

第八，本地及外地游客。

2. 保护区利益相关者重要性和影响性分析

利益相关者的重要性和影响性是用来对其进行分类的重要指标。重要性指自然保护区发展过程中应予以考虑的相关者，若予以考虑的程度越高，则该相关者的重要性越大。影响性指自然保护区发展过程中受到制约或支持的相关者，若对自然保护区的制约或支持力度越大，则对自然保护区的影响性越大。

（A）高重要性、低影响性利益相关者

该自然保护区高重要性、低影响性利益相关者包括：本地及外地游客、中小学校、高等院校及科研机构。

（B）高重要性、高影响性利益相关者

自然保护区高重要性、高影响性利益相关者包括：保护区内的种植户和养殖户、国家林业和草原局、大兴安岭林业集团、加格达奇林业局、省及大兴安岭地区两级政府、旅行社。

（C）低重要性、高影响性利益相关者

自然保护区低重要性、高影响性利益相关者包括：非政府生物多样性保护组织，省及大兴安岭地区发改委、规划主管部门、交通主管部门。

（D）低重要性、低影响性利益相关者

自然保护区低重要性、低影响性利益相关者包括：省及大兴安岭地区政府的气象、民政、水利主管部门。

二、自然保护区保护管理对策

（一）目标及管理措施

1. 长期目标

多布库尔国家级自然保护区的长期发展目标是：维护区内湿地生态系统和森林生态系统的完整性。提高湿地与森林的健康水平，建成嫩江乃至松嫩平原的生态屏障，发挥水源涵养的生态功能；把该保护区建设成为生态系统完整、湿地景观优美、森林健康、人与自然和谐、可持续发展的国家级自然保护区，建立大兴安岭乃至东北地区具有代表性的湿地生态系统。

2. 近期目标

自然保护区近期目标为完善机构、加强巡护、完善基础设施、政策性迁出种植户和养殖户、开展科研工作、规范发展生态旅游等。

第一，完善自然保护区管理体制。建设和完善自然保护区管理机构，健全各种规章制度，形成较完善的自然保护区管理体系。通过"确标立界"，明确自然保护区的范围与边界。针对自然保护区现有土地产权现状，争取重新办理产权证，使自然保护区的土地产权得到更为有力的制度保障。

第二，加强自然保护区的巡护工作。通过加强对自然保护区内的巡护工作，防止采摘野菜、盗猎等非法活动。同时加强防火预防能力建设，新建和改建保护区内重要的巡护防火道路，有效增强对野生动植物和湿地、森林的有效保护。维修、完善保护区内森林防火道路，购置必备防火设备。

第三，完善保护区内基础设施。建设自然保护区管理局、科研中心、宣教中心、保护管理中心站、保护管理站等综合业务用房，解决保护区管理局办公楼没有自主产权且配套设施薄弱、保护区内保护中心数量不足、保护站点配套设施不齐全等问题，保证保护管理工作的正常开展。加强区内道路建设与管理，尽量减少对森林与湿地生态系统的干扰。此外，加强信号塔的建设，确保区内关键节点移动信号的覆盖。

第四，政策性将种植户和养殖户迁出自然保护区。种植户和养殖户的农业生产活动是自然保护区健康发展面临的首要约束，制约了自然资源管理和生态系统保护等工作的开展。为此，应逐步将区内种植户、养殖户迁出，彻底消除种植和养殖活动的负面影响。当前，可建立保护区社区共管委员会，探析解决其补偿与替代生计问题，推行生态友好型种植和养殖方式，减小种植和养殖活动的负面影响。

第五，加强湿地和生物多样性保护科研工作。湿地和生物多样性的基础研究和管理研究是自然保护区目前的工作弱点，加强此方面的科研工作迫在眉睫。首先应加强自然保护区的软件建设，建立各种资源的数据库，初步建成监测网络。不断引进国内外自然保护区先进的管理理念和技术，将高新技术和先进仪器设备用于保护区的资源管理和科学研究。创造良好的科研条件和科研体系，对湿地环境变化进行有效监测，实现对自然保护区的综合性研究，将保护区建设成为科研教学和科普宣传教育的重要基地。

第六，规范发展生态旅游。生态旅游将是自然保护区破解投入不足和获得更大发展动力的新支点，促进发展生态旅游对于自然保护区的健康与可持续发展意义重大。当前，保护区内部分地区已经出现旅游活动的负面影响，诸如游客乱扔的垃圾。为此，既要鼓励适度发展生态旅游，又要对生态旅游予以规范，确保保护区生态系统的稳定。

（二）操作目标

操作目标是达到长远目标的具体目标或任务。在本管理计划的执行期间，确定如下具体的操作目标。

1. 针对主要保护对象的操作目标

第一，逐步减少保护区内种植户和种植面积，杜绝利用湿地开垦农地等严重破坏湿地生态系统的活动，有效遏制农药污染等大规模破坏湿地生态系统的行为。

第二，逐步减少保护区内养殖户与牧畜数量，确保不再发生私自放牧，以及牧畜、鱼粪便污染等大范围破坏湿地生态系统的活动。

第三，逐步建立保护区内种养殖户的补偿与新型发展机制，减缓和消除对保护区生态种养殖活动的依赖性，从根本上解决保护区内种养殖户侵占林地和湿地、农药污染、无序放牧等问题。

第四，完善和加强保护区的管护体系，加强执法和巡护管理，禁止在保护区核心区和缓冲区中的人为活动，杜绝在保护区内采药、采集真菌等药用和食用野生植物、非法捕捞、非法捕猎等破坏湿地生态环境的人为活动。

第五，修复和恢复保护区核心区、缓冲区内的退化湿地，通过改善水质、恢复植被等措施来改善野生动物的生态环境和栖息地。

第六，严格控制杜绝保护区内由农业生产产生的水体污染及生活污水，加强水源涵养与水质净化功能。

第七，监测湿地生态系统的自然演替，掌握区内沼泽湿地向森林生态系统演变的过程，以及栖息地减少对野生动物的影响。

2. 针对保护管理的操作目标

第一，理顺自然保护区管理局与加格拉奇林业局之间在保护区内道路使用方面的关系，保护区内道路容易使野生动物栖息地破碎化、片段化，应逐渐减少。

第二，2016～2020年，通过借鉴国内其他自然保护区成立社区共管委员会的模式，成立多布库尔国家级自然保护区社区共管委员会，来协调各部门之间的利益关系，通过该部门协调保护区管理局、加格达奇林业局、松岭林业局、大兴安岭林业集团的资源，以及岭南管委会等部门在保护区内的职责，进而更顺畅地开展对保护区内种植户、养殖户的政策性迁移工作。

第三，按照新建国家级自然保护区的标准和要求，全面改善保护区各项基础设施条件，提高湿地和森林生态系统保护管理能力。

第四，加强科普宣传教育工作，使保护区周边社区及所在地农户、中学生、机关工作人员、保护区管护职工的环境保护意识有明显的提高。

第五,大力加强科研、监测、宣教及业务能力建设,使保护区的科研、监测、宣教及业务能力明显提高。

第六,在保护优先的前提下,发展以生态旅游为代表的生态产业经济,做好资源的合理利用与监管,促进保护区生态效益、社会效益和经济效益协调统一和同步发展。

第七,增加与高校和科研院所的合作,加强科研及人员培训,寻求来自政府、非政府组织对保护区湿地保护、管理活动的资金和技术上的支持。

(三)影响目标实现的威胁因素和限制因素

1. 威胁因素

将自然保护区视作一个整体,威胁因素可以视为来自自然保护区内部和外部开展的相关活动,诸如旅游活动,可能直接影响湿地和森林生态系统保护目标的实现,同时影响自然保护区保护管理目标的实现。调研表明,多布库尔国家级自然保护区面临的具体威胁如表2-2所示。

表2-2 多布库尔国家级自然保护区保护管理目标实现的威胁因素

威胁类型	威胁形式	威胁主体	威胁程度
湿地生态系统面临的威胁	湿地占用	上级主管部门	弱
		当地政府	弱
	湿地质量下降	区内旅游经营单位	中
		种植户和养殖户	强
		游客	中
森林生态系统面临的威胁	森林占用	上级主管部门	弱
	森林火灾	旅游等外来人员	中
野生动物面临的威胁	未得到规范的旅游活动	游客	中
		旅行社或旅游公司	中
	农业生产活动	种植户和养殖户	强
	机动车	游客	中
野生植物面临的威胁	盗伐	当地人口	弱
	采集	当地人口	强
	踩踏	游客	弱
自然保护区发展面临的其他威胁	突发事件	游客	中
	制度延续性	上级主管部门	弱

(1)湿地生态系统面临的威胁

湿地生态系统面临的威胁有两种表现形式:一是湿地占用;二是湿地质量下降。

第一,湿地占用导致湿地的消失。在自然保护区内,可能发生的湿地占用为占用湿地建设道路等基础设施,威胁部门可能为上级主管部门或当地政府。由于自然保护区遵循发展总体规划,在区内占用湿地开展基础设施建设活动发生的可能性小,因此该两方面的威胁程度也可能较弱。

第二,湿地质量下降有多重表现,包括湿地水质量下降和生态系统质量总体下降。导致湿地水质量下降的主要因素为水污染,来源可能是保护区内的旅游经营单位。当前,区内重视污水处理后再排放，旅游活动规模相对较小，湿地水面临的威胁程度较弱。此外，湿地生态系统的质量下降因素诸多，包括向湿地内丢弃垃圾等。当前前来保护区旅游的游客素质参差不齐，此方面导致湿地质量下降的威胁程度处于中等水平。

导致湿地质量下降最大的威胁为自然保护区内开展的种植和养殖活动，威胁主体为种植户和养殖户。保护区内农户农药等使用不当已经对水体产生污染，如不及时治理有潜在扩大的可能。

（2）森林生态系统面临的威胁

森林生态系统面临的威胁主要来自两个方面：一是森林占用；二是森林火灾。

第一，森林占用。森林占用可能发生于建设道路和采矿等方面。作为国家级自然保护区，涉及森林占用等土地性质改变的活动需要由国务院批准，程序严谨且过程复杂。森林占用发生的可能性小，对自然保护区构成的威胁不大。

第二，森林火灾。森林火灾是森林生态系统面临的较大威胁之一。当前，进入自然保护区的旅客和外来人口增多，森林火灾的威胁程度为中。

（3）野生动物面临的威胁

野生动物面临的威胁主要来自三个方面：一是未得到规范的旅游活动；二是农业生产活动；三是机动车。

第一，未得到规范的旅游活动。此方面的威胁来自游客的恐吓或惊吓威胁。自然保护区内分布有多种在区外不易见到的野生动物，游客见到这些野生动物难免好奇，对野生动物进行恐吓或惊吓，影响野生动物的正常栖息和繁殖活动。

第二，农业生产活动构成的威胁。当前自然保护区内的农业生产活动仍较为活跃，使用的农药化肥对野生动物生境和食物都构成负面影响，不利于野生动物的生存和繁衍。

第三，机动车方面的威胁。自然保护区内主要道路没有进行限速，若机动车行驶较快，容易伤害到路过的野生动物。机动车行驶还会产生噪声，同样对野生动物的生存和繁衍存在负面影响。由于现有道路周边野生动物数量相对较少，机动车对于野生动物的威胁程度为中。

（4）野生植物面临的威胁

野生植物面临的威胁主要来自三个方面：一是林木盗伐；二是野生植物采集；三是野生植物踩踏。

第一，林木盗伐。自然保护区处于东北天然林保护区，不仅实行了全面的商业性禁伐，而且实行了全面禁止采伐，对于可能发生的林木盗伐活动采取了严格的防范措施，并对林木盗伐给予法律处罚，因此保护区内盗伐威胁程度弱，或是说盗伐发生的可能性不大。

第二，野生植物采集。野生植物及其果实采集是加格达奇乃至大兴安岭地区长期以来的一项传统活动，在当地亦被称为采集山货，主要采集的包括山野菜、药用野生植物等种类。2015年，保护区管理局清除非法采集山产品人员290余人，收缴非法采集药材约600kg。私自采摘山产品对湿地保护区整体生态环境的破坏很大，同时也容易造成不可恢复性的损伤。采集活动规模大、持续时间长、维持强度大，势必影响野生植物的健康状况和植被的完整性，对自然保护区构成的威胁程度强。

第三，野生植物踩踏。野生植物踩踏的威胁主要来自游客，其中既有儿童，又有成年人。由于游览区域和路线都较为固定,被踩踏的野生植物数量比重较少,以及游客素质普遍有大幅提升,踩踏导致的威胁程度弱。

(5) 自然保护区发展面临的其他威胁

自然保护区发展过程中还面临其他两方面威胁:一是突发事件导致的威胁;二是制度延续性方面的威胁。

第一,突发事件导致的威胁。随着前来旅游的游客数量不断增多,旅游突发事件发生的概率将大幅提高,由此给自然保护区造成的威胁也将不断增加。游客身体安全问题是首先需要得到关注的突发事件。如果游客在攀爬栈道时由于不慎或者游客过多相互拥挤摔伤,得不到及时救援,将产生一系列的后续问题。不仅如此,游客若在自然保护区范围内走失,会产生不良后果,也将给保护区的健康发展蒙上阴影。由此,突发事件对于自然保护区构成的威胁程度为中,并有可能随着游客数量进一步的增加而提高。

第二,制度延续性方面的威胁。自然保护区的建设与发展是一个渐进的发展过程,建设和发展工作要有章可循、依规施策、稳步推进。换而言之,自然保护区的建设和发展应在一个统一的规划指引下开展,分阶段、分层次完成各项建设和发展工作,并使各项工作制度化、规范化、科学化,不因管理人员的变化导致自然保护区的建设和发展方向发生变化。

2. 限制因素

自然保护区的限制因素指制约自然保护区建设与发展目标实现的因素,主要来自自然保护区内部,也有少数来自自然保护区所在地区。基于实地调研,结合与保护管理人员的交流,可将现有的限制因素归纳为发展意识、发展能力、发展条件、发展机制、发展环境等5个方面。

(1) 发展意识方面的限制

发展意识对于具体的发展行为具有决定性的作用,只有具备科学的发展意识,才能确保保护管理活动及建设发展工作的健康和可持续发展。多布库尔国家级自然保护区集湿地和森林生态系统保护、野生动植物保护、科学研究、科普宣教等多重功能于一体,应该秉持什么样的发展意识并非易事,但确立科学的发展意识必不可少。

发展意识的不足可能体现在对自然保护区内保护与利用关系的认识仍存在偏颇,导致无法真正地理解湿地利用价值的科学含义,也没有注意到湿地为水域生态系统和陆地生态系统之间过渡生态系统的脆弱性,以及湿地相关的利用活动可能对自然保护区建设和发展造成的威胁,导致建设与发展工作无意识地过于关注现实和短期的收益,却忽视了长期的收益,使得自然保护区的可持续发展目标无法实现。

当前,自然保护区还存在环境保护意识不足的旅游开发活动。在漂流等旅游场所已经出现矿泉水瓶和饮料瓶等随地丢弃的白色污染物体,表明旅游从业人员的环境保护意识较为薄弱。

(2) 发展能力方面的限制

自然保护区的发展能力是支持开展保护管理工作及实现保护管理目标的能力,具体包括科研监测能力、科普宣教能力、旅游服务管理能力、旅游市场拓展能力、行政资源获取能力等。发展能力的高低直接取决于自然保护区现行的管理人员及员工素养，以及现有的能力分配。

自然保护区还处于起步发展阶段，经过几年时间的学习，多数干部职工参加了相关的业务培训，部分员工具备了较强的工作能力，但在生态旅游服务管理等方面的能力还较为不足，分不清游客服务与旅游不当行为管理的边界，导致野生植物等方面的威胁仍然不同程度地存在。自然保护区存在明显不足的还有科研监测能力、缺乏高水平的科研监测人员，制约了此方面工作的成效与产出。在科普宣教工作中，周围群众对自然保护区的认识暂时停留在游玩的认识层面，而对于自然保护区的生态环境重要性的认识不足。

自然保护区能力的不足还体现在管护人员严重短缺。2016年保护区全面接收管护区域，管护面积大，现有的30名管护队员还不能达到建设管理的要求。按照《自然保护区工程项目建设标准》，大型湿地类型保护区人员应在80～180人。加之多布库尔国家级自然保护区面积较大、种养殖户较多，周边天然屏障少，人畜进入容易，管理难度相对较大。保护区内规划建立3个保护管理站（中心站），10个保护管理点，全员应在125人，管护队伍在90人左右为宜，以满足工作的需要，更好地靠前预防和解决自身问题。

（3）发展条件方面的限制

由于处于发展的初期阶段，自然保护区的发展条件不足问题存在于建设发展中的诸多方面，体现在基础设施的不足、科研监测基础数据的欠缺、资金的短缺等。

第一，基础设施的不足。基础设施的不足体现在科研设备不齐全、监测设备落后、巡护交通工具不足、道路条件差、通信设施不完善、应急救援站点欠缺等多方面。保护区建设项目科研报告还没有批复，建设资金还没有到位，现有基础设施还很薄弱，设备不完善，距离国家级自然保护区建设标准还相差很远。保护区内现有主干道5条，其中翠古路、原始森林路两条路与加格达奇林业局共同使用权限不明确。保护区内道路太多，容易导致野生动物栖息地的破碎化和片段化，破坏生态环境。保护区目前只有1个管理中心站和10个管理点，由于保护区面积大，出入口较多，现有管理站点工作半径长，保护管理工作难度大，无法满足保护区管护、管理需求。

第二，自然保护区本底资源不清，科研监测与数据管理能力薄弱。该区仅在2012年进行了资源二类调查，区内野生动植物资源专项调查等科考工作还没有系统开展，到目前为止本底资料已经有多年没有更新，导致保护对象不明确、管理措施不到位。当前，区内只有一个小型气象站，缺少科研监测设施对一些寒温带湿地特殊物种及栖息地的监测和保护，科研监测能力薄弱，信息化、数字化等技术尚未建立，没有形成统一的监测体系，与目前国家对自然保护区管理的要求还有很大差距。该区不仅缺乏自然资源和自然环境的动态变化监测，还缺乏生物多样性监测。现有的数据收集管理体系也不完整，无法集中分析。没有数据管理体系，无法用数据直观地体现出保护区的保护成效。

第三，资金短缺。自然保护区资金投入渠道单一，主要来自财政投入。与保护区建设所需的大额资金投入相比，现有的资金投入严重不足，致使资源保护管理的技术手段还停在粗放的管理阶段，缺乏现代化的预测预报系统、监测系统和指挥系统等先进管理手段，特别是科研宣教、交通运输设备和通信联络设备严重不足，不能满足保护区监测工作的需要。保护区作为公益性单位，基本没有生产经营行为，又不同于"庭院式"的事业单位，施业区面积较大，路途较远，保护管理、宣传教育、科研监测等工作较多，往往心有余而力不足，应在核算保护区费用的同时，综合考虑保护区辖区面积、管理难易程度等因素，以保证工作有效开展。

(4) 发展机制方面的限制

发展机制对于自然保护区而言为一把"双刃剑"，好的发展机制有助于推进自然保护区的发展，反之亦然。现行的发展机制约束主要体现在监督机制、奖励机制的不足。

一是监督机制的不足。监督机制具有多重含义，可以是对具体工作人员的监督、管理人员的监督，也可以是公众参与对自然保护区保护管理是否科学合理的监督。无论是哪种监督，其目的在于，通过监督来促进服务，构建有效的社会监督机制，并通过社会监督来促进发展，为自然保护区的发展创建有利条件。当前，自然保护区监督机制尚未全面建立，无论是针对工作人员、管理人员，还是针对自然保护区整体发展的监督活动，都有待进一步加强。

二是奖励机制的不足。奖励机制的不足可能使得员工缺乏努力工作和积极向上的动力，无形中助长"吃大锅饭"，即干好干坏一个样，降低管理部门的整体运行效率，甚至可能使得优秀员工因为付出得不到认可而出现人才流失。奖励机制可以有多种形式，除了物质方面的奖励，还有职位晋升、嘉奖等多种形式。无论是哪种形式，都应使得员工通过奖励得到认可和尊重，从而继续努力工作，并发挥好示范带头作用。由于自然保护区管理局存在的机制约束，目前的奖励机制存在严重不足，也有待通过改革予以创新。

(5) 发展环境方面的限制

自然保护区所在的加格达奇具有特殊的自然地理、社会和经济条件，对自然保护区的发展产生了独特影响。

一是自然地理因素的限制。自然生态环境是自然保护区发展的有利条件，却也可能成为自然保护区发展的制约条件。保护区地处大兴安岭南部地区，地理位置与加格达奇相对较近，交通便利性使保护区受自然和人为因素的影响较大。

二是社会因素的限制。加格达奇人口数量较少，总人口仅15万余人，使得自然保护区的本地游客潜力不大，目标游客应从本地拓展为本省甚至全国其他地区的游客。此外，野生植物资源利用为当地传统的资源利用活动，根深蒂固，在短时间内难以改变，由此对自然保护区构成的压力在短时间内也难以消除。

三是经济因素的限制。加格达奇地区产业结构较为单一，一度以木材生产作为主要经济来源。随着天然林保护工程的全面实施，加格达奇地区积极推动产业转型升级，但目前的主导产业优势不明显，当地经济不甚发达，难以为自然保护区的建设与发展提供有力的资金支持。

(四) 消除威胁和限制因素的对策

为保障多布库尔国家级自然保护区长期、初期、中期和后期等一系列发展目标的实现，应探索有效手段和措施，积极消除自然保护区面临的威胁和限制因素，以确保自然保护区的健康发展，以及湿地和森林生态系统保护管理与合理目标得以同时实现。表2-3为消除威胁和限制因素的对策，并列出了导致威胁和限制因素存在的深层原因。

表 2-3 消除多布库尔国家级自然保护区威胁和限制因素的解决措施及支持

类型	具体描述	产生成因	解决办法	需要的支持
威胁一：湿地生态系统面临的威胁	湿地占用	1.基础设施建设	1.加强对发展规划的实施	大兴安岭林业集团公司、国家林业和草原局、加格达奇区政府、自然保护区管理局
	湿地质量下降	1.旅游商户排放污染 2.旅客扔垃圾 3.保护区内种植户和养殖户的农业生产活动	1.严格污水等垃圾处理制度 2.加强商户排放管理 3.加强对旅游的科普教育 4.重新核定园区生态承载力 5.开展环境友好型农业生产活动 6.将种植户和养殖户迁出保护区	大兴安岭林业集团公司、黑龙江省政府、国家林业和草原局、非政府组织、自然保护区管理局
威胁二：森林生态系统面临的威胁	森林占用	1.基础设施建设 2.开矿	1.加强对发展规划的实施	大兴安岭林业集团公司、国家林业和草原局、加格达奇区政府、自然保护区管理局
	森林火灾	外来人员缺乏意识	1.加强防火 2.加强防火宣传	大兴安岭林业集团公司、加格达奇林业局、自然保护区管理局
威胁三：野生动物面临的威胁	非法盗猎	1.利益因素 2.法律意识淡薄	1.加强区内执法 2.加强保护宣教	大兴安岭林业集团公司、加格达奇林业局、自然保护区管理局
	恐吓和惊扰	1.游客好奇 2.机动车行驶	1.加强游客的科普宣教 2.加强机动车行驶道路的合理规划 3.加强机动车司机的保护常识教育	大兴安岭林业集团公司、加格达奇林业局、自然保护区管理局
	农业生产活动	1.污染 2.家畜争夺野生动物食物	1.开展环境友好型农业生产活动 2.将种植户和养殖户迁出保护区	大兴安岭林业集团公司、黑龙江省政府、国家林业和草原局、非政府组织、自然保护区管理局
威胁四：野生植物面临的威胁	林木盗伐	1.利益因素 2.法律意识淡薄	1.加强区内执法 2.加强保护宣教	大兴安岭林业集团公司、加格达奇林业局、自然保护区管理局
	野生植物采集	1.利益因素 2.传统资源利用习惯	1.加强资源管理制度，打击非法采集野生植物的行为 2.严格准入登记制度，加强区内通行人员管理 3.加大执法力度，森林资源保护管理制度的宣传 4.利用科技产品对进出通道进行实时监控 5.建立突发事件应急机制 6.加大群众监督力度	大兴安岭林业集团公司、加格达奇区政府、加格达奇林业局、自然保护区管理局
	野生植物踩踏	游客缺乏保护意识	1.加强科普宣教	自然保护区管理局

续表

类型	具体描述	产生成因	解决办法	需要的支持
威胁五：其他威胁	突发事件	1.旅游等入区活动中风险存在的不确定性	1.加强应急站点建设 2.加强管理人员应急能力培训 3.加强旅游风险防范意识教育	大兴安岭林业集团公司，加格达奇区政府，自然保护区管理局
	制度缺乏延续性	1.湿地受人为因素的影响大	1.加强制度的合理性 2.加大制度实施的监督力度 3.优化制度实施环境	大兴安岭林业集团公司，加格达奇区政府，自然保护区管理局
限制一：发展意识方面的限制	保护与利用管理关系认识	1.缺乏建设与发展经历和经验 2.缺乏理论与知识背景	1.加强内部研讨 2.引入先进理念 3.开展内部培训 4.引进人才 5.加强与外部交流	大兴安岭林业集团公司，黑龙江省林业厅，国家林业和草原局，GEF项目，自然保护区管理局
	环境保护意识	1.缺乏建设与发展经历和经验 2.缺乏理论与知识背景	1.加强内部研讨 2.引入先进理念 3.开展内部培训 4.引进人才 5.加强与外部交流	大兴安岭林业集团公司，黑龙江省林业厅，国家林业和草原局，GEF项目，自然保护区管理局
限制二：发展能力方面的限制	旅游服务管理能力不足	1.缺乏高水平管理人才 2.缺乏管理服务经历	1.加强人才培训和挖掘 2.加强人才引进	大兴安岭林业集团公司，黑龙江省林业厅，国家林业和草原局，GEF项目，自然保护区管理局
	科研监测能力不足	1.缺乏高水平科研监测人才 2.缺乏管理服务经历	1.加强人才培训和挖掘 2.加强人才引进 3.加强科研合作	大兴安岭林业集团公司，黑龙江省林业厅，国家林业和草原局，GEF项目，自然保护区管理局
	管护人员不足	1.缺乏资金	1.加强人员聘用 2.争取国家级自然保护区专项建设基金	大兴安岭林业集团公司，黑龙江省林业厅，国家林业和草原局，高等院校科研院所，自然保护区管理局
限制三：发展条件方面的限制	基础设施差	1.建设时期短 2.投入不足	1.争取中央、黑龙江省财政投入 2.争取社会资本投入 3.提高基础设施建设管理能力水平	国家林业和草原局，大兴安岭林业集团公司，黑龙江省林业厅，非政府环保组织（如WWF、GEF等），项目和技术支持
	道路不合理	1.历史遗留 2.保护管理理念	1.减少区内保育区和恢复区区内道路 2.减少不合理利用区硬化道路	大兴安岭林业集团公司，自然保护区管理局

续表

类型	具体描述	产生成因	解决办法	需要的支持
限制三：发展条件方面的限制	通信不畅	1.建设时期短	1.增加保护区内移动信号的发射中心	大兴安岭林业集团公司、自然保护区管理局、移动通信公司
	本底数据大缺	1.建设时期短 2.缺乏科研监测能力 3.缺乏科研监测资金	1.加强与各大高校及科研院所的合作调查 2.申请国际组织项目 3.向国家有关部门申请本地区的相关资源调查并储存	国家林业和草原局、大兴安岭林业集团公司、黑龙江省林业厅、非政府环保组织（如WWF、GEF等）、高校及科研院所科技支持
	资金投入不足	1.来源渠道少 2.当地经济不发达	1.争取区域外的上一级政府财政资金 2.探索公共私营合作制（PPP）模式 3.拓展社会公众捐赠渠道 4.增强生态旅游经济效益	国家林业和草原局、大兴安岭林业集团公司、黑龙江省林业厅、非政府环保组织（如WWF、GEF等）、高校及科研院所科技支持
限制四：发展机制方面的限制	监督机制不足	1.未对湿地公园建设与发展构建成有效的监督体系 2.建设时间较短	1.加强制度建设	大兴安岭林业集团公司、自然保护区管理局
	激励机制不完善	1.缺乏对员工的有效激励 2.鼓励员工努力工作的奖励机制 3.建设时间较短	1.加强制度建设	大兴安岭林业集团公司、自然保护区管理局
限制五：发展环境方面的限制	社会环境待优化	1.加强社区与区域共管	1.发放宣传保护区建设手册 2.开设宣教课堂 3.联系当地学校共同教育 4.拍摄宣传视频 5.创建区域共管委员会	大兴安岭林业集团公司、加格达奇区政府、自然保护区管理局

三、行动计划

围绕自然保护区建设的长期目标和阶段性目标,以消除自然保护区面临的威胁和限制因素为着眼点,设计了八大类、21个项目、46项具体行动。

(一)法律规章制度

目标:加强自然保护区保护管理工作的制度保障,完善自然保护区的管理制度,健全自然保护区管理机构的保护管理职能,消除自然保护区面临的威胁与限制。

行动方案:制定具有法规性质的管理文件,优化内部管理制度,完善管理机构职能,加强管理机构权能。

项目1:自然保护区"一区一法"

行动1:自然保护区"一区一法"需求评估

论证:自然保护区进入稳步发展时期,生态旅游等新型自然资源利用活动日趋活跃,与自然保护区建设与发展的相关利益关系将更为复杂,可能使得自然保护区面临的威胁因素不断增多。制定具有法规性质的管理文件,针对该自然保护区的保护管理需求,确定自然保护区保护管理机构的权能,以消除日益增加的威胁。是否具有必要性及可行性,应采取科学和审慎的态度,对需求进行客观的评估。

描述:组建由多布库尔国家级自然保护区管理局和上级单位管理人员、专家学者共同组成的工作组,系统评估自然保护区面临的威胁与存在的限制,自然保护区管理机构权限和职能的完整性,以及自然保护区专项法规执行管理文件的有效性,评估"一区一法"需求的科学性。

实施单位:自然保护区管理局、大兴安岭林业集团公司、GEF 等非政府组织、高等院校

实施时间:2016~2017年

经费预算:20万元

经费来源:项目经费

优先序:高度优先

行动2:自然保护区"一区一法"编制工作

论证:在对多布库尔国家级自然保护区"一区一法"的可行性和必要性进行科学评估的基础上,对编制工作进行充分论证,指导编制工作的及时完成。

描述:组建由自然保护区管理局和上级单位管理人员、专家学者共同组成的工作组,基于国家级自然保护区相关规定,针对自然保护区的定位、功能、保护管理现状等实际情况,编制专门的管理规定。

实施单位:自然保护区管理局、大兴安岭林业集团公司、GEF 等非政府组织、高等院校

实施时间:2018~2020年

经费预算:20万元

经费来源：项目经费

优先序：优先

（二）完善土地产权

目标：自然保护区的健康与可持续发展应以明晰的土地产权为基础。当前，多布库尔国家级自然保护区土地产权证（林权证）为加格达奇林业局持有，区内道路与加格达奇林业局共同使用，自然保护区的独立完整性有待进一步加强。

行动方案：基于国务院批复的自然保护区边界文件，办理土地产权证（林权证），出台保护区内土地使用管理办法，对于功能区划调整后的土地管理权进行确认。

项目 2：明晰自然保护区土地产权

行动 3：编制自然保护区内道路使用管理办法

论证：规范自然保护区内道路用途和使用方式，加强自然保护区管理局的管理权，减少和消除道路使用对生态系统保护构成的负面影响。

描述：聘请相关专家和学者，组织有关利益者，共同研究制定道路使用管理方法，明确道路用途、使用方式和维护管理责任，以便共同利益相关者共同遵守。

实施单位：自然保护区管理局、大兴安岭林业集团公司、加格达奇林业局、加格达奇区政府

实施时间：2016～2017 年

经费预算：20 万元

经费来源：项目经费

优先序：高度优先

行动 4：明确功能区划调整后的土地管辖权

论证：通过明确区划调整后的土地管辖权，将区划后属于自然保护区范围内的土地管辖权交由保护区管理局行使，以确保自然保护区的完整性。

描述：请示大兴安岭林业集团公司组织相关方研究，明确区划调整后的土地管辖权转移的日期、方式和方法，形成工作方案，完善工作保障机制。

实施单位：自然保护区管理局、大兴安岭林业集团公司、加格达奇林业局

实施时间：2016～2017 年

经费预算：20 万元

经费来源：项目经费

优先序：优先

项目 3：标桩立界

行动 5：完善自然保护区界碑和界桩

论证：明确保护区范围，依法进行保护

描述：按《自然保护区工程总体设计标准》的要求，结合自然保护区地形复杂，部分周界不以自然地形为界，转向点多，加之人们活动较频繁，已在主要进入保护区的交通要道、重要分界点、人们活动频繁的边界醒目位置上设置区界界碑，分为保护区区碑和界碑。根据保护区管理上的需要，在翠古公路、达金开发路、达古公路、多古公路、

黑那支线公路与保护区交界处设永久性大型区碑 3 座、界碑 13 座；其中区碑规格 300cm×400cm×15cm，埋入地下 50cm，碑基用水泥混凝土浇筑，基坑深 90cm×50cm×60cm，材料为切割石材或钢筋砼结构；界碑规格为 160cm×40cm×15cm，埋入地下 50cm，碑基用水泥混凝土浇筑，基坑深 90cm×50cm×60cm，材料为切割石材或钢筋砼结构。

在核心区、缓冲区、实验区界线急拐弯处设标桩，分别设置永久性水泥或石质界桩，规格为直径 15～25cm、长 160cm，埋入地下 30～50cm，每 500～1000m 埋设一个。各区界桩顶部分别标注核心区界、缓冲区界和保护区界字样，分别涂成红、蓝、黄色，沿保护区核心区边界埋设核心区界桩，总计需埋设界桩 540 根，已埋设 50 根，根据需要再新设置界桩 490 根。

实施单位：自然保护区管理局
实施时间：2017～2018 年
经费预算：86.5 万元
经费来源：中央财政
优先序：高度优先

（三）自然资源和生态系统保护管理体系

目标：加强自然保护区内自然资源与生态系统的有效保护管理，有效遏制破坏自然资源和生态系统的事件发生，消除自然保护区建设与发展中存在的隐患，加强重点野动植物的保护管理，进一步增强湿地和森林生态系统的生物多样性保护功能。

行动方案：针对自然资源和生态系统保护管理的需要，加强区内的野外巡护和防火工作，提高外来人员入区管理工作的有效性，规范野生动植物采集活动，增强重点保护野生动物种群的保护与恢复。

项目 4：执法体系建设
行动 6：建设执法队伍

论证：加大对保护区内破坏生物多样性等违法犯罪行为的打击力度，应加强自然保护区的执法能力。

描述：组建 1 处派出所，位于大黑山保护中心站，与保护管理站合建，不单独建设办公用房。在 10 个保护管理站点设立治安执勤点 10 处，执勤点负责对进出保护区的重点路口、重要出入水河口及湖区进行巡逻执勤，与当地林业派出所建立水陆联合执法机制，对保护区的非法捕鱼等违法现象进行严格执法。执勤点设在漂流点码头管理办公室，不单独建设办公用房，配备警车 2 辆，照相机 8 部，对讲机 16 部，以增强办案、破案能力。

实施单位：自然保护区管理局、加格达奇林业公安局、大兴安岭林业集团公司、国家林业和草原局
实施时间：2017～2019 年
经费预算：40 万元
经费来源：国家林业和草原局专项经费
优先序：高度优先

项目 5：加强野外巡护工作

行动 7：建设水、陆监测巡护路网

论证： 自然保护区水域和陆路巡护路网较长，冬季天气寒冷水面易结冰使巡护难度增加。建设巡护路网，优化巡护效能、降低巡护费用，防止偷猎、盗伐、非法采集等违法事件的发生。

描述： 在自然保护区内的 5 条主干道上设置巡护路线，开展定期巡护，防止外来人员进入保护区破坏自然资源和生态环境。

实施单位： 自然保护区管理局、大兴安岭林业集团公司、国家林业和草原局

实施时间： 2016~2020 年

经费预算： 150 万元

经费来源： 新建国家级自然保护区建设项目

优先序： 高度优先

行动 8：装备野外巡护设备

论证： 自然保护区目前巡护设备非常缺乏。保护区内河流多、湖泊面积大、周边人口多、管理难度大、巡护设备少等因素，严重制约了正常的管护工作。为了对各种突发事件做出及时反应，须根据实际需要配备较为完备的巡护设备。

描述： 需要配备的巡护设备如表 2-4 所示，包括巡护车辆、GPS、执法记录仪、巡护工具、数码相机、双筒望远镜、无人机、无线电台、对讲机等。

表 2-4 巡护设备一览表

项目	单位	数量	备注
管理站巡护车辆	辆	3	皮卡
巡护摩托车	辆	19	每个管护点 2 辆
GPS	部	16	按站点分
执法记录仪	部	15	每船 1 部
巡护工具	套	45	每个管理站、点、检查站 3 套
数码相机	部	9	每个管理站、点 1 部
双筒望远镜	部	18	每个管理站、点 2 部
无人机	架	1	
无线电台	部	16	按站点分
对讲机	部	51	每人 1 部

实施单位： 自然保护区管理局、大兴安岭林业集团公司、国家林业和草原局

实施时间： 2016~2017 年

经费预算： 306.1 万元

经费来源： 国家林业和草原局专项经费

优先序： 高度优先

行动 9：建设野外视频系统及监控中心

论证： 自然保护区基础设施不健全，监控能力薄弱，基础设施落后，为增强自然保护区科研监测手段、提高科研监测水平，拟在管理局办公楼修建野外视频监控中心，视

频系统监测范围覆盖保护区核心区、缓冲区和重要实验区。

描述： 建设规模为监控室3个，房屋建筑面积150m^2；添置视频监测设备，并在保护区核心区、缓冲区和重要实验区设置4座视频监测塔。

实施单位： 自然保护区管理局、大兴安岭林业集团公司、国家林业和草原局

实施时间： 2018～2019年

经费预算： 包括视频采集系统*20、视频传输系统、网络视频设备、指挥中心设备、视频会议系统、辅助配套工程，共计656万元

经费来源： 新建国家级自然保护区建设项目，省、地级政府部门

优先序： 优先

项目6：加强森林防火体系建设

行动10：防火宣传

论证： 明确各级组织和个人的权、责、利，减少火灾危害。

描述： 在保护区入口及旅游景点入口设立永久性防火宣传牌60块；保护区内及周边的每个村屯悬挂防火宣传标语，并印制宣传册20 000册和用火安全手册10 000册，发放到区内各农户及城区居民户。

实施单位： 自然保护区管理局

实施时间： 2016～2017年

经费预算： 21.8万元

经费来源： 国家林业和草原局专项经费

优先序： 优先

行动11：建设防火瞭望塔

论证： 大兴安岭地区为林火高发地段，多布库尔国家级自然保护区面积很大且树木茂密，发生火灾地面观察难度大。

描述： 规划对已建瞭望塔、塔房3处进行维护和设备设施更新，3座瞭望塔设置可视化防火瞭望塔监测系统各1套，用于减少瞭望人员的工作强度；同时对达金282林班瞭望塔塔道（3.5km）、大黑山247林班瞭望塔塔道（2km）、多布库尔116林班瞭望塔塔道（3km）进行修缮维护。

实施单位： 自然保护区管理局、大兴安岭林业集团公司

实施时间： 2016～2017年

经费预算： 24万元

经费来源： 项目资金、财政拨款

优先序： 高度优先

项目7：公众科普宣传

行动12：建立访客中心

论证： 生态旅游最重要的一项内容是开展科普宣传教育活动，对当地群众和游客进行科普教育，是增强人们自觉保护湿地生态系统意识的最行之有效的手段之一。宣教中心的建设可提高公众生态保护意识，提升保护区知名度。

描述： 在多布库尔漂流点建立访客中心，开展宣传教育活动，其对象主要是外来参

观者、保护区周边社区居民及管理局职工。访客中心建筑面积 1000m^2，辅助建筑面积 150m^2，同时购置相关宣教展示仪器设备、大型电子显示屏等，以供参观、宣教、培训和学生实习用。

实施单位：自然保护区管理局

实施时间：2017～2018 年

经费预算：390 万元

经费来源：国家林业和草原局专项经费及外界资助

优先序：高度优先

行动 13：建立标本陈列馆

论证：结合科研监测、宣传教育和生态旅游等工作，用现代化高科技手段展示保护区优美的自然风光、丰富的动植物资源、优越的自然环境，充分发挥科研、科普、宣传、教育、观赏、展示等多方面功能。

描述：陈列馆选择建在漂流点，与访客中心合建。陈列馆建筑面积 300m^2，辅助建筑面积 60m^2，陈列馆博物馆内配备展览设备 1 套，宣传用车 1 辆。

实施单位：自然保护区管理局

实施时间：2017～2018 年

经费预算：126.2 万元

经费来源：国家林业和草原局专项经费及外界资助

优先序：优先

行动 14：购置宣教设备

论证：保证保护区宣教中心正常运转，提升宣传效果。

描述：根据多布库尔湿地保护工程建设项目，宣教中心需购置陈列设施、多媒体宣教系统、照明和通信设备、多布库尔湿地沙盘、参与式视频宣教系统等，以满足宣教中心的需要。

实施单位：自然保护区管理局

实施时间：2017～2020 年（可调至宣教中心场馆建设完成后实施）

经费预算：150 万元

经费来源：新建国家级自然保护区建设项目、国家林业和草原局专项经费

优先序：高度优先

行动 15：大型宣传牌和社区宣传专栏建设

论证：提升自然保护区的影响力，加大湿地保护宣传力度。

描述：在高速公路出入口、进入城区主干道等设置道路指示牌共 18 块，在保护区周边人流量大且醒目的地区设置 10 块大型宣传栏。

实施单位：自然保护区管理局

实施时间：2017～2018 年

经费预算：203 万元

经费来源：项目资金、财政拨款

优先序：高度优先

行动 16：科普培训周边社区群众和协管员

论证：提高周边社区群众、协管员的生态保护意识，增加广大群众的生态保护知识，扩大宣传面。

描述：管理局对周边社区群众代表每年进行 2 次环保知识培训。

实施单位：自然保护区管理局

实施时间：2016～2020 年

经费预算：10 万元

经费来源：自然保护区管理局、政府和外界资助

优先序：高度优先

行动 17：制作专题宣传片

论证：宣传保护区，提高知名度。

描述：为保护区制作精美的专题宣传片两部。一部宣传片通过画面、音乐、内容等电视语言的有机配合，体现保护区厚重的人文历史；另一部宣传片则进一步向公众展示多布库尔湿地独特的自然地理条件、珍贵的湿地资源、丰富的生物多样性，以及保护区突出的保护价值。

实施单位：自然保护区管理局

实施时间：2016～2017 年

经费预算：20 万元

经费来源：外界资助

优先序：优先

项目 8：野生植物采集活动管理

行动 18：制订野生植物采集管理办法

论证：野生植物资源既是可再生资源，又是生态系统的重要组成部分。有序的野生植物利用不仅不会对生态系统构成负面影响，还有助于促进采集者增收和区域经济发展。为此，应制订野生植物采集管理办法，规范野生植物的采集行为，确保野生植物资源的可持续利用。

描述：在对野生植物采集活动进行系统调研的基础上，制订野生植物采集管理办法，明确可以进行采集的野生植物种类、区域、数量、时间等内容，争取获得大兴安岭林业集团公司的批复，并向社会公众公布。

实施单位：自然保护区管理局、大兴安岭林业集团公司、加格达奇林业局、高等院校

实施时间：2017～2018 年

经费预算：40 万元

经费来源：项目经费

优先序：高度优先

项目 9：重点保护野生动物的保护管理

行动 19：制订重点保护野生动物保护管理计划

论证：自然保护区内分布有东方白鹳、白鹤、紫貂等国家一级重点保护野生动物，是这些野生动物重要的栖息场所。这些野生动物的数量稀少、价值珍贵，保护难度大，

若无法系统和高效地开展野生动物的保护管理工作，则无法达到种群数量恢复等保护目的。为此，需要制订保护区内国家重点保护野生动物保护管理计划，明确这些物种的保护方案。

描述：邀请高等院校和科研院所的专家与学者，在国家野生动物资源调查结果的基础上，明确区内野生动物的具体分布，研究制订保护管理目标，设计保护管理措施和保障措施。在具体物种方面，可重点关注东方白鹳、白鹤、紫貂等国家一级重点保护野生动物。

实施单位：自然保护区管理局、大兴安岭林业集团公司、高等院校

实施时间：2016~2018 年

经费预算：100 万元

经费来源：项目经费

优先序：优先

行动 20：开展重点保护野生动物栖息地保护管理活动

论证：保护野生动物的根本措施是保护其栖息环境，多布库尔国家级自然保护区有着良好的栖息环境和丰富的底栖生物，是大兴安岭地区特有动物活动的重要地点，也是我国北方最重要的水鸟栖息地和迁徙地之一，生活着许多珍稀动物，应对其生境加强保护。

描述：保护少量能为营树洞栖居的野生动物提供栖居条件的站杆木、枯立木等。在森林保护中，要有意识、有计划地保留少数大径级的站杆木、枯立木，为啄木鸟等营树洞、树穴栖居的鸟类、兽类保留栖居地。注意保护能为鹳类、鹭类提供建巢的树木。在有鹳类、鹭类等树栖鸟类活动的地方，禁止采伐沿河两岸零散分布的较大枯死木，以作为其建巢树木。保护棕熊等兽类仓室。大型空筒树木能为棕熊等兽类提供冬眠地，对于可以提供越冬洞穴的树木、岩洞等应禁止采伐或破坏，以供兽类冬季蹲仓时用。

实施单位：自然保护区管理局、大兴安岭林业集团公司、高等院校

实施时间：2016~2018 年

经费预算：500 万元

经费来源：项目经费

优先序：优先

项目 10：生态系统恢复

行动 21：恢复水湿地和火烧迹地

论证：水湿地（又称沼泽地）是东北林区对分布在河谷平原、山缓坡带，地表积水、土壤层（处于过湿状态）生长有湿生植物地段的统称。在我国大兴安岭及东北其他林区，都开展过水湿地改造的试验和研究工作。实践证明，水湿地经过排水改造后，在排水措施有力、造林方法合理的条件下，水湿地人工林均有良好的生长效果。但改造后破坏了原有的植被，导致土壤水分条件发生较大改变，使改造后植物群落的组成种类发生了明显的替代性变化，影响了湿地功能的发挥。

描述：利用小型机器设备或人工在区内实施地形改造，将以前开挖形成的排水沟填平，以防止水湿地改造区自然降水的流出，为湿地恢复提供条件。选择几处地势相对较低的区域，做适当的地形改造，使周围的自然降水汇集到低洼区域，形成水泡子，不仅

增加了规划区内的植物多样性和景观多样性,也为鸟类提供了栖息地和觅食所。

实施单位:自然保护区管理局

实施时间:2016~2019 年

经费预算:300 万元

经费来源:国家林业和草原局自然保护区建设经费

优先序:优先

(四)可持续经济发展

目标:通过发展生态旅游,规范区内农业生产活动直至完全取缔区内生产经营活动,促进自然保护区在可持续经济发展中发挥更大的作用,同时也支撑自然保护区的可持续经济发展。

行动方案:确保生态旅游工作的健康有序开展,制订生态旅游工作规划,加强区内农业生产经营活动的规范工作,探索开展政策性生态移民工作。

项目 11:发展生态旅游

行动 22:制订生态旅游工作规划

论证:生态旅游是自然保护区内开展的一项重要活动,呈现出活跃态势,游客数量增长速度有可能超出保护区管理局的管理能力。为确保生态旅游工作的健康发展,应制订生态旅游工作规划,为规范发展生态旅游工作奠定基础。

描述:通过项目招标确定规划编制单位,对自然保护区开展实地调研,结合自然保护区建设发展目标,编制生态旅游规范。

实施单位:自然保护区管理局、大兴安岭林业集团公司

实施时间:2016~2018 年

经费预算:40 万元

经费来源:GEF 项目经费

优先序:优先

行动 23:制订自然保护区生态旅游管理办法

论证:为规范生态旅游管理,根据保护区管理相关法规和保护区管理机构职责,制订生态旅游管理办法,促进保护区实验区生态旅游开展更为科学、规范,提高生态旅游质量,增加旅游收入。

描述:在保护自然资源的前提下,在实验区开展生态旅游。在已获得批准的保护区总体规划和生态旅游规划的指导下进行规范管理。

实施单位:自然保护区管理局、相关利益部门

实施时间:2016~2018 年

经费预算:15 万元

经费来源:项目经费

优先序:优先

行动 24:研究生态旅游对自然保护区生态系统的影响

论证:研究生态旅游对自然生态系统的影响,为开展生态旅游的保护管理工作提供

依据。

描述：对生态旅游对自然生态系统的影响进行监测，为管理提供依据。

实施单位：自然保护区管理局

实施时间：2016~2020 年

经费预算：20 万元

经费来源：项目经费

优先序：优先

项目 12：环境友好型生产生活方式

行动 25：传授生态农业方法和休耕要求

论证：由于多布库尔国家级自然保护区内历史遗留种植户数量较多，占地面积较大，一次性把所有人员迁移出去困难较大。但现阶段解决或者缓解由农药等因素引起保护区内的生态环境问题刻不容缓，所以第一步需要对保护区内的种植户进行生态农业的宣教，减少对保护区内水体等的污染。

描述：要求对区内每户种植户进行走访宣教，并监督要求农户进行休耕。

购买相关专业书籍、图谱，建设保护区资料室 1 处，位于管理局办公大楼内，订购专业书籍资料，邀请相关专家授课教学。

实施单位：加格达奇林业局、岭南管委会、多布库尔国家级自然保护区管理局

实施时间：2016~2017 年

经费预算：30 万元

经费来源：岭南管委会、多布库尔国家级自然保护区管理局

优先序：高度优先

行动 26：建设社区生态养殖模式

论证：目前，保护区内有部分养殖户，养殖类型基本以山羊和少量牛为主。因为规范不严格，容易出现过度放牧的情况，这严重威胁保护区内的生态安全。由于很难在短时间将养殖户全部迁出，应先规范区内牧业生产管理，划定临时生态牧区，合理开发利用湿地资源，并逐年减少牲畜数量，防止过度放牧和无序放牧给保护区湿地生态系统带来更大的危害。

描述：设立规定不允许在自然保护区的核心区内进行放牧行为，把核心区的养殖户首先迁出。严格控制保护区内养殖户养殖牲畜数量（不允许增加），便于最终全部迁出。根据现有养殖户养殖规模划定合理的放牧地点和范围。

实施单位：自然保护区管理局

实施时间：2016~2018 年

经费预算：50 万元

经费来源：项目资金、财政拨款

优先序：高度优先

行动 27：建设社区垃圾池

论证：减少周边社区无序排污对保护区造成的污染，对社区内垃圾进行分类收集、集中打捞、专车运输至市政垃圾集中处理厂处理。

描述：建设垃圾池 10 个，推行垃圾分类与回收。

实施单位：自然保护区管理局、加格达奇区政府、岭南管委会

实施时间：2016～2017 年

经费预算：30 万元

经费来源：外界资助

优先序：高度优先

（五）科学研究和监测

目标：通过科学研究和监测，掌握自然保护区内生态系统的动态变化，为有效开展自然保护区保护管理活动奠定科学决策基础。

行动方案：开展自然保护区科研和监测活动，夯实与高校和科研机构的科研合作关系，同时监测区内的野生动植物、游客及车辆，确保保护区的各种威胁得到监测。

项目 13：科研工作

行动 28：建设科研中心

论证：建设科研中心旨在为自然保护区搭建一个集科研监测、实验、学习、交流于一体的现代化平台，以充分利用各方面的科技力量，在保护区内开展系统、有针对性的监测与科学研究。

描述：在自然保护区管理局院内建设科研中心，业务用房建筑面积 1000m^2，辅助建筑面积 150m^2，在科研楼设置办公室、实验室、化学分析室、动植物标本存列室、科研档案室、科研资料室、药品储藏室、会议室等，配备基本的办公设备 1 套、科研仪器设备 1 套、科研监测用车 1 辆。

实施单位：自然保护区管理局

实施时间：2017～2018 年

经费预算：360 万元

经费来源：国家林业和草原局专项经费

优先序：优先

行动 29：调查本底资源

论证：掌握保护区的本底情况及其动态变化情况是制定和调整保护管理对策及开展科研、宣教等活动的基础。保护区于 2002 年做过一次综合科学考察工作，但随着自然保护区事业的发展、国家政策资金的扶持、社区共管项目的实施、区内及周边地区社会经济的不断发展，保护区的自然资源状况及社会经济环境发生了巨大变化，需要进行新的综合考察，摸清各种野生动植物的种群数量、种群结构、分布范围，研究湿地生态系统的动态变化规律，为保护区进一步发展提供科学依据。

描述：聘请相关研究机构、大学开展保护区本底资源调查

实施单位：自然保护区管理局

实施时间：2017～2018 年

经费预算：481.09 万元

经费来源：国家林业和草原局专项经费

优先序：高度优先

项目 14：监测工作

行动 30：监测湿地水文

论证：自然保护区是嫩江的重要源头和集水区之一，也是嫩江乃至松嫩平原的生态屏障。掌握多布库尔水文年动态变化情况，有利于保护区湿地保护、管理决策。

描述：在多布库尔国家级自然保护区内大古里河、小古里河、漂流起点、母子宫河设置 4 个水文监测点，定期对其水位、水质等水文因子进行监测，建立多布库尔水文数据库。

实施单位：自然保护区管理局

实施时间：2016~2020 年

经费预算：135.59 万元

经费来源：项目经费

优先序：高度优先

行动 31：建设关键动物监测点

论证：多布库尔国家级自然保护区作为大兴安岭地区重要的野生动物生活区域，目前保护区没有设置关键物种监测点。

描述：在 10 个保护站点设置关键物种监测点 10 个，管理用房分别与保护管理点合建，由保护区保护管理点人员负责，巡护人员进行详细观测，对候鸟进行季节性蹲点监测，以便发现疫情及时上报。同时，为监测点配备监测设备共计 10 套，购置 GPS、微型摄影机、数码照相机、双筒望远镜等设备。

实施单位：自然保护区管理局

实施时间：2016~2017 年

经费预算：400 万元（包含监测点建设费 30 万元，购置监测设备 60 万元）

经费来源：国家林业和草原局专项经费

优先序：优先

行动 32：建设植物监测点

论证：由于多布库尔国家级自然保护区是由森林和湿地共同组成的生态环境。保护区内物种丰富多样，并有大量国家级保护植物。

描述：结合多布库尔植被分布的实际情况，在保护区森林和湿地内分别建立 40 个植物观测点，观测点主要集中在保护区国家级保护植物分布地区。

实施单位：自然保护区管理局

实施时间：2017~2020 年

经费预算：500 万元

经费来源：国家林业和草原局专项经费

优先序：一般

（六）区域性协调发展

目标：消除自然保护区发展与区域经济社会发展目标的不一致，为自然保护区发展营造有利的外部环境,拓展自然保护区的外部发展动力,激发自然保护区的内生发展动力。

行动方案：促进自然保护区与所在区域的统筹发展，建立多布库尔湿地保护协议，促使自然保护区在区域可持续发展中发挥更大的积极作用。

项目15：自然保护区与所在区域的统筹发展

行动33：建设社会化管理委员会

论证：协调社区开展社会化管理活动，在社会化管理过程中明确保护区与周边社区在湿地保护中的责任和义务。

描述：保护区成立社会化管理领导小组，形成多利益相关者共同决策机制。

实施单位：大兴安岭林业集团公司、自然保护区管理局、加格达奇林业局、松岭林业局、加格达奇区政府、岭南管委会

实施时间：2016～2020年

经费预算：10万元

经费来源：事业费、大兴安岭林业集团公司财政专项资金预算、外界资助

优先序：高度优先

（七）保护基础设施和设备发展

目标：加强自然保护区的基础设施建设，完善自然保护区保护管理的设备，增强自然保护区高效保护管理的硬件能力建设，促进自然保护区内自然资源与生态系统的有效保护管理。

行动方案：针对自然资源和生态系统保护管理的需要，利用自有资金和项目资金，健全保护房舍，完善保护管理设备，提升自然保护区保护管理的硬件。

项目16：管护站点建设和维护

行动34：建设保护管理站点

论证：建立完整、系统、科学的保护管理体系，确定以管理局为核心，健全管理中心站和管理站，建立管理局—管理中心站—管理站三级保护体系。在维护大黑山管理中心站的基础上，建立达金保护管理中心站和多布库尔管理中心站。

描述：由于原多布库尔管理中心站位于自然保护区缓冲区内，规划将其迁移至实验区加卧公路51km西岔线1km处，新建保护管理中心站1座，建筑面积为400m^2；根据管护的实际情况，新建达金保护管理中心站1座，建筑面积为400m^2，对原大黑山保护管理中心站办公业务用房进行修缮，修缮建筑面积为400m^2，将鸟类环志站设置在此处。

实施单位：自然保护区管理局

实施时间：2016～2020年

经费预算：938.5万元

经费来源：新建国家级自然保护区建设项目

优先序：优先

行动35：维护保护管理站点

论证：自多布库尔国家级自然保护区成立以来，有桥头、古里湖、叉子山、卡达郎、

翠峰、松古、加卧 51（与加格达奇林业局共用）、黑那（与加格达奇林业局共用）、达古（与加格达奇林业局共用）、达金河顶保护管理站共 10 处保护管理站。保护管理站点是保护区的一线基层站点，是与保护工作直接接触的管理机构，对保护范围广、保护战线长的大中型规模保护区而言，在落实保护区各项具体工作中具有至关重要的作用。当前保护管理点设施不齐全，生活条件较差，制约了管护工作的成效。

描述：每处修缮面积 80m^2，每个管理站分别扩建放置器具辅助用房 20m^2。原有和新建保护管理站分别配备办公、消防、野外调查、日常巡护、执法、通信、交通及必要的生活设施设备。

实施单位：自然保护区管理局

实施时间：2016～2018 年

经费预算：共计 800 万元（每个站点 80 万元）

经费来源：新建国家级自然保护区建设项目

优先序：高度优先

行动 36：设置检查站

论证：自然保护区核心区、实验区内有部分种养殖户，人员出入容易影响保护区建设。为对区内资源进行有效保护，防止利用林地开垦农地、围网捕鱼、猎捕水禽水鸟现象的发生，在保护区与外界连通的 5 条主干道的入口处设置检查站，对进入区域的人员进行严格检查。

描述：按照国家 2002 年制定的《自然保护区工程项目建设标准（试行）》，每个检查站建筑面积为 100m^2，均为单层砖混结构，6 个检查站总计建筑面积 600m^2。检查站设值班室、管理工作室、食宿室，配备哨卡、办公、生活及有线或无线通信设备。检查站水电等基础设施与管理点共用。检查站应树立或悬挂醒目的保护检查标牌和灯光信号，以示检查和提醒严格保护；每站设置警示牌 1 块，提示自然保护等规章制度和注意事项等。

实施单位：自然保护区管理局

实施时间：2016～2018 年

经费预算：111 万元

经费来源：国家林业和草原局专项经费

优先序：高度优先

项目 17：野生动植物救护和监测场站建设

行动 37：建设野生动物救护中心

论证：为及时对保护区内羸弱和受伤的野生动物，特别是珍稀水禽，提供人工救治，待其康复后放归大自然，因此，有必要建设野生动物临时收容站，提供收容、救护场所。

描述：在大黑山保护管理中心站建设集野生动物保护和救护于一体的野生动物临时收容站 1 处，积极救治迷途、受伤的野生动物，待其恢复健康后再放归大自然。野生动物临时收容站规划建筑面积 300m^2，为砖混结构，包括诊治室、救护室、办公室等。规划建设动物笼舍 500m^2，配备野生动物救护设备 1 套，包括诊治、救护、捕捉工具等。

实施单位：自然保护区管理局

实施时间：2016～2017 年

经费预算：71 万元

经费来源：国家林业和草原局专项经费

优先序：高度优先

行动 38：建设野生动物疫源疫病检疫站

论证：在做好野生动物保护救护工作的同时，加强疫源疫病的监测和防控。

描述：在管理局局址院内建设野生动物疫源疫病检疫站 100m^2，与野生动物疫源疫病监测站合并建设，合署办公。规划购置检验检疫设备 1 套。由三个保护管理中心站安排监测人员开展日常巡查工作，集中向检疫站报告每日最新疫情。

实施单位：自然保护区管理局

实施时间：2017～2018 年

经费预算：22 万元

经费来源：国家林业和草原局专项经费

优先序：高度优先

行动 39：建设野生植物病虫害防治检疫站

论证：野生植物病虫害防治检疫站的主要工作针对国家级保护植物的病害及物种入侵问题。

描述：在管理局局址院内建立植物病虫害防治检疫站，建筑面积 300m^2，与野生动物疫源疫病监测站合并建设，合署办公。由大黑山、多布库尔、达金三个保护管理中心站安排监测人员开展日常巡查工作，集中向检疫站报告每日最新疫情。购置植物病虫害防治设备 5 套、病虫害防治检查车 1 辆。

实施单位：自然保护区管理局

实施时间：2017～2018 年

经费预算：141 万元

经费来源：国家林业和草原局专项经费

优先序：高度优先

项目 18：健全保护管理办公用房和保护区入口区

行动 40：建设管理局办公楼和科研楼

论证：保护区自成立以来，在加格达奇一直没有属于自己产权的办公楼，不利于保护区事业的发展。且现有基础设施不健全，目前保护区科研用房面积少，科研设备缺乏。

描述：将自然保护区办公楼、科研楼、野外视频监控中心等建设用地规划在加格达奇区内，需征地 20 亩；在旅游漂流景点处征地 5 亩，修建保护区湿地保护宣教点。在加格达奇区建设科研楼，建设规模 900m^2，添置科研设备。

实施单位：自然保护区管理局、大兴安岭林业集团公司

实施时间：2017～2018 年

经费预算：1200 万元（土地由政府划拨）

经费来源：新建国家级自然保护区建设项目、大兴安岭林业集团公司财政部门

优先序：优先

行动 41：建设标志性大门

论证：明确保护区主要出入口，同时起到宣传教育的作用。

描述：在多布库尔国家级自然保护区主入口，建设标志性大门 3 处。保护区大门为砖混木艺结构，设计风格需与周边建筑风格一致。

实施单位：自然保护区管理局

实施时间：2017～2018 年

经费预算：120 万元

经费来源：国家林业和草原局专项经费

优先序：优先

（八）组织机构发展

目标：全面加强自然保护区管理局的机构能力，优化管理局组织结构，提升应对来自保护区内外各个方面威胁的能力，确保保护管理工作有条不紊地开展，管理计划得到顺利实施。

行动方案：为提高组织机构能力，将完善机构设施、明确岗位职能、完善内部管理工作制度，提升员工工作能力，提高融资能力、加强资金管理，对管理计划实施进行培训。

项目 19：完善机构设置和内部管理制度

行动 42：完善内部机构设置

论证：自然保护区管理现有的机构设置与保护管理工作需求不相一致，不利于保护管理工作的高效开展和自然保护区的健康发展。

描述：基于对自然保护区管理局各机构和部门职能的梳理，结合自然保护区保护管理需求，对各机构和部门职能进行优化配置，同时对机构人员与规模进行相应调整，确保各机构和部门职能清晰。

实施单位：自然保护区管理局、大兴安岭林业集团公司

实施时间：2016～2017 年

经费预算：20 万元

经费来源：管理费用

优先序：高级优先

行动 43：评审和优化内部管理制度

论证：内部管理制度是否完善决定了自然保护区的保护管理工作能否得到有力的制度保障，也决定了保护管理工作的有效性。自然保护区管理局成立时间短，内部管理制度制定和投入时间也相对较短，难免存在与保护管理实践不相一致的内容。

描述：邀请外部专家，对自然保护区现有的行政管理、人事管理、会议管理、车辆管理、奖励与惩罚等内部管理制度及其在管理实践中的有效性进行评估，确定现行制度与管理实践存在的冲突，并提出制度优化建议。

实施单位：自然保护区管理局、高等院校

实施时间：2016～2017 年

经费预算：20 万元

经费来源：项目经费

优先序：高度优先

项目 20：提高人员素质

行动 44：购置专业书籍

论证：增强自然保护区工作人员的业务素质，促进职工在生产实践中应用科学、先进的方法和科技成果。

描述：为自然保护区管理局订阅《湿地保护与管理》《动物学报》《动物学杂志》《野生动物》等科研期刊，购买相关专业书籍、图谱，建设保护区资料室 1 处，位于管理局办公大楼内，订购专业书籍资料 3 套。

实施单位：自然保护区管理局

实施时间：2016～2017 年

经费预算：10 万元

经费来源：外界资助

优先序：优先

行动 45：培训自然保护区员工

论证：提高自然保护区工作人员的业务水平和宣教能力。

描述：对自然保护区内部人员开展内部培训，采用组织学习、岗前培训、专业培训和定期交流等多种形式。

实施单位：自然保护区管理局

实施时间：2016～2020 年

经费预算：20 万元

经费来源：外界资助

优先序：高度优先

项目 21：监测评估管理计划的实施

行动 46：监测评估 2016～2020 年管理计划的实施成效

论证：对自然保护区管理成效进行监测、评估，为制订新的计划奠定基础。

描述：与相关利益者共同对管理计划的执行情况进行评估。

实施单位：自然保护区管理局、大兴安岭林业集团公司、国家林业和草原局、GEF 项目

实施时间：2020 年

经费预算：20 万元

经费来源：项目经费

优先序：一般

四、经费预算

（一）预算原则和依据

根据国家的有关政策规定，本管理计划的经费预算范围仅限于需要国家财政拨款、

保护区自筹资金、外界资助的部分。经费预算的依据主要有以下 6 方面。

1) 黑龙江省建筑安装工程费用定额。
2) 黑龙江省建筑工程预算定额基价。
3) 通过市场调查取得的有关设备、仪器、材料现行价格。
4) 人员工资、公务费按每年递增 5%计算。
5) 保护管理费按黑龙江省财政下达基数计算。
6) 基建项目投入经费仅为基准费估算,不包括不可预见费。

(二) 经费预算结果

据估算,管理计划实施的经费预算为 8788.78 万元（表 2-5）。其中,管护站点建设和维护资金需求居首位,经费预算为 1849.5 万元,比例为 21.04%；第二为健全保护管理用房和保护区入口区,经费预算为 1320 万,比例为 15.02%；第三为加强野外巡护工作,经费预算为 1112.1 万元,比例为 12.65%；第四为监测工作,经费预算为 1055.59 万元,比例为 12.01%；第五为公众科普宣传,经费预算为 899.2 万元,比例为 10.23%；第六为科研工作,经费预算为 841.09 万元,比例为 9.57%；其他费用预算合计为 1711.3 万元,比例为 19.47%。

表 2-5　管理计划实施的经费预算表

项目	经费预算/万元	比例/%
项目 1：自然保护区"一区一法"	40	0.46
项目 2：明晰自然保护区土地产权	40	0.46
项目 3：标桩立界	86.5	0.98
项目 4：执法体系建设	40	0.46
项目 5：加强野外巡护工作	1112.1	12.65
项目 6：加强森林防火体系建设	45.8	0.52
项目 7：公众科普宣传	899.2	10.23
项目 8：野生植物采集活动管理	40	0.46
项目 9：重点保护野生动物的保护管理	600	6.83
项目 10：生态系统恢复	300	3.41
项目 11：发展生态旅游	75	0.85
项目 12：环境友好型生产生活方式	110	1.25
项目 13：科研工作	841.09	9.57
项目 14：监测工作	1055.59	12.01
项目 15：自然保护区与所在区域的统筹发展	10	0.11
项目 16：管护站点建设和维护	1849.5	21.04
项目 17：野生动植物救护和监测场站建设	234	2.66
项目 18：健全保护管理办公用房和保护区入口区	1320	15.02
项目 19：完善机构设置和内部管理制度	40	0.46
项目 20：提高人员素质	30	0.34
项目 21：监测评估管理计划的实施	20	0.23
合计	8788.78	100

第三节 根河源国家湿地公园保护管理计划

一、湿地公园管理现状与评价

（一）保护管理体制

1. 管理组织机构

为保护管理好根河源国家湿地公园，当前已成立根河源国家湿地公园管理局，为副局（处）级建制，受根河源湿地保护管理委员会和根河林业局领导。公园内的湿地和森林资源由根河林业局森林资源管理办公室管理。根河源国家湿地公园管理局设局长1名、副局长3名，下设行政办公室、湿地监测和科研部、科普宣教部、旅游发展部4个职能部门，自东北向西南设立了萨吉气、约安里、开拉气、下央格气、乌力库玛等5个管护站，以及6个监测站、约安里派出所（图2-3），实现了对湿地公园辖区范围的全方面覆盖。

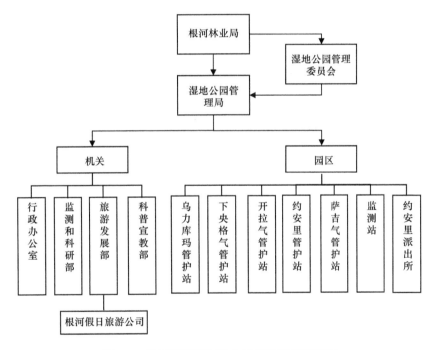

图 2-3　根河源国家湿地公园管理组织架构图

行政办公室、监测和科研部、旅游发展部、科普宣传部构成管理局机关，办公室设在根河市，离湿地公园园区约有5km距离。行政办公室的主要工作场所在办公室内，承担湿地公园运行的相关行政事务。监测和科研部、科普宣传部的主要工作场所在园区内，承担园区内湿地生态系统、森林生态系统、野生动植物多样性的监测工作，以及前来园区参观的公众宣教工作。旅游发展部与根河假日旅游公司为两块牌子，一班人马，负责旅游招商、旅游产品开发等工作。

天保工程实施后,湿地公园所在地区的中心工作由木材生产转为生态保护、森林资源管理、森林经营、森林防火,上级主管部门——根河林业局已建成较为完整的生态保护和建设体系,为根河源国家湿地公园的保护和恢复提供了有利条件。

根据《根河源国家湿地公园管理办法》,根河源国家湿地公园建立了根河源国家湿地公园管理委员会,负责对整个湿地公园管理规定的制定,制定一系列优惠政策,扶持湿地公园的发展;加强道路、水电、通信基础设施建设,实施旅游开发与科研教育项目,促进旅游与科研,探索一条管理湿地公园的有效途径,加快湿地公园旅游业发展的进程。

2. 管理制度

当地政府应当在响应国家相关政策的基础上,结合根河源湿地的实际情况,制定《内蒙古根河源国家湿地公园管理办法》,规划确立根河源国家湿地公园的管理体制(建立根河源国家湿地公园领导小组或管理委员会),负责对整个湿地公园管理规定的制定,并有力地领导和管理,进一步制定一系列优惠政策,扶持湿地公园的发展。根河源国家湿地公园管理局还制定了《日常管理规章制度手册》《生物多样性保育方案》《野外巡护方案》《宣传和教育方案》《可持续经济和区域性协调发展方案》《保护管理基础设施建设和设备购置方案》等一系列文件,形成了"一办法、一规章、五方案"的格局(图2-4),全面覆盖了湿地公园内的所有保护管理工作,有助于确保保护管理工作有序和高效地开展。

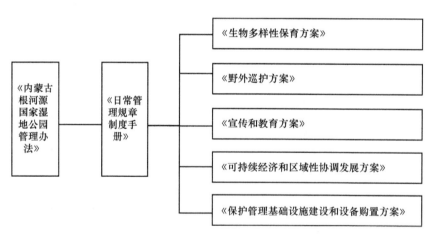

图 2-4 根河源国家湿地公园管理制度框图

根据《国家湿地公园管理办法(试行)》的相关规定,根河源国家湿地公园管理局制定了《内蒙古根河源国家湿地公园管理办法》,明确了公园建设的法律依据、目的、宗旨、原则,管理机构及其职责,管理和保护的具体内容,以及违反管理办法的法律责任。尽管该管理办法有待进一步完善,以更加符合根河源国家湿地公园的保护管理实际,但已出台的管理办法仍具有很强的制度规范作用,确保了湿地公园内的保护管理工作有章可循、有据可依。

针对湿地公园的各项具体职能,根河源国家湿地公园制定了相应的工作方案,以规范和指导野外巡护、科研和监测、宣传和教育、可持续经济和区域性协调发展、基础设施建设和设备购置等具体工作。野外巡护等部分工作方案得到了较好的落实，科研和监测等部分工作方案则需要加大落实力度。

3. 保护管理人员

根河源国家湿地公园管理局组建过程中重视管理人员能力，人员整体素质高、年龄小，除部分为招募的应届毕业生外，其他人员多数为上级主管单位——根河林业局抽调的业务骨干。

（1）保护管理人员基本情况

针对 45 名工作人员的调研表明，27 名为男性，比例为 60%；18 名为女性，比例为 40%，男性员工比例高于女性员工比例。在年龄方面，21～30 岁的员工数量最多，达到 27 名，比例为 60%；其次为 31～40 岁的员工，为 14 名，比例为 31.1%；再次为 41～50 岁的员工，为 3 名，比例为 7%；仅有 1 名员工岁数介于 51～60 岁。

在教育水平方面，29 名为大专或高中学历，比例达到 64.4%；16 名员工为本科学历，比例为 35.6%；员工总体学历较高。员工的专业多样，涉及计算机、数控技术、机电一体化、国际贸易、商务英语、动画设计、临床医学、经济管理学、汉语教学、药学、幼教、工商管理学、财会电算化、行政管理学、园林，多数员工专业与湿地公园的保护管理无直接关系，但是为公园的长期发展储备了多学科的潜在人才。

在员工工作年限方面，18 名员工为工作 2 年，比例为 40%；16 名员工为工作 3 年，比例为 36%，即湿地公园开始试运行时就进入管理部门工作；有 5 名员工参加了湿地公园筹建工作，工作年限超过 3 年；1 名员工为新入职，工作年限在 1 年以内。多数员工为根河林业局子弟，人数达到 32 人，比例为 71.1%；13 人父辈没有在根河林业局工作，比例为 28.9%。

（2）保护管理人员保护素养高

为了解员工的保护素养，对 45 名员工设置了 5 个问题，每个问题设置了 3 个选项，其中 1 个为正确选项。5 个问题的回答统计情况详见图 2-5。

基于员工对于上述 5 个问题的回答，不难得出现有员工的湿地生态系统及生物多样性保护素养较高，表明湿地公园管理局开展的培训工作行之有效。

（3）保护管理人员工作满意度

调研表明，绝大多数员工对所从事的工作较为满意。比较而言，员工对于工作岗位和工作强度的满意度较高，而对于工作报酬的满意度较低。

五分类满意度评价方结果表明，58%的员工对工作岗位非常满意，35%的员工对工作岗位比较满意，只有 7%的员工对岗位满意度的回复为一般。究其原因，一是由于根河源国家湿地公园整体处于良好的发展时期；二是多数员工都是选拔和自愿到公园工作的；三是多数员工很好地适应了当前的岗位。

针对工作强度满意度的调查表明，42%的员工表示非常满意现有工作强度，49%的员工表示比较满意现有工作强度，只有 9%的员工表示现有工作强度一般。究其原因，一是在于绝大多数员工年富力强，充满工作激情；二是湿地公园工作季节性较强，员工的工作与休息时间得到较好的搭配。

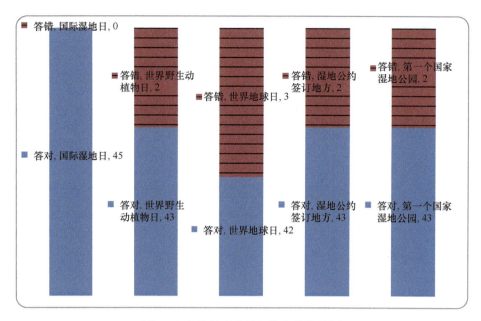

图 2-5　保护管理人员保护素养统计图

针对工作报酬满意度的调查表明，33%的员工表示非常满意现有工作报酬，42%的员工表示比较满意现有工作报酬，18%的员工表示现有工作报酬一般，另有 7%的员工对现有工作报酬不满意。进一步的调研表明，湿地公园员工在根河市当地处于中等水平，在根河林业系统内处于中等偏上水平，但是与周边的呼伦贝尔地区相比，员工收入仍较低。

（二）保护管理措施

1. 湿地科普宣教工作

湿地公园管理局把宣传教育作为湿地保护的基础性和重点工作来抓，常年开展湿地保护和宣传教育活动，使湿地公园成为展示湿地保护成效、普及生物科学的第二课堂。

（1）建设科普宣教中心

整个湿地科普中心分为 5 个主题展厅，建筑材料以体现湿地保护为特色，注重采光及节能设置，在外观造型上以拙朴的木质建筑为主，色调及风格要与湿地的环境相协调。

第一，湿地大众知识普及厅，以"湿地知多少"为主题，重点展示、介绍湿地的起源、功能等，向游客传递湿地的基本知识，使其加深对湿地保护和环境保护重要性的认识。

第二，湿地生物多样性展示厅，包括湿地动物标本、照片、模型，湿地植物标本、照片等，向广大游客宣传这些动植物等的分布、特征、习性、生存状态和发展前景，宣传人与自然和谐相处。

第三，湿地生物治污演示厅，模拟湿地生物治污的全过程，展示各个阶段目前广泛采用的处理技术，结合湿地植物的应用，展现自然湿地强大的生态功能。

第四，湿地环幕影厅，通过影像、地幕投影、幻影成像等高科技互动手段向游人介绍湿地知识，展示优美的湿地风光。使游人在"认识湿地 走进湿地"的过程中，感受到保护湿地的重要意义。

第五，湿地多功能厅，通过展示根河的历史文化溯源及增加相关阅读材料，并增加趣闻展板、模型组装、体验动物的感官知觉等趣味活动，使游客在了解根河文化的同时，愉快地学习到有关动物的知识。

（2）丰富科普宣教手段

湿地公园管理局不断加强湿地宣教展示区建设，设置和完善了湿地多功能厅、湿地生物多样性展示厅、湿地生态影响展示厅、湿地知识普及厅，向游人和各界人士宣传湿地科普知识，激发了大家保护湿地的热情，增强了社区居民对保护生物多样性重要意义的认识。面向社会大众进行湿地知识宣传教育的湿地环幕影厅正在筹建中，我们还新增加了各类湿地公园宣传、展示和警示标牌 20 余块，其中大型宣传展示牌 3 块。通过各类宣传活动，发放宣传单总计 1500 余份。

湿地公园管理局建立了根河源国家湿地公园微信平台，利用网络的宣传优势，拓宽宣传面，加大宣传力度，增强宣传效果，提高了根河源国家湿地公园的知名度。

（3）科普宣教能力提升

湿地公园管理局开展了大量的科普宣教能力提升工作，采取聘请知名专家学者授课等形式，定期开展员工业务培训工作，提高员工素质。

（4）科普宣教活动

湿地公园管理局开展了一系列科普宣教活动，特别是组织开展了对内蒙古农业大学 100 余名在校大学生的科研宣教培训；举办了主题为"湿地：我们的未来"的"世界湿地日"系列活动；举办了"爱鸟周"宣传活动；举办了面向广大社区居民发放宣传手册及宣传单活动。通过这些活动的开展，大力宣传湿地相关知识，普及科普知识，提升全民的科普素质，使湿地保护与恢复的宣传更加广泛深入，增强了公众对湿地保护重要性的认识，让人们知法、守法，强化了公众的湿地保护的法制意识。

2. 科研监测工作

湿地公园管理局不断建立健全科学的湿地监测和功能评价体系，完善了分析实验室的基础设施，增添了必要的监测实验分析设备，对湿地公园生态进行长年的追踪测定，特别是重点强化湿地保育区、恢复重建区的保护监测管理，同时监测记录合理利用区中游人对野生动植物栖息、繁衍、迁徙的影响及区域环境变化，加大湿地保护区各项功能的恢复力度，湿地监测保护工作实现常态化。

湿地公园管理局深化监测保护部门日常工作管理，按照年初制定的重点区域加强管护的要求，不断加强监测队伍管理，按照每月的工作要求，细化考核办法，加强检查督查，确保了各项工作任务的顺利完成。

湿地公园为监测部门职工组织开展培训，同时监测部门内部购买了湿地监测保护、野生动植物等方面的书籍，并对员工有针对性地进行监测保护方面的专业知识培训，不断提高员工业务素质，做好知识储备，为提高实际监测水平打下了坚实的业务基础。

湿地公园管理局不断完善"重要植物保护研究站""野生动物救助站"和"引种驯化基地"的基础设施建设，利用现有房舍和人员，开展了基础性工作探索，以便为今后工作的顺利开展积累经验、打好基础。

（三）湿地生态旅游

根河源国家湿地公园重点生态旅游工作取得了积极成效，为公园的建设和发展募集了资金，培养了人才，促进了基础设施建设，也支持了湿地公园管理体系的健全。

2015 年，旅游发展部（根河假日旅游公司）接待各地游客 51 979 人次，实现旅游产值 5 025 773 元。其中，景区门票收入 2 174 870 元，房车基地食宿 1 595 073 元，娱乐收入 835 830 元，其他收入 420 000 元，圆满完成上级主管部门下达的全年收入 500 万元的目标。

园区内的各项目建设与开发得以稳步推进，基础设施建设日益完善。景区内不仅标识、标牌、围栏等基础设施得以完善，房车基地和漂流码头水冲式卫生间的服务功能也得以完善。

2015 年，根河源国家湿地公园先后被评为"国家生态旅游示范区""23 家全国重点建设国家湿地公园""国家 4A 级旅游景区"，并成为"国家湿地保护协会理事单位""内蒙古自治区旅游联合会成员单位"，顺利完成了 2015 年内蒙古自治区冬季旅游发展资金申报工作、2016 年内蒙古自治区旅游发展资金申报工作，呼伦贝尔市、根河市的招商项目申报工作，以及中国林业产业协会诚信示范基地和中国林业产业诚信企业品牌的创建工作。

在旅游旺季，根河源国家湿地公园实行售票验票分离制度，严格把关园区入口，在保证景区的规范管理和游客的顺利入园方面发挥了重要作用。

根河源国家湿地公园还促进了民俗文化与森林生态旅游文化的有机融合，根据鄂沃迪使鹿部落的要求，按照《根河源国家湿地公园总体规划》的总体设计，同意该部落在公园合理利用区选址落户。结合森林生态旅游，组织开展各项民俗活动，形成了景区的一大特色和亮点，在弘扬敖鲁古雅使鹿文化等方面发挥了积极作用。

（四）基础设施与办公设备

1. 道路建设

根河源国家湿地公园外部的主要道路为连接呼伦贝尔市和额尔古纳市的 S201，连接额尔古纳市和鄂伦春自治旗的 S301 省道，分别位于根河源国家湿地公园西南部和南部，方便了周边重要城市的人们和其他各方游客来根河源国家湿地公园观光旅游、休闲度假。

根据湿地公园的性质和建设原理，公园内道路以原有道路和湿地内网路为基础，湿地公园内现有道路主要是一条主砂石路，这条砂石道贯穿了该规划区的各种湿地类型。同时，在各种类型湿地内也分布有很多小道，可在此基础上进行维护和整修，形成非机动车路网，为游客骑车、乘电瓶车进行旅游观光和体验森林湿地野趣提供条件。

另外，这些道路在几个地方跨过了根河主干道及其支流，湿地公园的建设必将使交通流量大幅度增加，所以要对现有桥梁进行加固，以保障交通安全。

2. 通信和电力

根据湿地公园内的用电量负荷预测情况，从根河市供电局引入供电电源，设置园区配电所及开关站。配电所采用户内型结构，设配电变压器一台。

在供电线路规划中，由于当前空中缆线对规划区的视觉影响很大，旅游效果会因此有所降低，因此在规划区内供电线路采用埋地敷设方式，采用电缆管孔排管埋地敷设，沿园区现有或规划道路一侧埋设，电力电缆管孔数由湿地公园最大用电负荷需求量决定，并根据不同规划期限，考虑近期与后期结合和分期实施的要求，预留容量，一次埋入。

3. 办公设备

目前，湿地公园的主要办公设备有：办公车辆 1 台、小型监测巡护快艇 2 艘、公务商务艇 1 艘、执法船 1 艘、电脑 20 台（其中笔记本 4 台）、打印机 1 台、传真机 1 部、照相机 5 部、摄像机 1 台、投影仪 1 台、幻灯机 1 台、5 个科室和 2 个分局共有固定电话 10 部，各分局、科室工作人员的办公桌椅齐全。

4. 科研监测设备

湿地公园已经配备了科研监测设备，可用于分析实验、湿地气象观测、湿地水文水质观测、湿地土壤理化性质监测、湿地群落学特征观测及远程数据采集等方面。

第一，分析实验室设备。分析实验室以能承担分析湿地土壤理化指标、水化学及大气环境化学、湿地生物与微生物等实验室分析指标为准则，同时配备一些常规的分析仪器设备。

第二，湿地气象观测设施设备。湿地气象观测设施设备建设包括地面气象观测设施建设、梯度观测设施建设、大气干湿沉降及大气组分观测设施建设三部分。

第三，湿地水文水质观测设施设备。湿地水文水质观测包括河流、湖泊、沼泽等各类湿地的水文特征、水体物理化学指标及水体污染的观测，观测对象包括测流堰、河流观测站等。

第四，湿地土壤理化性质监测设备。在湿地土壤理化性质观测设施建设中，主要考虑野外实验部分，如土壤剖面设置、层次划分、土壤样品采集、土壤理化性质野外测定等所需的仪器设备。

第五，湿地群落学特征观测设施设备。湿地群落学特征的观测需要设置固定样地，调查内容包括动植物群落特征、植物群落多样性、结构特征、生物量等指标的测定。动物群落观测可采用微型 GPS 跟踪等方法。为了监测植物与环境的关系，监测植物的生长状况和生产力、湿地微生物和植被释放的 CO_2 数量等指标，计划配备光合作用、土壤碳通量等先进测量仪器。

第六，远程数据采集和其他设施设备。生态站需要配备野外自动观测仪器的数据采集、传输、接收、贮存、分析处理及数据共享所需的软硬件。在管理处设办公室、工作室、标本资料室、分析实验室、仪器准备室、住宿房间等。配备野外工作的交通、水电通信等设施及其相应附属设施,以及远程数据采集和其他设施设备。

第七,湿地生态站的配套设施包括分析实验室主要设施、湿地气象观测设施、湿地水文水质观测设施、湿地土壤理化性质监测设施、湿地群落学特征观测设施、远程数据采集和其他设施等。

(五)湿地公园利益相关者分析

1. 湿地公园利益相关者

湿地公园利益相关者指对湿地保护管理和公园建设发展有直接或间接兴趣的机构、组织、团体或个人,他们对湿地公园管理的实施过程和结果有着积极或消极的影响,或是受其影响。

基于实地调研与关键人员研讨,根河源国家湿地公园利益相关者可分成以下7个群体,涉及公众、游客、企业、重点国有林管理局及其下辖机构、高等院校和科研机构、政府及其职能部门、非政府组织等多元主体。

第一,根河当地的利益相关者,主要为鄂温克族牧民(包括园区内和非园区内的牧民)、当地公众、当地商贩等个人,根河本地旅行社、宾馆等旅游业单位,中小学校,根河市及呼伦贝尔市政府、水利局、交通局、气象局、环保局、发改委、规划局、民政局等当地政府及其职能部门。

第二,内蒙古大兴安岭重点国有林管理局层面的利益相关者,包括根河林业局、重点国有林管理局等。

第三,内蒙古自治区层面的利益相关者,包括自治区政府、水利厅、交通厅、气象局、环保厅、发改委、民政厅、林业厅等自治区政府及其职能部门。

第四,国务院层面的利益相关者,包括国家林业和草原局、国家环保部、国家体育总局等国务院职能部门。

第五,非政府组织层面的利益相关者,包括全球环境基金(GEF)、世界自然基金会(WWF)、湿地国际(WI)等生物多样性保护组织。

第六,高等院校及科研院所层面的利益相关者,包括东北林业大学、北京林业大学、首都师范大学、中国科学院等。

第七,本地及外地游客。

2. 利益相关者影响性和重要性分析

利益相关者的影响性和重要性是用来对其进行分类的重要指标。重要性指湿地公园发展过程中应予以考虑的相关者,若应予以考虑的程度越高,则该相关者的重要性越大。影响性指湿地公园发展过程中受到制约或支持的相关者,若对湿地公园的制约或支持力度越大,则对湿地公园的影响性越大。

(A)高重要性、低影响性利益相关者

湿地公园高重要性、低影响性利益相关者包括:鄂温克族牧民、本地及外地游客、中小学校、高等院校及科研机构。

（B）高重要性、高影响性利益相关者

湿地公园高重要性、高影响性利益相关者包括：国家林业和草原局、内蒙古大兴安岭重点国有林管理局、市及自治区两级政府、根河林业局、旅行社。

（C）低重要性、高影响性利益相关者

湿地公园低重要性、高影响性利益相关者包括：国家体育总局、生物多样性保护社会组织，市及自治区发改委、规划主管部门、交通主管部门。

（D）低重要性、低影响性利益相关者

自然保护区低重要性、低影响性利益相关者包括：市及自治区政府的气象、民政、水利主管部门。

二、湿地公园保护管理对策

（一）保护管理目标

1. 总目标

根河源国家湿地公园建设的总目标为：在维护和恢复湿地生态系统及其功能完整性、保护湿地生物多样性的基础上，将湿地公园建成中国冷极湿地天然博物馆，高度融合湿地保护、观光休闲、湿地展示、科普教育、湿地和森林野生资源合理利用等多元活动，打造成为中国国家湿地公园建设具有借鉴价值的典范、国家湿地公园环境教育最具有代表性的机构、国家湿地公园开展可持续旅游具有示范意义的场所，拥有集深度环境体验与互动式生态旅游于一体的国际生态旅游品牌，促进区域经济社会和生态环境得到又好又快的发展。

2. 分期目标

（1）前期目标

在湿地公园建设前期，主要建设目标为建成初具规模、基础设施基本齐全、公园功能基本全面、机构基本完善的湿地公园。湿地公园前期的具体目标为：建立湿地公园的管理机构，制定各种规章制度，初步建成部分基础设施、保护管理体系、科研监测体系、科普宣教体系、部分休闲娱乐设施、综合服务设施和部分重要节点；重点建设宣教展示区解说系统、管理服务区及合理利用区，实施植被恢复和湿地重建工程，开展湿地科普康养游、观光体验游等，初步建成具有大兴安岭森林湿地特色、主题突出的国家湿地公园。

（2）中期目标

进入湿地公园建设中期，建设工作进入一个新时期，基础设施等硬件建设工作应全面完成，管理机构得以进一步健全，保护管理工作得以全面开展。中期的具体建设目标为：进一步完善建设湿地公园的基础设施、保护管理体系、科研监测体系、科普宣教体系、休闲娱乐设施、综合服务设施和部分重要节点，加大公园内植被恢复和湿地的重建力度；继续建设湿地合理利用区，完善旅游服务及宣教展示设施，与规划完成的湿地生态观光体验区相衔接，开始建设合理利用区的游憩服务设施，对各种设施进行及时检修和维护。

（3）后期目标

进入湿地公园建设后期，建设工作进入收尾时期，各项工作也进入提质增效阶段。该时期的具体建设目标为：完善湿地公园合理利用区的游憩服务设施及管理服务设施，完成休闲中心的建设，构建起覆盖整个公园的湿地景观和湿地环境；继续实施植被恢复和湿地重建工作，加强对各种设施的检修维护。

在各分期内，都要重视宣教活动、科研监测、湿地植被保护、湿地野生动物及其生境保护、水系水质保护、野果资源保护、火烧迹地的植被恢复、水湿地改造区的湿地重建、有害生物及灾害防治等，以生态保护为重，在保护的基础上合理开发利用。

（二）分区的操作目标与发展

1. 湿地保育区

湿地保育区湿地和森林生态系统完好、动植物资源丰富，湿地景观类型多样，湿地公园内仅有的湖泊湿地就在本区，有数量众多的水鸟栖息，是湿地公园最重要的湿地公园区域。在本区域应限制游人进入，保护生态系统不受人为干扰；保持自然湿地景观，不加任何改造。

湿地保育区的功能定位：第一，根河源头保护；第二，沼泽湿地保护；第三，水鸟栖息地保护；第四，科研监测。

湿地保护区的规划重点：只允许开展各项湿地科学研究、保护与观察工作。可根据需要设置一些小型设施和观察哨，以确保原有生态系统的完整性和最小干扰。

2. 恢复重建区

该区域受20世纪水湿地改造活动的影响，原有的大面积湿地已经退化，现分布着大面积的灌草，另外还有大面积的火烧迹地，现在也多为灌草地。

恢复重建区的功能定位：修复被改造过的水湿地。

恢复重建区的规划重点：因地制宜地进行湿地修复，促进根河源湿地生态功能的发挥。

3. 合理利用区

本区域在湿地公园中面积和湿地面积较大，生态系统类型多样，湿地资源丰富。在规划上注重生态保护优先，将湿地观光体验与湿地科普宣教完美地结合在一起，给人以大尺度的视觉冲击，是现场感受的湿地宣教馆。本区游人活动较多，需要特别加强保护。

合理利用区的功能定位：第一，河流、湖泊湿地认知；第二，沼泽湿地认知；第三，湿地野生动植物认知；第四，森林认知；第五，森林文化体验，包括敖鲁古雅鄂温克族文化、森工文化体验；第六，休闲游赏；第七，科研监测。

合理利用区的规划重点：本区域河道较宽阔，河水流量较大，河流湿地景观优美，湿地类型齐全，可以提取河流湿地、沼泽湿地、森林、野生动植物、敖鲁古雅鄂温克族文化、森工文化等元素，并以这些元素作为在实施湿地公园规划中的基本组成部分及规划对象，将文化元素纳入湿地规划，使自然、文化因素交相辉映，形成丰富多彩的湿地环境。第一,水系。保持流畅、自然的水系,通过亲水平台、廊道的设计,在水系两侧营造点、线、面的水空间利用形式,丰富视觉感受。第二,观景点。在本区范围内,选取 6 个观景点,分别展示河流湿地景观、3 类沼泽湿地景观、森林景观等景观类型,供游客观赏,使之获得对大尺度的湿地景观和森林景观,以及湿地和森林动态的认知。第三,栈道。木质栈道是观赏湿地及野生动植物的重要通道,除解决机动车通向湿地的通达性外,还避免了游客的观赏行为对湿地生态系统的损害,规划修建 6 条栈道。第四,游线设计。设计湿地生态游、湿地野生动植物鉴赏游、森林生态游、森林野生动植物鉴赏游及特色民族文化游等游线。

4. 宣教展示区

本区主要开展宣教展示项目,建设若干规模和体量小的游乐设施。

宣教展示区的功能定位:开展宣教展示的区域。

宣教展示区的规划重点:湿地宣教展示厅,采用图片和实物布展的形式,并结合多媒体放映进行展示。

5. 管理服务区

本区是整个公园的主入口,是开展管理服务的区域,主要安排管理服务项目和停车场等。

管理服务区的功能定位:第一,公园入口门户;第二,开展管理功能;第三,提供游客服务;第四,停车场。

管理服务区的规划重点:第一,入口区。作为整个公园的主入口,这里将设置景区的标志性景观等。第二,管理服务中心。楼内设有湿地公园管理处及下属的办公室,提供安全保卫、医疗服务、紧急事件处理、行政管理等行政保障。第三,信息与咨询中心,提供湿地公园宣传材料发放、公园信息、游客咨询、特色林副产品销售等。

(三)影响目标实现的威胁因素和限制因素

1. 威胁因素

将湿地公园视作一个整体,威胁因素可以视为来自湿地公园内部和外部开展的相关活动,诸如湿地旅游活动,可能直接影响湿地生态系统保护目标的实现,同时影响湿地公园保护管理目标的实现。调研表明,根河源国家湿地公园面临的具体威胁如表 2-6 所示。

(1)湿地生态系统面临的威胁

湿地生态系统面临的威胁有两种表现形式:一是湿地占用;二是湿地质量下降。

第一,湿地占用导致湿地的消失。在湿地公园内,可能发生的湿地占用为占用湿地建设道路等基础设施,威胁部门可能为上级主管部门或根河市政府。由于湿地公园遵循发展总体规划,在公园内占用湿地开展基础设施建设活动发生的可能性小,因此该两方面的威胁程度也可能较弱。

表 2-6 根河源国家湿地公园目标实现的威胁因素

威胁类型	威胁形式	威胁主体	威胁程度
湿地生态系统面临的威胁	湿地占用	上级主管部门	弱
		根河市政府	弱
	湿地质量下降	园内宾馆经营单位	弱
		园内餐饮经营单位	弱
		游客	中
野生动物面临的威胁	恐吓	游客	中
	捕捉	当地人口	弱
	修路	路桥公司	弱
	机动车	游客	中
野生植物面临的威胁	盗伐	当地人口	弱
	采集	当地人口	强
	踩踏	游客	弱
旅游设施面临的威胁	人为破坏	游客	强
		管理者	弱
湿地公园发展面临的其他威胁	突发事件	游客	中
		当地人口	强
	制度延续性	上级主管部门	弱

第二，湿地质量下降有多重表现形式，包括湿地水质量下降和生态系统质量总体下降。导致湿地水质量下降的主要因素为水污染，来源可能是园区内的宾馆和餐饮经营单位。这两类单位也是非工业区域最为常见的水污染排放源。由于园区内建设了污水处理设施，且住宿和餐饮经营单位隶属于公园管理局，湿地水面临的威胁程度较弱。此外，湿地生态系统质量下降因素诸多，包括向湿地内丢弃垃圾等。当前，前来园区内旅游的游客素质参差不齐，此方面导致湿地质量下降的威胁程度处于中等水平。

（2）野生动物面临的威胁

野生动物面临的威胁主要来自4个方面：一是恐吓；二是捕捉；三是修路；四是机动车。

第一，来自游客的恐吓或惊吓威胁。湿地公园分布有多种在公园外不易见到的野生动物，游客见到这些野生动物难免好奇。部分游客，尤其是年龄较小的游客，出于好奇或顽皮，会对野生动物进行恐吓或惊吓，影响野生动物的正常栖息和繁殖活动。由于前来公园旅游的少年儿童数量较多，此方面存在的威胁程度处于中等水平。实际上，部分成年人也可能出于好奇或缺乏科学的保护知识，向野生动物投掷石头，对其构成威胁。

第二，来自当地人口的捕捉威胁。湿地公园未建立前，所在区域有着捕捉野生动物的传统习俗。湿地公园的建立加大了对野生动物保护的力度，野生动物捕捉活动得到有效遏制，因此野生动物面临这方面的威胁程度弱。

第三，修路和修桥方面的威胁。当前湿地公园仍在修路和修桥，产生了高分贝的噪声、大量的粉尘，这对野生动物的生存和栖息构成威胁。由于修路活动在短期内难以结束，此方面的威胁在一段时间内仍将存在。由于修路距离湿地保育区、恢复重建区等野生动物主要栖息地相对较远，因此修路对于野生动物的威胁程度也较弱。

第四，机动车方面的威胁。湿地公园内旅游活动活跃，运输游客前来的机动车数量众多。湿地公园内主道路没有进行限速，若机动车行驶较快，容易伤害到路过的野生动物。不仅如此，园区内机动车利用也没有时间限制，而野生动物夜间见光容易出现夜盲，更容易导致伤害的发生。机动车行驶还会产生噪声，同样对野生动物的生存和繁衍造成负面影响。综上考量，以及现有道路周边野生动物数量相对较少，机动车对于野生动物的威胁程度为中。

（3）野生植物面临的威胁

野生植物面临的威胁主要来自三个方面：一是林木盗伐；二是野生植物采集；三是野生植物踩踏。

第一，林木盗伐。林木盗伐一度是林区植物面临的主要威胁之一，威胁主要来自当地人口，盗伐的目的在于获得经济收入。湿地公园处于东北天然林保护区，不仅实行了全面的商业性禁伐，而且实行了全面禁止采伐，对于可能发生的林木盗伐活动采取了严格的防范措施，并对林木盗伐施以严厉的处罚，因此园区内盗伐威胁程度弱，或者说盗伐发生的可能性不大。

第二，野生植物采集。野生植物及其果实采集是根河乃至大兴安岭地区长期以来的一项传统活动，在当地亦被称为采集山货，主要采集的包括松塔、山野菜、药用野生植物等种类。作为一项传统活动，随着野生植物价格的不断攀升，采集活动日益活跃，在园区内屡能见到骑摩托车穿行的采集者。采集者既有根河本地的，又有根河周边地区的；采集者既可能是没有工作的，又可能是有工作的。在个别年份，采集者的收入甚至高达数十万元。采集活动规模大、持续时间长、维持强度大，势必影响野生植物的健康状况和植被的完整性，对湿地公园构成的威胁程度为强。

第三，野生植物踩踏。野生植物踩踏的威胁主要来自游客，其中既有儿童，又有成年人。为减少此方面的威胁，湿地公园管理局设立了多块宣传牌，劝告游客要爱惜野生植物，不要去踩踏野生植物，但是在园区内还是能见到被踩踏的野生植物。由于游览区域和路线都较为既定，被踩踏的野生植物数量比例较少，以及游客素质普遍有大幅提升，踩踏导致的威胁程度弱。

（4）旅游设施面临的威胁

旅游设施面临的威胁主要来自人为破坏，从威胁主体来看，可分为两种：一是游客人为破坏构成的威胁；二是管理者不当使用构成的威胁。

第一，游客人为破坏构成的威胁。旅游设施是旅游活动开展的基础性条件，在旅游活动开展中也容易遭到人为破坏。多数人为破坏具有非主观意愿，破坏来自游客无意识的行为。也有的破坏行为具有主观意愿，诸如来自对旅游活动的不满，破坏行为具有报复性。无论哪种破坏行为，都可能对湿地公园的正常运行构成严重的负面影响。诸如，湿地景观廊道连接木块的钢筋之间的空隙被游客人为扩大，容易使得其他游客坠落，进而引发导致人身伤害的事件。总体而言，游客人为破坏对于旅游设施的威胁程度为强。

第二，管理者不当使用构成的威胁。管理者理应是旅游设施的建设者、使用的维护者，但是管理者缺乏正确的管理理念，可能加速旅游设施的损耗，产生实质性的损坏。园区内木屋区铺设了专用道路，部分道路用木条拼搭而成。为了便于游客观赏和进出木屋区，目前管理者允许使用电瓶车搭载游客，但是电瓶车对于木条的碾压和破坏没有得到充分的重视。诚然，这是园区旅游设施使用中较少可能存在的问题之一，因此管理者使用不当造成的损坏所构成的威胁弱。

（5）湿地公园发展面临的其他威胁

湿地公园发展面临的其他威胁有三种表现形式：一是游客突发事件的威胁；二是野生植物采集人员突发事件的威胁；三是制度延续性方面的威胁。

第一，游客突发事件的威胁。随着前来旅游的游客数量不断增多，旅游突发事件发生的概率将大幅提高，由此给湿地公园造成的威胁也将不断增加。游客人身安全问题是首先需要得到关注的。如果游客在攀爬栈道时由于不慎或者游客过多相互拥挤摔伤，得不到及时救援，将产生一系列的后续问题。不仅如此，游客若在湿地公园范围内走失，将产生不良后果，也将为园区的健康发展蒙上阴影。因此，游客突发事件对于湿地公园构成的威胁程度为中，并有可能随着游客数量进一步的增加而提高。

第二，野生植物采集人员突发事件的威胁。当前进入园区或者路过园区采集野生植物的当地人口多，多使用摩托车作为交通工具，单次单车搭载的野生植物重量逾百斤，且行走的道路也是搭载游客的机动车行走道路。当地采集者摩托车骑行活动的危险系数高，容易发生侧翻等事故。随着游客增多，机动车数量也将增多，进一步加大了骑摩托车采集者的事故发生率，对于湿地公园构成的威胁程度为强。

第三，制度延续性方面的威胁。湿地公园的建设是一个渐进的发展过程，建设和发展工作要有章可循、依规施策、稳步推进。换而言之，湿地公园的建设和发展应在一个统一的规划指引下开展，分阶段、分层次地完成各项建设和发展工作，并使各项工作制度化、规范化、科学化，不因管理人员的变化导致湿地公园的建设和发展方向发生变化。由于湿地公园具有可操作性的关键节点详细规划、发展总体规划，并按这些规划推进湿地公园建设，制度延续性方面构成的威胁程度弱。

2. 限制因素

湿地公园的限制因素指制约湿地公园建设与发展目标实现的因素，主要来自湿地公园内部，也有少数来自湿地公园所在地区。基于实地调研，结合与保护管理人员的交流，可将现有的限制因素归纳为发展意识、发展能力、发展条件、发展机制、发展环境等5个方面。

（1）发展意识方面的限制

发展意识对于具体的发展行为具有决定性的作用，只有具备科学的发展意识，才能确保保护管理活动及建设发展工作能保障湿地公园的健康和可持续发展。湿地公园集湿地保护、观赏、合理利用、恢复与修复、科普宣教等多重功能于一体，应该秉持什么样的发展意识并非易事，但确立科学的发展意识必不可少。

首先，发展意识的不足可能体现在对湿地公园内保护与利用关系的认识仍存在偏颇，导致无法真正地理解湿地利用阈值的科学含义，也没有注意到湿地作为过渡生态系统的脆弱性,以及湿地相关的利用活动可能对湿地公园的发展存在威胁,导致建设与发展工作无意识地过于关注现实和短期的收益,却忽视了长期的收益,使得湿地公园的可持续发展目标难以实现。

其次,发展意识的不足可能体现在对于发展内生动力缺乏科学的认识。湿地公园发展的外部支撑在于旅游,一是需要吸引更多的游客,不断扩大收益;二是需要使得每一位游客都持有很高的满意度,从而保证收入的稳定性。为此,需要现有员工努力付出,保障旅游服务的高素质,提高旅游满意度。换而言之,员工作为湿地公园发展的内生动力应得到关注。

最后,发展意识的不足还可能体现在对于湿地公园的发展定位缺乏科学认识。湿地公园目前的自身定位为中国冷极的天然博物馆和中国环境教育的珠穆朗玛,这体现了管理部门具有较高的追求。然而,湿地公园的发展应积极寻求其与区域发展的融合。不难想象,如果区域可持续发展水平不高,湿地公园所具有的较高可持续发展水平也将难以为继。就此而言,湿地公园还应定义为区域可持续发展和践行区域生态文明社会建设的引领者。

(2) 发展能力方面的限制

湿地公园的发展能力是支持湿地公园开展保护管理工作及实现保护管理目标的能力,具体包括湿地科研监测能力、科普宣教能力、旅游服务管理能力、旅游市场拓展能力、行政资源获取能力等。发展能力的高低直接取决于公园现有的管理人员及员工素养,以及现有的能力分配。管理人员及员工素养的不足可以界定为绝对能力的不足,而管理人员及员工精力分配导致的不足可以界定为相对能力的不足。

一是绝对能力的不足。根河源国家湿地公园还处于起步发展阶段,经过几年时间的学习,很多干部职工参加了业务培训,部分员工还具备较强的工作能力,但总体上对相关专业技能的掌握还不十分熟练,尤其缺乏旅游服务管理等方面的能力,分不清游客服务与旅游不当行为管理的边界,导致野生植物等方面的威胁仍然不同程度地存在。湿地公园存在明显不足的还有科研监测能力,缺乏高水平的科研监测人员,制约了此方面工作的成效与产出。在科普宣教工作中,周围群众对湿地公园的认识暂时停留在游玩的认识层面,而对于湿地公园生态环境重要性的认识不足。

二是相对能力的不足。由于湿地公园总体处于起步阶段,现阶段的主要工作在生态旅游市场培育、基础设施建设等方面,公园的主要管理和技术骨干都侧重这两方面工作。湿地公园管理局原本在科研监测、恢复重建方面就存在能力不足,加之未能将这两部分工作置于首要位置,得到的管理和技术支持相对较少,进一步制约了两方面工作的开展。随着湿地公园的发展,湿地公园管理部门可通过优化工作重点,加强对科研监测、恢复重建工作的支持力度,从而解决相对能力不足的问题。

(3) 发展条件方面的限制

由于处于发展的起步阶段,湿地公园的发展条件不足存在于建设发展中的诸多方面,体现在基础设施的不足、科研监测基础数据的欠缺、资金的短缺等方面。

第一,基础设施的不足。基础设施的不足体现在科研设备不齐全、检测设备落后、巡护交通工具不足、道路条件差、通信设施不完善、步行栈道客容量小、应急救援站点欠缺等多个方面。针对道路设施不完善的问题，公园内正在修建道路和桥梁，有望大幅改善公园内的交通条件。此外，在湿地保育区和恢复重建区的人工道路与功能区定位不相符，应对此部分已硬化道路予以改造。

第二，保护区本底资源不清，科研监测与数据管理能力薄弱。湿地公园内多年未进行森林资源、野生动植物资源本底综合性调查，缺乏寒温带湿地特殊物种、栖息地的监测和保护，导致关于保护对象的本底数据特别欠缺。此外，缺少科研工作能力，无法有效开展自然资源和自然环境的动态变化监测与生物多样性监测工作，已有的数据收集管理体系也不完整，没有建立强大、具有实用价值的数据管理体系，无法用数据直观地体现出保护区的保护成效。

第三，资金的短缺。湿地公园的资金投入渠道单一，主要来自公园的门票收入，以及特定年份的财政投入。与公园建设所需的大额资金投入相比，现有的资金投入严重不足，致使资源保护管理的技术手段还停在粗放的管理阶段，缺乏现代化的预测预报系统、监测系统和指挥系统等先进管理手段，特别是科研宣教、交通运输设备和通信联络设备严重不足，不能满足保护监测工作的需要。

（4）发展机制方面的限制

对于湿地公园而言，发展机制为一把"双刃剑"，好的发展机制有助于推进湿地公园的发展，反之亦然。现行的发展机制约束主要体现在监督机制、奖励机制、协作机制的不足。

一是监督机制的不足。监督机制具有多重含义，可以是对具体工作人员、管理人员的监督，也可以是公众参与对湿地公园保护管理是否科学合理的监督。无论是哪种监督，其目的在于，通过监督来促进服务，构建有效的社会监督机制，并通过社会监督来促进发展，为湿地公园的发展创建有利条件。当前，湿地公园监督机制尚未全面建立，无论针对工作人员、管理人员，还是针对湿地公园整体发展的监督活动都有待进一步加强。

二是奖励机制的不足。奖励机制的不足可能使得员工缺乏努力工作和积极向上的动力，无形中助长"吃大锅饭"，即干好干坏一个样，降低管理部门的整体运行效率，甚至可能使得优秀员工因为付出得不到认可而出现人才流失。奖励机制可以有多种形式，除物质方面的奖励外，还有职位晋升、嘉奖等多种形式。无论是哪种形式，都应使得员工通过奖励得到认可和尊重，从而继续努力工作，并发挥好示范带头作用。由于湿地公园的机制约束，目前的奖励机制存在严重不足，也有待通过改革予以创新。

三是协作机制的不足。湿地公园管理局下辖四个部门，不同部门具有差异性的工作职能，共同支撑湿地公园的建设与发展。促使四个部门加强协作，有助于提高湿地公园的管理运行效率。协作机制的缺乏将产生多重不利于湿地公园发展的因素，诸如不同部门的职能不清、交叉职能地带出现管理真空等。协作机制的形成有待湿地公园建设进入一个新时期，向管理求效益，促使管理制度更好地发挥作用。

（5）发展环境方面的限制

湿地公园所处的根河市具有特殊的自然地理、社会和经济条件，为湿地公园的发展营造了特殊的发展环境。

一是自然地理因素的限制。自然生态环境是湿地公园发展的有利条件，却也可能成为湿地公园发展的制约条件。根河市地处呼伦贝尔市北部地区，地理位置相对偏远，交通便利性受自然和人为因素的影响大。

二是社会因素的限制。根河市人口数量少，总人口仅为 5 万余人，使得湿地公园的本地游客潜力不大，目标游客应从本地拓展为本自治区甚至全国其他地区的游客。此外，野生植物资源利用为当地传统的资源利用活动，根深蒂固，在短时间内难以改变，由此对湿地公园构成的压力在短时间内也难以消除。

三是经济因素的限制。根河市产业结构较为单一，一度以木材生产作为主要经济来源。随着天然林保护工程的全面实施，根河市积极推动产业转型升级，但目前的主导产业优势不明显，当地经济不甚发达，难以为湿地公园的建设与发展提供有力的资金支持。

（四）消除威胁和限制因素的对策

为保障根河源国家湿地公园长期、初期、中期和后期等一系列发展目标的实现，应探索有效手段和措施，积极消除湿地公园面临的威胁和限制因素，以确保湿地公园的健康发展，以及湿地保护管理与合理利用得以同时实现。表 2-7 为消除威胁和限制因素的对策，指向导致威胁和限制因素存在的深层原因。

三、行动计划

本管理计划围绕根河源国家湿地公园建设的长期目标和阶段性目标，以消除湿地公园面临的威胁和限制因素为着眼点，设计了九大类、16 个项目、35 项具体行动。

（一）法律规章制度

目标： 加强湿地公园保护管理工作的制度保障，完善湿地公园的管理制度，健全湿地公园管理机构的保护管理职能，消除湿地公园面临的威胁和限制，尤其是制度不延续性对湿地公园发展构成的威胁，确保湿地公园的长期发展目标得以实现，湿地公园发展规划所确立的工作得以逐步落实。

行动方案： 针对湿地公园专门制定具有法规性质的管理文件，优化内部管理制度，完善管理机构职能，加强管理机构权能。

项目 1：湿地公园"一园一规"

行动 1：湿地公园"一园一规"需求评估

论证： 根河源国家湿地公园经历了试运行期，现在进入了正式运行期，生态旅游活动日益活跃，与湿地公园建设及发展的相关利益关系将更为复杂，可能使得湿地公园面临的威胁因素不断增多，已有威胁因素的威胁程度不断提高，从而对湿地生态系统保护工作提出了更高的要求。因此，需要采取科学和审慎的态度，评估是否需要制定具有法规性质的管理文件，更好地满足湿地公园的保护管理需求，加强管理机构职能，消除日益严重的威胁。

表 2-7 消除根河源国家湿地公园威胁和限制因素的解决措施及支持

类型	具体描述	产生成因	解决办法	需要的支持
威胁一：湿地生态系统面临的威胁	湿地占用	1.基础设施建设	1.加强对发展规划的实施	根河林业局、国家林业和草原局、根河市政府
	湿地质量下降	1.住宿餐饮企业排污 2.旅客扔垃圾	1.严格污水及垃圾处理制度 2.加强对住宿餐饮企业的监管 3.加强对旅游者的科普宣教 4.重新核定园区生态承载力 5.加强园区垃圾管理	根河市环保部门、湿地公园管理局、非政府组织
威胁二：野生动物面临的威胁	非法盗猎	1.利益因素 2.法律意识淡薄	1.加强园区内执法 2.加强保护宣教	根河林业局、湿地公园管理局
	恐吓和惊扰	1.基础设施建设 2.游客好奇 3.机动车行驶	1.将基础设施建设期与野生动物繁殖期分开 2.加强对游客的科普宣教 3.加强对机动车行驶道路的合理规划 4.加强对机动车司机的保护常识教育	根河市旅游宣传部门、内蒙古自治区交通厅、湿地公园管理局
威胁三：野生植物面临的威胁	林木盗伐	1.利益因素 2.法律意识淡薄	1.加强园区内执法 2.加强保护宣传	根河市政府、根河林业局、湿地公园管理局
	野生植物采集	1.利益因素 2.传统资源利用习惯	1.加强资源管理制度，打击非法采集野生植物的行为 2.完善进入登记制度，加强对园区内通行人员的管理 3.加大法律法规、森林资源保护管理制度的宣传 4.利用科技产品对进出通道实时监控 5.建立突发事件应急机制 6.加大群众监督力度	根河市政府、根河林业局、内蒙古大兴安岭重点国有林管理局、内蒙古自治区林业厅的政策支持，资金支持；湿地公园管理局、当地群众的支持，山上居住少数民族群众的认可
威胁四：旅游设施面临的威胁	游客踩踏路	1.游客缺乏保护意识	1.加强科普宣教	根河市旅游宣传部门、湿地公园管理局
	游客人为破坏	1.游客缺乏保护意识	1.加强科普宣教	根河市旅游宣传部门、湿地公园管理局
	管理者不当使用	1.管理者缺乏科学使用理念	1.加强管理培训	湿地公园管理局

续表

类型	具体描述	产生成因	解决办法	需要的支持
威胁五：其他威胁	旅游突发事件	1.旅游中风险存在的不确定性	1.加强应急站点建设 2.加强管理人员应急能力培训 3.加强旅游风险防范意识教育	根河市政府、根河林业局、根河市医疗救助机构、湿地公园管理局
	野生植物采集者突发事件	1.野生植物运输中的交通事故 2.野生植物采集中的人身安全	1.加强应急站点建设 2.加强管理人员应急能力培训 3.加强采集者风险防范意识教育	根河市政府、根河林业局、根河市医疗救助机构、湿地公园管理局
	制度缺乏延续性	1.制度实施受人为因素的影响大	1.加强制度的合理性 2.加大制度实施的监督力度 3.优化制度实施环境	根河市政府、根河林业局、内蒙古森工集团、国家林业和草原局、湿地公园管理局
限制一：发展意识方面的限制	保护与利用管理关系认识	1.缺乏建设与发展经历和经验 2.缺乏理论与知识背景	1.加强内部研讨 2.引入先进理念 3.开展内部培训 4.引进人才 5.加强与外部交流	根河林业局、内蒙古大兴安岭重点国有林管理局、内蒙古自治区林业厅、国家林业和草原局、湿地公园管理局
	湿地公园发展内生动力	1.缺乏建设与发展经历和经验 2.缺乏理论与知识背景	1.加强内部研讨 2.引入先进理念 3.开展内部培训 4.引进人才 5.加强与外部交流	根河林业局、内蒙古大兴安岭重点国有林管理局、内蒙古自治区林业厅、国家林业和草原局、湿地公园管理局
	湿地公园发展定位	1.缺乏建设与发展经历和经验 2.缺乏理论与知识背景	1.加强内部研讨 2.引入先进理念 3.开展内部培训 4.引进人才 5.加强与外部交流	根河管理局、内蒙古大兴安岭重点国有林管理局、内蒙古自治区林业厅、国家林业和草原局、湿地公园管理局
限制二：发展能力方面的限制	旅游服务管理能力不足	1.缺乏高水平管理人才 2.缺乏管理服务经历	1.加强人才培训和挖掘 2.加强人才引进	根河林业局、国家林业和草原局、湿地公园管理局
	科研监测能力不足	1.缺乏高水平科研监测人才 2.缺乏管理服务经历	1.加强人才培训和挖掘 2.加强人才引进 3.加强科研合作	根河林业局、国家林业和草原局、高等院校、湿地公园管理局

续表

类型	具体描述	产生成因	解决办法	需要的支持
限制三：发展条件方面的限制	基础设施差	1.建设时期短 2.投入不足	1.争取中央、内蒙古大兴安岭国有林管理局、内蒙古自治区财政投入 2.争取社会资本投入 3.提高基础设施建设管理能力与水平	国家林业和草原局、内蒙古大兴安岭重点国有林管理局、内蒙古自治区林业厅、非政府环保组织（如WWF、GEF等）、高等院校及科研院所的资金、项目和技术支持
	道路不合理	1.历史遗留 2.保护管理理念	1.减少湿地公园内保护区和恢复区内道路，将其中道路拆除 2.减少合理利用区硬化道路	根河林业局、湿地公园管理局
	通信不畅	1.建设时期短	1.增加保护区内移动信号的发射中心	根河林业局、湿地公园管理局、移动通信公司
	本底数据久缺	1.建设时期短 2.缺乏科研监测能力 3.缺乏科研监测资金	1.增强与各大高校、科研院所的合作调查 2.申请国际组织项目 3.向国家有关部门申请本地区的相关资源调查并储存	国家林业和草原局、内蒙古大兴安岭重点国有林管理局、内蒙古自治区林业厅、非政府环保组织（如WWF、GEF等）、高等院校及科研院所的资金、项目和技术支持
	资金投入不足	1.来源渠道少 2.当地经济不发达	1.争取区域外的上一级政府财政资金 2.探索PPP模式 3.拓展社会公众捐赠渠道 4.增强生态旅游经济效益	国家林业和草原局、内蒙古大兴安岭重点国有林管理局、内蒙古自治区林业厅、非政府环保组织（如WWF、GEF等）、生物多样性保护基金会
限制四：发展机制方面的限制	监督机制不足	1.未对湿地公园建设与发展构建成有效的监督体系 2.建设时期较短	1.加强制度建设	根河林业局、内蒙古大兴安岭重点国有林管理局、根河市政府、湿地公园管理局
	激励机制不足	1.缺乏突出员工的有效激励 2.缺乏鼓励员工努力工作的奖励机制 3.建设时间较短	1.加强制度建设	根河林业局、内蒙古大兴安岭重点国有林管理局、根河市政府、湿地公园管理局
	协作机制不足	1.部门间缺乏有效协作 2.建设时间较短	1.加强制度建设	根河林业局、内蒙古大兴安岭重点国有林管理局、根河市政府、湿地公园管理局
限制五：发展环境方面的限制	社会环境待优化	1.加强社区与区域共管	1.发放宣传保护区建设手册 2.开设宣教课堂 3.联系当地学校共同教育 4.拍摄宣传视频 5.创建区域共管委员会	根河林业局、内蒙古大兴安岭重点国有林管理局、根河市政府、湿地公园管理局

描述：组建由根河源国家湿地公园管理局和上级单位管理人员、专家学者共同组成的工作组，系统评估湿地公园进入正式运行期后面临的威胁与存在的限制等因素的动态变化，湿地公园管理机构权能和职能的完整性，以及湿地公园专项法规执行管理文件的有效性，进而得出"一园一规"需求的可行性与必要性。

实施单位：湿地公园管理局、根河林业局、内蒙古大兴安岭重点国有林管理局、GEF等非政府组织、高等院校

实施时间：2016~2017年

经费预算：20万元

经费来源：项目经费

优先序：高度优先

行动2：湿地公园"一园一规"编制工作

论证：在对根河源国家湿地公园"一园一规"的可行性和必要性进行科学评估的基础上，对编制工作进行充分论证，为编制工作的顺利开展确定行动指南，指导编制工作的及时完成。

描述：组建由根河源国家湿地公园管理局和上级单位管理人员、专家学者共同组成的工作组，基于国家湿地公园管理相关规定，针对湿地公园的定位、功能、保护管理现状等实际情况，编制专门的管理规定，并争取该管理规定得到上级主管部门或地区立法部门的批准，确保该规定的法律效力。

实施单位：湿地公园管理局、根河林业局、内蒙古大兴安岭重点国有林管理局、GEF等非政府组织、高等院校

实施时间：2018~2020年

经费预算：20万元

经费来源：项目经费

优先序：优先

（二）自然资源和生态系统保护管理体系

目标：加强湿地公园园区内自然资源与生态系统的有效保护管理，有效遏制破坏自然资源和生态系统的事件，消除湿地公园建设与发展中存在的隐患，加强对重点野生动植物的保护管理，进一步增强湿地公园的生物多样性保护功能。

行动方案：针对自然资源和生态系统保护管理的需要，加强区内的野外巡护和防火工作，提高外来人员入区管理工作的有效性，规范野生动植物采集活动，增强对重点保护野生动物种群的保护与恢复。

项目2：加强野外巡护和防火工作

行动3：加强野外巡护和防火设备配备

论证：为确保湿地公园的健康发展，应着力提高应对区内保护管理威胁因素的能力，尤其应提高对自然资源和湿地生态系统破坏的应对能力。当前，湿地公园的野外巡护和防火设备较缺乏，应予以完备。

描述：为每一个管护站点配备用于巡护的机动车1或2辆，用于管护站间的巡护

工作。为每个管护站点配备用于防火、灭火的设备设施，包括灭火拖把、风机等打火设备，以及步话机等通信设备。

实施单位：湿地公园管理局、根河林业局

实施时间：2016~2017 年

经费预算：40 万元

经费来源：项目经费

优先序：优先

行动 4：提升野外巡护和防火人员能力

论证：为确保野外巡护和防火工作得以有效开展，应大力提升野外巡护和防火人员的工作能力。当前湿地公园工作人员的野外巡护能力有较大的提升空间，应予以重点关注。

描述：为参与野外巡护和防火的工作人员开展定期和不定期的能力提升培训，拓展工作视野，提升紧急问题处置能力，储备工作体能，增强团队意识，打造区域具有影响力的巡护和防火队伍。

实施单位：湿地公园管理局、根河林业局

实施时间：2016~2018 年

经费预算：20 万元

经费来源：项目经费

优先序：优先

行动 5：开展参与式巡护和防火活动

论证：开展参与式巡护和防火活动，可以吸纳社会公众成为湿地公园保护管理的新生力量，增强湿地公园的保护管理能力，为社会公众参与湿地公园建设与发展工作创造机会。

描述：定期组织开展参与式巡护工作，由湿地公园管理局巡护人员带领社会公众在园区内按照既定路线进行巡护，提高公众在湿地公园建设发展中的参与程度。

实施单位：湿地公园管理局

实施时间：2016~2018 年

经费预算：20 万元

经费来源：公众捐赠或缴纳

优先序：优先

项目 3：野生植物采集活动管理

行动 6：调研野生植物采集活动的特点

论证：湿地公园园区内的野生植物采集活动会对生态系统保护与生态旅游活动的开展构成负面影响。掌握野生植物采集活动的特点，形成本底数据，有助于为规范此项活动提供科学依据，进而促进园区内自然资源的有效管理和湿地公园的健康发展。

描述：组建由湿地公园工作人员和专家学者组成的调研团队，通过野生植物分布地的实地调研，以及针对野生植物采集者的跟踪访谈，结合已有的野生植物资源分布图，掌握野生植物采集活动的特点，包括采集区域、采集种类和采集数量。

实施单位：湿地公园管理局、高等院校

实施时间：2016～2017 年

经费预算：60 万元

经费来源：项目经费

优先序：高度优先

行动 7：制订野生植物采集管理办法

论证：野生植物资源既是可再生资源，又是生态系统的重要组成部分。有序的野生植物利用不仅不会对生态系统构成负面影响，还有助于促进采集者增收和区域经济发展。为此，应制订野生植物采集管理办法，规范野生植物的采集行为，确保野生植物资源的可持续利用。

描述：在对野生植物采集活动进行系统调研的基础上，制订野生植物采集管理办法，明确可以进行采集的野生植物种类、区域、数量、时间等内容，争取获得根河林业局、根河市政府的批复，并向社会公众公布。

实施单位：湿地公园管理局、根河林业局、根河市政府、高等院校

实施时间：2017～2018 年

经费预算：20 万元

经费来源：项目经费

优先序：高度优先

项目 4：重点保护野生动物的保护管理

行动 8：制订重点保护野生动物保护管理计划

论证：湿地公园内分布有紫貂等国家一级重点保护野生动物，湿地公园是这些野生动物的重要栖息场所。这些野生动物数量稀少、价值珍贵，保护难度大，若无法系统和高效地开展野生动物的保护管理工作，则无法实现种群数量恢复等保护目标。为此，需要制订园区内国家重点保护野生动物保护管理计划，明确这些物种的保护方案。

描述：邀请高等院校、科研院所的专家和学者，在国家野生动物资源调查结果的基础上，明确园区内野生动物的具体分布，研究制定保护管理目标，设计保护管理措施和保障措施。在具体物种方面，可重点关注紫貂等。此外，也应大力恢复野生驯鹿种群。

实施单位：湿地公园管理局、根河林业局、内蒙古大兴安岭重点国有林管理局、高等院校

实施时间：2016～2018 年

经费预算：100 万元

经费来源：项目经费

优先序：优先

行动 9：开展重点保护野生动物栖息地保护管理活动

论证：保护动物的根本措施是保护其栖息环境，根河源国家湿地公园有着良好的栖息环境和丰富的底栖生物，是大兴安岭地区特有动物活动的重要地点，也是我国北方最重要的水鸟栖息地和迁徙地之一，生活着许多珍稀动物，应对其生境加强保护。

描述：保护少量能为营树洞栖居野生动物提供栖居条件的站杆木、枯立木等。在森林保护和抚育中，要有意识、有计划地保留少数大径级的站杆木、枯立木，为啄木鸟等

营树洞、树穴栖居的鸟类、兽类保留栖居地。注意保护能为鹳类、鹭类提供建巢场所的树木。在有鹳类、鹭类等树栖鸟类活动的地方，禁止采伐沿河两岸零散分布的较大枯死木，以作为其建巢树木。保护棕熊等兽类仓室，大型空筒树木能为棕熊等兽类提供冬眠地，对于可以提供越冬洞穴的树木、岩洞等应禁止采伐或破坏，以供兽类冬季蹲仓时用。

实施单位：湿地公园管理局、根河林业局、内蒙古大兴安岭重点国有林管理局、高等院校

实施时间：2016～2018 年

经费预算：500 万元

经费来源：项目经费

优先序：优先

（三）可持续经济发展

目标：通过发展生态旅游，促进湿地公园在可持续经济发展中发挥更大的作用，同时也支撑湿地公园的可持续经济发展。

行动方案：确保生态旅游工作的健康有序开展，评估生态旅游工作规划，优化生态旅游工作方案，对现有的栈道进行修整和扩建，促进生态旅游示范中心暨游客中心的建设。

项目 5：生态旅游的发展

行动 10：优化生态旅游工作方案

论证：生态旅游工作呈现快速发展趋势，工作方案对于此项工作的顺利开展具有指导作用。针对生态旅游活动的动态变化，工作方案应做相应完善，指导旅游工作开展。

描述：根据生态旅游工作开展现状、未来发展动态、旅游工作可能面临的威胁，完善生态旅游工作方案，明确旅游工作方针、工作重点、工作保障措施、旅游收益分配方案等内容。

实施单位：湿地公园管理局

实施时间：2016～2018 年

经费预算：30 万元

经费来源：管理经费

优先序：优先

行动 11：栈道修建

论证：栈道是湿地公园内重要的生态旅游设施，也是重要的科普宣教场所。经过数年的使用，部分栈道的损耗较为严重，存在安全隐患，也制约了科普宣教的成效。此外，随着旅客数量的快速增长，现有栈道的承载力有待进一步拓展。

描述：对园区内的栈道进行全面检查，对损坏的设施进行修理和替代。在不损害自然环境的前提下，对具备条件的栈道适当进行扩建，提高旅游承载能力。

实施单位：湿地公园管理局

实施时间：2016～2017 年

经费预算：120 万元

经费来源：项目经费

优先序：优先

行动 12：生态旅游示范中心暨游客中心建设

论证：为便于游客进入园区，了解生态旅游，践行生态旅游活动，应建立生态旅游示范中心，用作游客中心，提供旅游咨询服务、资源解说展示、多媒体播放湿地保护知识等多元服务。

描述：在园区入口处和乌力库玛均建设一个游客中心，注重采用符合生态保护需求的内部装饰和外部建设，播放用以提高游客生态保护意识和生态文明素养的多媒体资料，发放科普宣传资料。

实施单位：湿地公园管理局、根河林业局、根河市政府

实施时间：2016～2018 年

经费预算：320 万元

经费来源：项目经费、经营收入

优先序：优先

（四）科学研究和监测

目标：通过科学研究和监测，掌握湿地公园内生态系统的动态变化，为有效开展湿地公园管理活动奠定科学决策基础。

行动方案：开展湿地公园科研和监测活动，研究旅游对湿地公园的影响，夯实与高校和科研机构的科研合作关系，同时监测园区内的野生动植物、游客及车辆，确保湿地公园的各种威胁得到监测。

项目 6：湿地公园科研

行动 13：旅游对湿地公园的影响研究

论证：研究生态旅游对湿地公园及其自然生态系统的影响，为开展生态旅游的保护管理工作提供依据。

描述：对生态旅游对自然生态系统的影响进行监测和评估，明确生态旅游活动对区内野生动物活动范围、野生植物及植被种类等方面的影响，为优化保护管理工作提供依据。

实施单位：湿地公园管理局

实施时间：2016～2019 年

经费预算：50 万元

经费来源：项目资金、管理经费

优先序：高度优先

项目 7：湿地公园监测

行动 14：野生动植物监测

论证：湿地公园内野生动植物资源丰富，开展野生动植物监测工作，一方面有助于掌握湿地公园本底资源的动态变化状况，另一方面有助于为湿地公园管理保护决策提供科学依据。

描述：由湿地公园科研人员常年对湿地鸟类、野生动物、植被资源进行动态监测，建立资源数据库。重点建设鸟类资源数据库，监测白鹤、黑鹳等珍稀濒危鸟类的种群数

量及其分布状况。同时对野生动物及其栖息地情况进行监测，以系统和全面掌握湿地公园内自然资源的整体情况。

实施单位：湿地公园管理局、高等院校

实施时间：2016~2020 年

经费预算：200 万元

经费来源：项目资金

优先序：一般

行动 15：游客及车辆监测

论证：随着游客数量的不断增多，进入园区的车辆数量也不断增多，由此可能对湿地公园构成威胁。加强对游客及车辆的监测，有利于有效控制湿地公园的威胁因素。

描述：对进入园区的游客和车辆数量进行监测，确定分季节的游客和车辆数量，年度均值、峰值，以及园区停车场所的利用情况，评估游客和车辆对湿地公园造成的影响。

实施单位：湿地公园管理局、高等院校、科研院所

实施时间：2016~2018 年

经费预算：40 万元

经费来源：项目经费

优先序：高度优先

（五）公众宣教与科普

目标：提升公众宣教与科普工作成效，改进科普宣教工作方式，提高公众在宣教与科普工作中的参与度。

行动方案：加强湿地公园公众宣教与科普的软硬件能力建设，推动湿地宣传展示区建设、编制湿地保护知识教材、建设湿地公园湿地教育示范学校，以及建设湿地宣教与解说志愿者队伍。

项目 8：科普宣教硬件建设

行动 16：湿地宣教展示区建设

论证：该区域位于湿地公园最西部，是进入湿地内部的过渡区域，承担着接待、管理、服务、宣教、展示等各项工作，无论在管理服务区还是河流区，游客活动都比较多，会对现有植被和湿地生境造成影响。

描述：在该区域设瞭望塔 2 座，隐蔽观察哨 1 处，管护站 2 处，警示和指示牌 2 块。减小建设规模和建设体量，避免过多占用湿地。降低对湿地的开发强度，不损害湿地生态系统。在湿地景观较好的区域，可适当修建湿地木栈道、林下行步道等，以避免游客对植被造成破坏。对不同的游客群体，合理安排其在各场馆的参观次序，避免拥挤。做好湿地服务功能展示和宣传教育活动，增强游客的主动保护意识。在人为活动频繁的区域设立警示牌，提醒游客的个人行为，同时增加管护人员，对受害植物及时进行保护。

实施单位：湿地公园管理局

实施时间：2016~2018 年

经费预算：200 万元

经费来源：经营性收入

优先序：优先

行动 17：编制湿地保护知识教材和印制相关法律、法规、通告

论证：提升宣传效果，增加公众对湿地公园保护管理事业的了解。

描述：编印湿地保护知识教材 5000 册，发给社区学校，印刷相关法规、通告 5000 份，分期张贴。

实施单位：湿地公园管理局、根河市政府

实施时间：2016～2018 年

经费预算：10 万元

经费来源：项目经费、社会捐赠

优先序：优先

行动 18：建设湿地公园湿地教育示范学校

论证：提升湿地公园宣传教育能力，培养广大中小学生保护湿地生态环境的意识。

描述：将湿地公园所在地根河市的至少一所中学列入湿地公园湿地教育示范学校，并在校园内建设湿地保护宣教广场、湿地宣教图书室、宣传牌等。

实施单位：湿地公园管理局、根河中学、根河市政府

实施时间：2016～2018 年

经费预算：100 万元

经费来源：项目资金、财政资金

优先序：高度优先

行动 19：科普宣教与解说志愿者队伍建设

论证：培养一批由周边社区群众、社会公众组成的科普宣教与解说志愿者，提升湿地公园的科普宣教能力，以及补充旅游旺季时的科普宣教能力。

描述：组建湿地公园志愿者协会，吸纳一批志愿参与湿地科普宣教和解说的社会公众。通过集中培训、自学与实践，确保志愿者具有较高的科普宣教和解说能力。

实施单位：湿地公园管理局、根河市政府

实施时间：2016～2020 年

经费预算：10 万元

经费来源：项目经费、管理经费

优先序：优先

（六）生态系统恢复及重建

目标：加强湿地公园园区内受破坏生态系统和植被的恢复，提高湿地公园的景观和生态效益，促使生态系统更为健康，公园生态服务功能更为强大。

行动方案：促进水湿地和火烧迹地恢复、道路两线植被恢复，并对管理服务区湿地及其植被进行重建。

项目 9：生态系统恢复

行动 20：水湿地恢复

论证：水湿地（又称沼泽地）是东北林区对分布在河谷平原、山缓坡带，地表积水、土壤层处于过湿状态，生长有湿生植物的地段的统称。在我国大兴安岭及东北其他林区，都开展过水湿地改造的试验和研究工作。实践证明，水湿地经过排水改造后，在排水措施有力、造林方法合理的条件下，水湿地人工林均有良好的生长效果。但改造后破坏了原有的植被，导致土壤水分条件发生较大改变，使改造后植物群落的组成种类发生了明显的替代性变化，影响了湿地功能的发挥。

恢复区位于乌力依特管护所，分布在根萨线主路的北侧，面积 653.16 hm^2。该区域在前期实施过水湿地改造工程，后又遭受 2003 年的森林火灾，在经过自然演替和部分人工恢复后，效果不甚理想，现主要为杂生的灌丛，有零星的乔木，但生长状况不容乐观，为使该区域尽快恢复到水湿地改造前的自然状态，恢复原有的湿地生态功能，应采取有效措施。

恢复区在改造前主要为苔草沼泽湿地，存在形成湿地的固有条件，区内以前开拉的排水沟依然存在，但有沟无水。对退化湿地区域的恢复，可采取湿地生态恢复技术中的基地恢复和水状况恢复。

描述：利用小型机器设备或人工在区内实施地形改造，将以前开挖形成的排水沟填平，以防止水湿地改造区自然降水的流出，为湿地恢复提供条件。选择几处地势相对较低的区域，做适当的地形改造，使周围的自然降水汇集到低洼区域，形成水泡子，不仅增加了规划区内的植物多样性和景观多样性，也为鸟类提供了栖息地和觅食所。

实施单位：湿地公园管理局

实施时间：2016～2019 年

经费预算：300 万元

经费来源：项目经费

优先序：优先

行动 21：道路两旁植被恢复

论证：护路林可以防止飞沙、积雪及横向风流等对道路或行驶车辆造成有害影响，保护道路免受风、沙、水、雪侵害，在保证道路交通畅通的同时，也增加了整个规划区的景观效果。护路林的不利影响，主要来自人为砍伐破坏，以及大风暴雪等自然条件造成的损害。对人为破坏现象应及时制止，因自然条件造成的倒木和折枝，如果倒在道路上，要及时清理；否则，予以保留。

描述：加强对护路林的巡护工作，在宽阔的河谷和道路两旁均设立警示牌。通过天然更新和人工更新相结合的方式，确保护路林得以快速恢复。

实施单位：湿地公园管理局

实施时间：2016～2018 年

经费预算：100 万元

经费来源：道路建设配套资金

优先序：优先

行动 22：管理服务区湿地及其植被恢复

论证：管理服务区是湿地公园的重要功能区，也是公园进出口的大门所在地。由于建设大门等基础设施，管理服务区湿地及其植被受到破坏，需要予以恢复和重建。

描述：将管理服务区的湿地和植被恢复到大门建设之前的情况，同时考虑能反映出湿地公园的特点。在恢复建设过程中，只采用本地植物物种，营造具有代表性的湿地生境。

实施单位：湿地公园管理局

实施时间：2016～2019 年

经费预算：200 万元

经费来源：项目经费

优先序：高度优先

（七）区域性协调发展

目标：消除湿地公园发展与区域经济社会发展目标的不一致，为湿地公园发展营造有利的外部环境，拓展湿地公园的外部发展动力，激发湿地公园的内生发展动力。

行动方案：促进湿地公园与所在区域的统筹发展，建立区域生态保护网络，改善湿地公园发展环境，促使湿地公园在区域可持续发展中发挥更大的积极作用。

项目 10：湿地公园与所在区域的统筹发展

行动 23：纳入区域发展规划

论证：将湿地公园的建设与发展纳入区域发展规划，有助于改善湿地公园建设发展环境，也有助于更好地发挥湿地公园对于区域可持续发展的支撑作用。

描述：寻求与当地政府发展规划部门的合作，根据区域发展规划来完善湿地公园建设发展规划，并将湿地公园发展规划纳入区域发展规划。

实施单位：湿地公园管理局、根河市政府、根河林业局

实施时间：2016～2017 年

经费预算：20 万元

经费来源：项目经费、管理经费、财政经费

优先序：高度优先

项目 11：建立区域生态保护网络

行动 24：建立同区域湿地公园和自然保护区的合作

论证：根河源国家湿地公园位于大兴安岭南麓，是大兴安岭生态系统的重要组成部分。促进该地区湿地公园和自然保护区的合作，形成生物多样性保护网络，有助于提升生物多样性保护成效，促进大兴安岭地区生态系统的健康发展。

描述：组建区域性湿地公园和自然保护区生态保护网络，形成议事和会议制度，轮流以不同湿地公园和自然保护区为组织者，定期和不定期开展保护研讨、交流等合作，增强区域生物多样性保护的能力。

实施单位：湿地公园管理局、根河林业局、内蒙古大兴安岭重点国有林管理局、GEF 项目办

实施时间：2017～2018 年

经费预算：50 万元

经费来源：管理经费、筹集经费

优先序： 优先

（八）保护基础设施和设备发展

目标： 加强湿地公园的基础设施建设，完善湿地保护管理的设备，增强湿地公园高效保护管理的硬件能力建设，促进湿地公园园区内自然资源与生态系统的有效保护管理。

行动方案： 针对自然资源和生态系统保护管理的需要，利用自有资金和项目资金，健全保护管理房舍，完备保护管理设备，提升湿地公园保护管理的硬件条件。

项目 12：健全保护管理房舍

行动 25：建成全国湿地保护管理宣教培训学校

论证： 为提高湿地公园在湿地保护宣传管理领域中的知名度，继续建设全国湿地保护管理宣教培训学校，扩大湿地保护宣传影响，提高湿地公园知名度，促进湿地生态旅游的开展。

描述： 建设湿地保护宣教培训学校，与国际登山学校、大兴安岭拓展培训学校的基础设施同时建设，实现一屋多用，提高基础设施的使用效率。在近期大力推进学校硬件设施建设，并通过人才引进、专家聘用、内部培训等方式，快速形成高水平师资队伍。

实施单位： 湿地公园管理局、根河林业局

实施时间： 2016～2017 年

经费预算： 500 万元

经费来源： 项目经费

优先序： 优先

行动 26：增加园区保护管理和科研用房

论证： 管理服务区是湿地公园的五大功能区之一。当前，管理服务区尚在建设中，管理办公用房与实际需求存在较大缺口，制约了保护管理工作的开展。不仅如此，湿地公园的科研场所极其有限，缺乏能开展动植物标本制作和存放等科研活动的场所，无法为科研工作的开展提供必要支撑。

描述： 加强管理服务区的基础设施建设，根据管理工作需求，增加管理办公用房，同时增加科研用房的配置，为保护管理工作的开展提供必备场所。

实施单位： 湿地公园管理局

实施时间： 2016～2018 年

经费预算： 500 万元

经费来源： 项目经费

优先序： 一般

项目 13：完备保护管理设备

行动 27：完备巡护设备

论证： 巡护设备的完备性决定巡护工作开展的有效性。当前巡护设备不甚完备，巡护人员的标识不清晰，不同管护站点间的巡护交通工具缺乏，园区内巡护的通信设施不健全，制约了巡护工作的有效开展，不利于消除湿地公园内存在的威胁因素。

描述： 完善巡护人员标识，为每个管护站配备 1 或 2 辆两轮机动车，完备适时通信

工具、巡护人员定位设施，加强对巡护人员和巡护工作的适时监测，增强园区内突发事件的应急处理能力。

实施单位： 湿地公园管理局
实施时间： 2018 年
经费预算： 20 万元
经费来源： 管理费用
优先序： 一般

行动 28：完善科研设施

论证： 湿地科学研究是认识和了解湿地的主要途径，也是促进湿地保护的重要保证。通过加强科研设备的配置，有助于提高科研成果产出，更好地发挥科研工作对湿地公园建设和发展的支撑作用。

描述： 根据科研工作需求，重点增加湿地生态环境质量监测设备，包括水质量、空气质量、野生植物、野生动物方面的科研设备。可采用与科研单位合作的方式，采用租用、合作等方式合理配置设备，有效控制科研监测工作成本。

实施单位： 湿地公园管理局、高等院校、科研院所
实施时间： 2018～2020 年
经费预算： 100 万元
经费来源： 管理费用
优先序： 一般

(九) 组织机构发展

目标： 全面加强湿地公园管理局的机构能力建设，优化管理局组织结构，提升应对来自园区内外各个方面威胁的能力，确保保护管理工作有条不紊地开展，管理计划得以顺利实施。

行动方案： 为提高组织机构能力，将完善机构设置、明确岗位职能、完善内部管理工作，提升员工工作能力，提高融资能力、加强资金管理，对管理计划实施进行监测评估。

项目 14：完善机构设置，明确岗位职责

行动 29：完善内部机构设置

论证： 随着湿地公园进入正式运行期，各种事务增多，原有的机构设置及其职能分配与管理实践不相一致，制约了湿地保护管理工作效率的提升。

描述： 基于对湿地公园管理局各机构和部门职能的梳理，结合湿地公园保护管理的需求，对各机构和部门职能进行优化配置，同时对机构人员与规模进行相应调整，确保各机构和部门职能清晰。

实施单位： 湿地公园管理局、根河林业局
实施时间： 2016～2017 年
经费预算： 20 万元
经费来源： 管理费用
优先序： 高级优先

行动 30：完善人事管理制度

论证：人才是湿地保护事业不竭的发展动力，人才不足也是湿地公园发展面临的制约。为此，应消除人才引进方面的体制机制约束。

描述：聘请外部专家对现行的人事管理制度进行评估，研究制定根河源国家湿地公园人才发展战略，并据此对人事管理制度予以优化，探索建立社会人才引进、高校应届大学生招募等人才发展机制。

实施单位：湿地公园管理局、根河林业局

实施时间：2016~2017 年

经费预算：10 万元

经费来源：管理费用

优先序：优先

项目 15：提高人员素质

行动 31：举办生态旅游建设和管理培训班

论证：提高管理人员在生态旅游建设和管理方面的能力。

描述：湿地公园管理局在 2016~2018 年举办保护区湿地保护管理人员培训班 2 期共 60 人次。

实施单位：湿地公园管理局

实施时间：2016~2018 年

经费预算：30 万元

经费来源：项目经费、管理经费、社会捐助

优先序：高级优先

行动 32：举办政策、法规、执法技能培训班

论证：提高湿地公园员工法律知识和执法技能。

描述：由湿地公园管理局每年举办相关政策、法规、执法技能培训班 1 期 30 人。

实施单位：湿地公园管理局

实施时间：2016~2018 年

经费预算：30 万元

经费来源：项目经费、社会捐助

优先序：优先

行动 33：举办科研、监测技术培训班

论证：更新知识，提高科研、监测人员的专业研究能力。

描述：在湿地公园管理局举办科研技术培训班 1 期 30 人，聘请动植物、湿地专业教师讲授相关科研技术；举办监测技术培训班 1 期 30 人，学习项目监测的基本技术和评估方法。

实施单位：湿地公园管理局

实施时间：2016~2018 年

经费预算：30 万元

经费来源：项目经费

优先序：优先

行动 34：计划、统计、会计、数据管理、项目管理培训

论证：提高会计、统计、数据管理、项目管理人员的业务素质。

描述：参加当地政府财会人员培训 5 人次；参加高等院校数据管理培训 3 人次；参加业务主管部门项目管理培训 6 人次。

实施单位：湿地公园管理局、根河林业局、根河市政府

实施时间：2016～2020 年

经费预算：10 万元

经费来源：保护区事业费、外界资助

优先序：优先

项目 16：对管理计划实施进行监测评估

行动 35：监测评估 2016～2020 年管理计划的实施成效

论证：对湿地公园管理成效进行监测、评估，为制订新的计划奠定基础。

描述：与相关利益者共同对管理计划的执行情况进行评估。

实施单位：湿地公园管理局、根河林业局、内蒙古大兴安岭重点国有林管理局、GEF 项目办

实施时间：2020 年

经费预算：20 万元

经费来源：项目经费

优先序：一般

四、经费预算

（一）预算原则和依据

根据国家有关政策规定，本管理计划的经费预算范围仅限于需要财政拨款、湿地公园经营性收入、生物多样性保护项目经费、社会捐赠的部门。经费预算的依据主要有以下 6 方面。

1）建筑安装工程费用定额。
2）建筑工程预算定额基价。
3）通过市场调查取得的有关设备、仪器、材料现行价格。
4）人员工资、公务费按每年递增 5%计算。
5）湿地公园保护管理费按财政下达基数计算。
6）基建项目投入经费仅为基准费估算，不包括不可预见费。

（二）经费预算结果

经估算，根河源国家湿地公园管理计划实施的经费预算为 3820 万元。其中，健全保护管理房舍工程项目预算费用为 1000 万元，占总投资的 26.18%，位居所有项目的首位；其次为重点保护野生动物的保护管理和生态系统恢复项目，预算费用均为 600 万元，

占比均达到 15.71%；第四为生态旅游的发展项目，预算费用为 470 万元，占比达到 12.30%；第五为科普宣教硬件建设项目，预算费用为 320 万元，占比为 8.38%；第六为湿地公园监测项目，预算费用为 240 万元，占比为 6.28%；其余项目预算费用合计为 590 万元，占比为 15.45%。经费预算详见表 2-8。

表 2-8 根河源国家湿地公园管理计划投资预算表

项目	经费预算/万元	比例/%
项目 1：湿地公园"一园一规"	40	1.05
项目 2：加强野外巡护和防火工作	80	2.09
项目 3：野生植物采集活动管理	80	2.09
项目 4：重点保护野生动物的保护管理	600	15.71
项目 5：生态旅游的发展	470	12.30
项目 6：湿地公园科研	50	1.31
项目 7：湿地公园监测	240	6.28
项目 8：科普宣教硬件建设	320	8.38
项目 9：生态系统恢复	600	15.71
项目 10：湿地公园与所在区域的统筹发展	20	0.52
项目 11：建立区域生态保护网络	50	1.31
项目 12：健全保护管理房舍	1000	26.18
项目 13：完备保护管理设备	120	3.14
项目 14：完善机构设置，明确岗位职责	30	0.79
项目 15：提高人员素质	100	2.62
项目 16：对管理计划实施进行监测评估	20	0.52
总计	3820	100

第四节 管理计划的监测、评价和调整

对项目活动实施监测，是使行动达到总目标的有力保证，能为管理人员提供信息，以便改善管理决策，对计划进行及时调整。

一、项目监测

在国家林业和草原局及地方主管部门的指导下，组成项目监测评估组，每年对财务账目进行管理（包括资金使用和组织审计等）；对实施中的所有活动进行监督检查，并组织、协调、指导和监督项目实施；向上级报告项目实施情况。

地方主管部门对计划中的所有活动进行不定期监督与指导，并组织、协调项目实施，向上级报告项目实施进展情况。

两个管理计划实施单位，负责编制实施项目年度工作计划；组织技术人员定期按要求收集、测定监测数据，对项目进行影响评估，并将数据存入管理信息系统，作为项目跟踪和影响评估之用；定期上报项目进展，并负责向上级提供监测资料。

二、管理计划实施效果评价

管理计划实施后，经过一段时间的检验，应开展实施效果评价。评价的目的主要是检验管理计划是否满足管理的需求，能否真正起到指导自然保护区管理工作的作用。评价效果可从以下几个方面进行。

第一，科学性。确认管理计划中各主要目标是否达到了提高管理计划编制单位管理水平的要求。

第二，完整性。确认管理计划中各个管理方案和行动计划是否相互协调、相互促进，形成一个提高多布库尔国家级自然保护区和根河源国家湿地公园管理能力的整体计划。

第三，针对性。确认管理计划中对管理计划编制单位存在的问题和面临的形势是否分析得比较切合实际，并且是否能够解决一些亟待解决的主要问题。

第四，有效性。管理计划所提出的管理方案是否提高了管理计划编制单位的管理效能，是否做到事半功倍，是否能明显地使两个项目示范点发挥更大的生态效益、社会效益和经济效益。

第五，操作性。管理计划所制定的各项方案，是否简便易行、容易操作和能否实现目标。

用以上几个方面去衡量和评定管理计划的实施效果，进而来判断管理计划制定的可行性，总结出需要改进的地方，以便进行管理计划的调整和修改。最后在项目终期进行终期评估，形成项目总评价报告。

三、管理计划的调整和修改

管理计划是个动态的文件，要不断审议和修订，并根据反馈的修改意见对管理计划进行修改完善。根据监测数据每年对实施项目进行一次年度考核，并对管理计划进行修改，保证项目的有效实施，使之不断满足自然保护区出现的需求，反映新的情况。

调整和修改管理计划需要按照管理计划的制订和批准程序进行。首先多布库尔国家级自然保护区管理局和根河源国家湿地公园管理局根据评价结果对需要调整和修改的内容进行研究讨论，提出调整意见或修改方案，并征求相关部门的意见。必要时，可聘请咨询专家进行论证。

第三章 大兴安岭地区生物多样性保护与可持续利用行动计划

本行动计划以科学发展观为指导，按照人与自然和谐发展、构建和谐社会及生态文明建设的要求，结合大兴安岭经济转型规划，坚持保护优先、科学发展、持续利用和惠益共享的原则，确定了大兴安岭地区生物多样性保护与可持续利用的主要领域和优先行动。生物多样性保护优先区域主要为根河与呼玛河交汇区及呼中区、大兴安岭南部森林与草原过渡区、大兴安岭东部伊勒呼里山和呼玛河流域、大兴安岭西北部河流湿地区、漠河根河一带和塔河地区。生物多样性保护与可持续利用主要领域和优先行动包括加强保护地规范化建设，强化保护地能力建设；恢复野生生物种群、生境及典型退化生态系统；科学开展珍稀物种迁地保护；控制外来入侵物种，加强病虫害和转基因生物安全管理；科学、规范开展生态旅游业；加强生物多样性保护利用科研监测；发展环境友好型农业和林业；加强保护地资金投入，拓宽保护地融资渠道；强化生物多样性保护管理体制与法律法规体系建设等。本行动计划提出29项优先项目及相应的保障措施，为大兴安岭地区生物多样性保护与可持续利用提供指导。

第一节 大兴安岭地区生物多样性保护与可持续利用工作概况

一、大兴安岭地区生物多样性概况

大兴安岭地区自然资源丰富，是我国原真性最高、生物多样性最丰富的地区之一，具有全球重要性。大兴安岭还是《中国生物多样性保护战略和行动计划（2011-2030年）》确定的35个中国生物多样性保护优先区之一。中国11个重点鸟区分布在大兴安岭，大兴安岭地区还是中国生物多样性保护的34处国家级生态功能区之一。

大兴安岭地区生态系统类型多样，包括森林生态系统、湿地生态系统、草地生态系统和灌丛生态系统及农业生态系统和城镇生态系统，大兴安岭的森林和湿地具有独特性。某些寒温带物种在中国仅在此区有记录，这里分布着中国最大面积的寒温带针叶林。

大兴安岭地区物种多样性丰富。黑龙江片区和内蒙古片区各类生物资源的物种数量如下：哺乳动物（56/57），鸟类（250/276），爬行动物（14/10）和鱼类（76/42）。

大兴安岭栖息着许多国家级和世界级珍稀濒危物种，包括许多世界自然保护联盟（IUCN）濒危物种红皮书所列的物种。大兴安岭共有国家重点保护野生动物55种（一级和二级），其中16种为国家一级重点保护野生动物，包括紫貂（*Martes zibellina*）、貂熊（*Gulo gulo*）、原麝（*Moschus moschiferus*）、黑鹳（*Ciconia nigra*）、白鹳（*C. ciconia*）、东方白鹳（*C. boyciana*）、中华秋沙鸭（*Mergus squamatus*）、白肩雕（*Aquila heliaca*）、金雕（*A. chrysaetos*）、白尾海雕（*Haliaeetus albicilla*）、玉带海雕（*H. leucoryphus*）、黑嘴松鸡（*Tetrao parvirostris*）、白头鹤（*Grus monacha*）、丹顶鹤（*G. japonensis*）、白鹤（*G. leucogeranus*）和大鸨（*Otis tarda*）。大兴安岭地区特有野生动植物数量众多，包括细鳞鱼（*Brachymystax lenok*）、哲罗鲑（*Hucho taimen*）、黑龙江茴鱼（*Thymallus arcticus grubei*）和黑斑狗鱼（*Esox reicherti*）等。大兴安岭的珍贵经济鱼类约有 30 种，经济植物和菌类（包括食用菌和药用菌）逾 600 种。

二、大兴安岭地区生物多样性受威胁状况

大兴安岭生物多样性面临的威胁是多方面的。在历史上，大兴安岭地区具全球重要性的森林和湿地生态系统一直深受过量砍伐的影响。人口的快速增长和工业化、城市化进程的加快，引起野生生物生境的退化或丧失、自然资源的过度利用、严重的环境污染及外来物种入侵等问题。

（一）野生动植物生境丧失或片段化

生境丧失或片段化，是导致野生生物种群下降乃至濒危的主要原因。尽管地处边疆地区，但大兴安岭在木材加工业、非木材林产品加工（菌类、浆果等）和基础工程建设（未来从俄罗斯铺设石油管道、修建通往俄罗斯的路桥、开矿、铁路修建等）等领域仍处在中国经济发展的最前沿。由于当地社会经济发展的需求，城市扩张速度加快，工农业发展及交通与能源等基础设施建设，侵占了原为野生动植物重要生境的森林、湿地、草地等生态系统，野生生物原有适宜生境大面积丧失，剩余生境片段化加剧，严重影响野生生物在剩余生境斑块之间的扩散，进而影响野生生物在大兴安岭地区长期、稳定地生存与繁衍。据不完全统计，仅加格达奇地区的林间湿地在近几十年就减少了 30%（引自 GEF 项目文件）。同时，大兴安岭南麓山区也是近年来全国交通发展的重点领域与主战场，《东北振兴"十三五"规划》也将这一地区的城镇化、交通、能源等基础设施建设作为重点领域，公路修建（及相关的采石活动）等正不断地造成大兴安岭地区生境的丧失和片段化，有些公路修建甚至会影响某些保护地。在基础工程建设集中的河谷地区，这类活动对湿地生态系统的破坏尤为严重。

（二）生态系统退化且自然灾害发生频繁

大兴安岭地区开发建设几十年来，长期过量采伐造成森林资源锐减；加上森林火灾的破坏，使该地区森林、湿地等主要生态系统受到不同程度的破坏，生态功能明显弱化。例如，湿地因地势平缓且土壤营养丰富而成为毁林开荒的主要目标；毁林开荒主要发生在大兴安岭南缘地带。由于森林生态失去平衡，与落叶松相伴生的多年冻土呈现由南向北区域性退化趋势，冻土层变薄或消失，直接改变了森林发育的生境条件；森林涵养水土、防风固沙、纳碳贮碳等生态功能降低，不仅对东北、华北地区的生态屏障作用不断减弱，而且区域内旱涝、火灾、病虫害等自然灾害频繁发生；平均气温上升，降水量下降，呈现高温少雨的干旱气候，极端有害天气增多。森林火灾（包括在森林湿地内发生的火灾）是大兴安岭地区面临的较大威胁，火灾发生区域植被恢复速度缓慢，动物生境几乎完全被破坏，对森林生态系统的影响巨大。若任其发展下去，大兴安岭的生态环境

必将进一步恶化,并直接威胁区域国土的生态安全。

(三) 自然资源的过度开发与利用

野生生物资源的过度开发与利用,造成生物种群数量急剧下降,导致生物资源的枯竭和衰退。森林资源的过量采伐,已经造成该地区森林资源锐减,森林、湿地资源破坏严重。另外,林业收入微薄迫使当地居民寻求新的生计来源,尤其是包括浆果、菌类、野生蔬菜和药用植物在内的非木材林产品采集量正不断攀升,这可能会在当地的资源利用中形成新的不可持续性,进而威胁某些物种的生存。

(四) 环境污染

大兴安岭地区众多保护地周边依然存在农业或牧业活动,农业生产喷洒的农药和丢弃的农药包装袋对该地区的水资源和土壤造成农业污染。同时,保护区周边居民排放的生活污水也会对保护区的水资源造成一定污染。尽管大兴安岭人口密度低,但是其上游地区少数城市(如多布库尔国家级自然保护区上游的松岭区)因未建污水处理厂,其生产生活用水的直接排放会污染河流,从而对水质和水生生物造成重大影响(尽管大兴安岭地区许多河流水质状况良好)。另外,保护区开展生态旅游的同时也对保护区的生态环境造成一定破坏,游客乱扔垃圾的现象屡见不鲜,还会带来更多的废物(水)和污染,增加人类的干扰。

(五) 外来物种入侵压力大且病虫害威胁严重

外来物种入侵是导致生物多样性丧失的主要原因之一。大兴安岭地区地域广阔,生态系统多样,社会经济发展迅速,也使该地区面临较大的外来物种入侵压力。

大兴安岭地区林木资源丰富,生态环境多样,病虫害的种类较多,就内蒙古地区而言,虫害有 50 多种,主要种类有落叶松毛虫、落叶松鞘蛾、舞毒蛾、松针毒蛾、白桦尺蠖、中带齿舟蛾、天幕毛虫、稠李巢蛾、落叶松八齿小蠹等;病害有20多种,主要有落叶松早落病、落叶松癌肿病、落叶松枯梢病、落叶松苗立枯病、樟子松疱锈病、樟子松红斑病等,这些病虫害成为大兴安岭地区林木资源健康发展的一大威胁(南海涛,2012)。

(六) 气候变化

气候变化包括气温升高和降水格局变化,以及极端天气事件增加,如热浪、持续极低气温甚至沙尘暴,这些变化会引发生境改变,改变物种分布区及迁徙格局。气候变化对大兴安岭高敏感物种的影响可能更为显著,因为这些物种及其生境不能很好地适应纬度变化带来的影响。

三、大兴安岭地区生物多样性保护工作措施及成效

(一) 加强保护地体系建设

大兴安岭保护地的保护与管理由环保部、国家林业和草原局、黑龙江省政府、内蒙

古自治区政府、黑龙江大兴安岭林业管理局与内蒙古大兴安岭林业管理局，在其职责范围内各司其职，实行综合管理与分部门管理相结合的管理体制。

为保护其生物多样性和生态服务功能，大兴安岭地区已建成由 59 个森林和湿地类型保护地组成的保护地网络。这一保护地网络将大兴安岭地区 3 627 686hm^2 的土地纳入保护地体系。

1. 自然保护区

截至 2016 年，黑龙江大兴安岭地区湿地类型的保护地包括国家级自然保护区 3 个、省级保护区 1 个、地级保护区 14 个，森林与其他类型的保护地包括国家级自然保护区 3 个、省级保护区 5 个、县市级保护区 6 个。

内蒙古大兴安岭地区湿地类型的保护地包括省级保护区 3 个，森林与其他类型的保护地包括国家级自然保护区 2 个、省级保护区 3 个。

2. 湿地公园

黑龙江大兴安岭地区建立了 9 个湿地公园，内蒙古大兴安岭地区建立了 10 个湿地公园。

（二）基本完善法律法规体系与机制

中国自然保护的法律主要有《中华人民共和国环境保护法》《中华人民共和国森林法》《中华人民共和国草原法》和《中华人民共和国野生动物保护法》等。中国自然保护的主要依据是《森林和野生动物类型自然保护区管理办法》《中华人民共和国自然保护区条例》等行政法规。大兴安岭地区由国家林业局与黑龙江省和内蒙古自治区政府实行联合管理，并制定了一系列与生物多样性相关的地方性法规、规章和规范性文件。

根据《中华人民共和国环境保护法》《中华人民共和国森林法》《中华人民共和国野生动物保护法》和《中华人民共和国自然保护区条例》及其他有关法律法规，结合黑龙江省和内蒙古自治区实际分别制定了《黑龙江省自然保护区管理办法》和《内蒙古自治区自然保护区实施办法》。黑龙江丰林、呼中、南瓮河、双河等国家级自然保护区还均实施经黑龙江省人大常委会通过的国家级自然保护区管理条例。

为了全面保护湿地及其生物多样性，维护湿地生态系统的基本功能，促进湿地资源的可持续利用，根据有关法律法规的规定，结合黑龙江省和内蒙古自治区实际分别制定了《黑龙江省湿地保护条例》和《内蒙古自治区湿地保护条例》。

（三）强化实施系列保护工程

大兴安岭地区作为国家天然林保护工程（1998~2020 年）的实施工程区之一，主要采取人工造林（包括退耕还林）和禁伐或限伐等措施恢复其植被。天然林保护工程的成功实施将使中国的森林覆盖率由 2008 年的 20%提高至 2050 年的 26%。天然林保护工程（2000~2010 年）的根本目标就是调整森工企业，强调森林资源的经济和环境双持续性，包括木材生产和生态保护。

全国湿地保护工程（2003～2030年）明确了东北湿地面临的主要问题，即过度开垦，使天然沼泽面积减少。该工程强调了东北湿地的建设重点：全面监测评估该天然湿地丧失和湿地生态系统功能的变化情况；通过湿地保护与恢复及生态农业等方面的示范工程，建立湿地保护和合理利用示范区，建成东北地区湿地生态系统恢复和合理利用模式；加强对森林沼泽、灌丛沼泽的保护；建立和完善该区域湿地保护区网络，加强对国际重要湿地的保护。

（四）发布实施系列生物多样性保护相关规划

黑龙江大兴安岭林业管理局与内蒙古大兴安岭林业管理局都编制了各自的《野生动植物保护与自然保护区建设总体规划》（黑龙江的规划期限是2006～2030年，内蒙古的规划期限是2004～2020年）（以下简称"总体规划"）。总体规划确定了野生动植物保护与自然保护区扩建的长期目标，并明确了区内自然资源可持续利用的管理目标。

为适应黑龙江省城市长远发展的需要，优化配置资源、协调城乡建设，根据国家、省、市有关法律、法规和文件，结合本地实际情况编制《黑龙江省城市生物多样性保护规划（2007-2020年）》。

为贯彻落实科学发展观，加快东北地区振兴步伐，促进区域经济协调发展，国家"十一五"规划把大兴安岭地区列为国家级限制开发区，于2007年制定《东北地区振兴规划》，把大兴安岭地区确定为国家生态安全的重要保障区。

为加强林区生态保护与经济转型，提高社会福利，促进林区社会发展，国务院批复了《大小兴安岭林区生态保护与经济转型规划（2010-2020年）》。这一重要的国家政策文件旨在提升大兴安岭地区的生态功能，发展以生态系统为中心的区域经济，促进当地发展。

按照内蒙古自治区主席办公会议精神，为落实自治区"8337"发展思路，加快我国北方重要生态安全屏障建设步伐，由内蒙古自治区林业厅牵头、相关厅（局）协助，组织编制了《内蒙古构筑北方重要生态安全屏障规划纲要（2013-2020年）》。

为建立规模适度、品种丰富、布局合理的林下经济体系，特制定《黑龙江省林下经济发展规划（2013-2020年）》。

在基本完成"十二五"规划确定的主要目标任务的基础上，制定和逐步实施大兴安岭地区国民经济和社会发展第十三个五年（2016～2020年）计划，为将大兴安岭地区建成全国经济转型绿色发展示范区而努力。

为完善黑龙江省湿地保护体系建设、提升湿地恢复与生态功能，制定和逐步实施黑龙江省湿地保护规划（2016～2025年），在湿地资源可持续利用示范、保护管理能力建设和湿地生态效益补偿等方面开展湿地保护与管理工作。

大兴安岭地区资源丰富，地理位置特殊，生态作用明显，已经被列为省级生态功能区，2008年黑龙江省人民政府下发了《黑龙江省人民政府关于加快大小兴安岭生态功能区建设的意见》（黑政发〔2008〕71号），突出保护和修复生态环境，综合运用经济、法律和行政手段，充分调动全社会力量，加大投入力度，大力推进环境修复和重建。

（五）积极组织开展公众教育活动

公众特别是社区的支持，往往可以使自然保护工作取得事半功倍的效果。大兴安岭地区部分自然保护地充分认识到这一点，并结合各自的实际情况，积极探索开展多种形式的公众教育活动，宣传自然保护的意义，争取社区群众的理解与支持。例如，黑龙江双河国家级自然保护区经常派人到自然保护区社区和周边乡镇，通过视频、图片、宣传板等方式，广泛宣传自然保护方面的法律法规，以及建立自然保护区、保护自然生态和自然资源等的意义及作用；黑龙江多布库尔国家级自然保护区在世界湿地日、环境保护日利用电视、宣传单、宣传条幅等形式，向社区和周边地区的群众宣传保护湿地的意义。

经过几十年的努力与发展，大兴安岭地区已经基本形成适宜于该地区情况、类型多样、分布较为合理的自然保护地网络体系。这些自然保护地覆盖了当地主要的且基本处于纯自然状态的地带性植被和森林、湿地等生态系统，有效地保护了紫貂、白头鹤、红松（*Pinus koraiensis*）、红豆杉（*Taxus cuspidata*）等区域代表性野生动植物资源及其基因资源，并促进了野生动植物资源的恢复与发展。同时，当地群众已经充分认识到自然保护的重要性，并积极支持自然保护工作，为自然保护创造了良好的社会环境。

尽管大兴安岭地区保护地建设成果喜人，但也存在一些问题，如现有保护地网络不能有效地保护某些珍稀濒危物种，而且因生物多样性和保护地体系未被主流化和未被纳入当地经济和部门发展规划，生物多样性保护有效性受到阻碍，生物多样性的可持续利用也面临严峻挑战。

四、大兴安岭地区生物多样性保护面临的问题与挑战

（一）生物多样性保护面临的主要问题

1. 生态保护补偿机制尚未健全

目前，国务院发布了《关于健全生态保护补偿机制的意见》（国办发〔2016〕31号），为大兴安岭地区生物多样性保护补偿提供了良好的契机。

2. 保护地建设和管理能力不足

目前，大兴安岭地区各保护地之间连通性不够，保护地体系建设不完善，技术能力不足，难以应对生物多样性保护面临的新问题。在管理能力方面，大兴安岭保护地普遍存在缺乏保护地管理计划、保护地管理资金投入不足、专业管理人员和技术人员缺乏、保护和管理水平有待提高等问题。

3. 生物物种资源本底不清晰

大兴安岭地区横跨黑龙江和内蒙古两省（自治区），面积广阔，生物多样性丰富度高，物种调查和编目任务繁重，保护地物种资源调查和监测项目开展有限，目前大兴安岭地区生物物种资源本底尚未调查清楚。同时，已有的物种分布和数量等信息没有得到及时更新，生物多样性保护工作缺乏生物信息的支撑，无法建立合理有效的生物多样性监测和预警体系。

4. 管理体制和协调机制不顺畅

大兴安岭地区的保护地管理是由黑龙江大兴安岭林业管理局与内蒙古大兴安岭林业管理局负责，管理体制上有很大问题，这是无法回避的。大兴安岭地区地处黑龙江省和内蒙古自治区，目前，不但在黑龙江或内蒙古片区的林业管理部门内部，而且在整个大兴安岭地区两省（自治区）之间均未建立任何推动生物多样性保护和将之纳入发展主流化进程的跨部门协调机制（仅在森林防火方面建立了跨省协调机制）。整个大兴安岭景观层面上的项目仍因大兴安岭地跨两个行政管理区域而无法开展，负责保护地管理工作的相关政府部门之间协调和合作明显不足。

5. 生物多样性保护主流化滞后

在大兴安岭地区，一些地方政府和部门对生物多样性保护的重视程度不够，对生物多样性的保护价值与可持续利用潜力认识不到位，生物多样性和保护地体系未被主流化，也未被纳入当地经济和部门发展规划，因而生物多样性保护与有效管理受到阻碍，保护地管理一直投入不足。此外，公众的生物多样性保护意识也比较薄弱，尚需进一步提高。

6. 生物多样性保护管理法规体系有待进一步完善

大兴安岭地区目前仅建立《黑龙江省湿地保护条例》和《内蒙古自治区湿地保护条例》《黑龙江省自然保护区管理办法》《内蒙古自治区自然保护区实施办法》等保护条例和管理办法，针对生物多样性的详细的相关保护法律政策体系和管理长效机制还不健全。

（二）生物多样性保护面临的挑战

大兴安岭生态系统的生态服务功能退化，直接导致自然灾害频发，如下游洪水泛滥、干旱、森林火灾和病虫害等。基础建设（尤其是道路）和游客数量增加也会给大兴安岭带来越来越大的生态压力。城市污水排放污染了大兴安岭地区的某些河流。全球气候变化也使这一地区某些稀有物种数量更少，其生境变得更加恶劣。尽管国家对保护区的投资力度很大，但大兴安岭地区生物多样性保护因以上各种因素及缺乏具体的生物多样性保护行动计划和协调机制而进展缓慢。因此，制订生物多样性保护与可持续利用行动计划，将有助于这一地区的生物多样性得到有效保护，并可持续利用。《大兴安岭地区生物多样性保护与可持续利用行动计划》将确定生物多样性保护的主要领域与优先行动，包括生物多样性保护优先区域、生物多样性保护和恢复主要领域及可持续利用优先领域等，并提出保障措施。

第二节　生物多样性保护与可持续利用战略

一、指导思想

坚持尊重自然、顺应自然、保护自然的理念；坚持绿色发展、循环发展、和谐发展和低碳发展的理念；坚持绿水青山就是金山银山的理念；坚持山水林田湖是一个生命共同体的理念，结合大兴安岭经济转型规划，正确处理经济社会发展与生物多样性保护的关系，采取行动有效恢复和提高生物多样性水平。加强生物多样性保护体制与机制建设，促进政府多部门协作，提高公众保护与参与意识，并依靠社会各界力量参与生物多样性保护。强化对森林和湿地生态系统、生物物种和遗传资源的保护，加强保护大兴安岭珍稀濒危物种、关键物种及其栖息地的力度。力争用20年左右的时间，全面实现生物多样性的有效保护与可持续利用，将大兴安岭建成中国最重要的生物多样性宝库和东北生态安全屏障，推进生态文明建设，促进人与自然和谐。

二、基本原则

（一）尊重自然，科学支撑

遵循科学规律，坚持统筹协调，处理好生物多样性保护与经济社会发展的关系，将生态文明理念贯穿到大兴安岭经济转型中，结合经济转型需求和自然资源特点，基于社会经济代价最小化、保护效果最大化的准则，制订保护目标和行动计划。

（二）顺应自然，绿色发展

平衡发展与保护之间的关系，顺应自然规律，充分发挥生物多样性的服务功能，推动生态产业与区域经济社会和谐发展、绿色发展，为大兴安岭经济社会可持续发展提供良好的环境条件和物质基础。

（三）保护自然，规范利用

在经济转型和发展中优先考虑生物多样性保护，将生物多样性保护纳入大兴安岭国民经济和社会发展的总体规划，制定有针对性的保护规划。实施有效的就地保护和迁地保护，将大兴安岭关键生态系统、珍稀濒危物种、特有种、遗传资源作为重点保护对象进行优先保护，保障生态安全。禁止掠夺性开发生物资源，促进生物资源可持续利用技术的研发与推广，科学、有序、规范地利用生物资源。

（四）政府主导，全民参与

政府发挥主导作用，制定相关的法规、政策和规划，在优先区域主导实施保护、恢复和可持续利用项目。加强生物多样性保护宣传教育和科技普及，积极引导社会团体和公众广泛参与，强化信息公开和舆论监督，建立、完善公众参与生物多样性保护的制度和机制。

三、战略目标

（一）近期目标

力争到2025年生物多样性得到有效保护且下降趋势得到遏制。完成物种资源本底调查与评估，初步建立受威胁物种信息库，建设并完善生物多样性监测预警体系；优先保护区域及关键生态系统得到有效保护，被破坏栖息地得到有效恢复；完成80%的保护地基础设施建设工程，并配备相应的设施设备。

（二）远期目标

力争到 2035 年生物多样性得到全面切实有效保护。完成受威胁物种信息库建设，实现生物多样性物种保护信息化；完成生物多样性生物遗传资源保存体系建设；完成保护地基础设施建设与完善工程，完善新建保护地建设与管理，各类保护区数量和面积达到合理水平，生态系统、物种和遗传多样性得到有效保护；形成完善的生物多样性保护政策法律体系和生物资源可持续利用机制，使生物多样性保护与可持续利用相平衡。

四、战略任务

（一）加强保护地体系建设

建设与完善保护地基础设施，包括管护站、瞭望塔、标志牌等；新建国家湿地公园及以冻土沼泽和森林沼泽为主要保护对象的自然保护区；建设生物廊道和开展保护地示范建设等，为保护地生物多样性保护提供坚实的物质基础，促进保护地体系建设。

（二）加强物种及其栖息地保护与恢复

采取就地保护为主、迁地保护为辅的物种保护措施进行物种保护，同时对已被破坏的栖息地或生境按照自然恢复为主、人为恢复为辅的方式进行恢复，为生物的生存提供适宜的生活环境。

（三）完善生物多样性保护相关政策、法规和制度

结合国家和地区现有生物多样性保护的政策、法规和制度，编制保护地保护管理条例或管理办法、完善资源管理与利用制度等。改进分级管理体制，全面推行政企分离，分离林业管理局的森林保护与企业经营职责。探索促进生物资源保护与可持续利用的激励政策。

（四）加强生物多样性保护能力建设

开展生物多样性本底调查与评估，建设受威胁物种信息库，实现生物多样性物种保护信息化；建设生物多样性生物遗传资源保存体系。加强对有害生物、病虫害及外来入侵物种的预警与防控。加强生物多样性保护科研能力建设，加强专业人才引进与人才培养，加强对外交流与合作。加强生物多样性保护监测与预警体系建设，配备相关设施设备。

（五）提高生物多样性保护公众参与度

促进生物多样性保护科普教育活动的开展，引导公众积极参与生物多样性保护；加强社区共管与社区宣传教育，促进社区参与生物多样性保护，通过雇佣社区居民作为护林员或其他管护人员等形式提高社区的参与度及参与积极性，提高社区的生物多样性保护意识。

（六）促进生物资源的可持续利用

科学调查、评价与开发生态旅游资源，结合当地旅游资源特色，科学、规范地开展生态旅游业。结合当地文化特色，系统开发文化旅游资源。发展环境友好型农业和林业，创建"大兴安岭环境友好型产品"品牌，建立非木材林产品数据库，推进非木材林产品可持续发展。

第三节 生物多样性保护优先区域

一、生物多样性保护主要优先区域

根据大兴安岭的自然条件和社会经济状况，综合考虑生态系统类型的代表性、特有程度、特殊生态功能，以及物种的丰富程度、珍稀濒危程度、受威胁因素、地区代表性、经济用途、科学研究价值、分布数据的可获得性、生物廊道的连通性等因素，在大兴安岭划定生物多样性保护优先区域，并分析了生物多样性保护空缺区域。

（一）根河与呼玛河交汇区及呼中区

该区域为根河、牛耳河、甘河与呼玛河交汇地带，生境复杂，物种丰富，有国家重点保护物种驼鹿（*Alces alces*）、马鹿（*Cervus elaphus*）、原麝（*Moschus moschiferus*）、黑熊（*Ursus thibetanus*）、棕熊（*U. arctos*）、金雕（*Aquila chrysaetos*）、黑嘴松鸡（*Tetrao parvirostris*）等。

目前该区域已建有黑龙江呼中原麝自然保护区、黑龙江北庆貂熊自然保护区、大兴安岭呼源钻天柳自然保护区，以及黑龙江呼中国家级自然保护区、内蒙古汗马国家级自然保护区和内蒙古根河源国家湿地公园，这些保护地虽然集中分布，但互相之间的连通性较弱。这些保护地外围东部为貂熊、棕熊和原麝等哺乳动物的活动范围，但还未受到保护。建议加强汗马、呼中国家级自然保护区的建设，扩大保护面积，建设生物廊道，选择有代表性的省级自然保护区完善升级。

（二）大兴安岭南部森林与草原过渡区

大兴安岭南部森林与草原过渡区是大兴安岭南部的中山区和与呼伦贝尔高原接壤的草原过渡地带。在动物地理区划上，既有温带森林动物又有温带草原动物。此区域具有多种稀有典型生态系统，以及一些珍稀濒危物种，特别是珍稀鸟类，如东方白鹳、黑鹳、中华秋沙鸭、金雕、玉带海雕、白尾海雕、黑嘴松鸡、白头鹤、丹顶鹤、大鸨等。

此区域内有红花尔基樟子松林国家级自然保护区和辉河国家级自然保护区。这两个保护区位置都偏向西部草原，对森林与草原过渡区植被和物种的保护不够，应尽快扩大现有红花尔基樟子松林国家级自然保护区或建立新的保护区，实行就地保护。

（三）大兴安岭东部伊勒呼里山和呼玛河流域

该区域为河流源头区，水资源丰沛，森林分布集中，在涵养水源，以及调节全流域的减洪、防旱等生态安全上具有不可替代的作用。目前，该区域建有黑龙江绰纳河国家级自然保护区、黑龙江南瓮河国家级自然保护区、大兴安岭嘎拉河湿地自然保护区和大兴安岭那都里河湿地保护地，应当加强对湿地及森林的保护力度。

（四）大兴安岭西北部河流湿地区

大兴安岭西北部地区河流湿地鱼类资源丰富，包括灌丛沼泽、草本沼泽和河流等湿地类型，物种分布集中，以鸟类为主，以及施氏鲟、鳇鱼等，此区可能是某些洄游鱼类的通道。因砂石采集对山体、河流和植被造成了较为严重的破坏，堵塞了鱼类通道，且破坏了鸟类生境。应当加强对该区域开采迹地的恢复力度，恢复河道及周边山体植被，以恢复生态系统的完整性。

（五）漠河根河一带

该区域为冻土集中分布区，永久冻土造就了大兴安岭地区丰富的湿地资源，森林沼泽、灌丛沼泽、沼泽化的苔草草甸和泥炭沼泽交错分布，对维系大兴安岭森林和湿地生态系统具有重要作用，且对全球气候变化极为敏感。目前该区域建有黑龙江盘中国家级自然保护区、黑龙江岭峰国家级自然保护区和大兴安岭盘古河泥炭藓湿地自然保护区，应当增强该区域保护区的管理能力和监测水平，加强对冻土变化的监测与研究，提升应对气候变化的能力。

（六）塔河地区

该区域鱼类资源丰富，目前建有黑龙江吴家碑尼河自然保护小区和大兴安岭哈拉巴奇湿地自然保护地两个保护地，保护力度和保护管理能力应当得到加强与提高，需要制定有关鱼类捕捞的规章制度，限制大规模的捕捞活动。

二、保护地体系建设

自 GEF 项目实施以来，大兴安岭地区保护地面积约增加了 50 万 hm^2，总体保护地已约达 360 万 hm^2（表 3-1）。项目实施以来，新建保护地 16 个，全部为湿地生态系统类型保护地，包括国家湿地公园 12 个，面积为 67 489hm^2，自然保护区 4 个，面积为 433 172hm^2（表 3-2）。根据目前大兴安岭地区保护地分布及保护地类型现状，结合大兴安岭"十三五"规划、大兴安岭保护地体系评估结果及大兴安岭地区保护物种分布等，建议新增保护地（包括国家公园）如表 3-3 所示。

表 3-1　大兴安岭地区保护地覆盖面积（2012 年 7 月以来）　（单位：$\times 10^6 hm^2$）

编号	保护地类型	项目实施前覆盖面积	已增加面积	当前覆盖面积
1	森林类型自然保护地	1.833	0	1.833
2	湿地类型自然保护地	1.136	0.433	1.569
3	湿地公园	0.131	0.067	0.198
合计		3.100	0.500	3.600

表 3-2 大兴安岭地区新建保护地名录（2012 年 7 月以来）

序号	保护区名称	行政区域	级别	主要保护对象	面积/hm²	批建时间
A. 黑龙江片区						
1	黑龙江塔河固奇谷国家湿地公园	加格达奇市塔河县林业局	国家级	湿地生态系统	3 974	2013 年
2	黑龙江大兴安岭砍都河国家湿地公园	松岭林业局	国家级	寒温带河谷沼泽及岛状林湿地	7 765	2013 年
3	黑龙江呼中呼玛河源国家湿地公园	呼中林业局	国家级	寒温带森林沼泽生态系统	3 156	2014 年
4	黑龙江漠河大林河国家湿地公园	西林吉林业局	国家级	湿地生态系统	3 935	2014 年
5	黑龙江漠河笃斯越橘省级自然保护区	西林吉林业局	省级	湿地生态系统	27 829	2013 年
6	黑龙江大兴安岭盘古省级自然保护区	塔河林业局	省级	湿地生态系统	40 783	2014 年
7	黑龙江大乌苏河湿地自然保护区	新林林业局	地级	湿地生态系统	150 282	2015 年
8	黑龙江塔河源头湿地自然保护区	新林林业局	地级	湿地生态系统	214 278	2015 年
B. 内蒙古片区						
9	内蒙古牛耳河国家湿地公园	呼伦贝尔市根河市	国家级	湿地生态系统	17 525	2012 年
10	内蒙古绰源国家湿地公园	呼伦贝尔市牙克石市	国家级	湿地生态系统	5 284	2013 年
11	内蒙古伊图里河国家湿地公园	呼伦贝尔市牙克石市	国家级	湿地生态系统	6 015	2013 年
12	内蒙古大杨树奎勒河国家湿地公园	大兴安岭林业管理局	国家级	湿地生态系统	4 887	2014 年
13	内蒙古甘河国家湿地公园	大兴安岭林业管理局	国家级	湿地生态系统	3 964	2014 年
14	内蒙古卡鲁奔国家湿地公园	根河市得耳布尔镇得耳布尔林业局	国家级	湿地生态系统	5 587	2015 年
15	内蒙古库都尔河国家湿地公园	牙克石市库都尔镇库都尔林业局	国家级	湿地生态系统	3 892	2015 年
16	内蒙古阿尔山哈拉哈河国家湿地公园	阿尔山市伊尔施镇阿尔山林业局	国家级	湿地生态系统	1 505	2015 年
	总计				500 661	

表 3-3 大兴安岭地区拟建保护地名录

序号	拟建位置	保护地类型	主要保护对象类型
1	倭勒根河	自然保护区	冻土沼泽和森林沼泽
2	额木尔河	自然保护区	冻土沼泽和森林沼泽
3	盘古河	自然保护区	冻土沼泽和森林沼泽
4	呼玛河	自然保护区	冻土沼泽和森林沼泽
5	塔河	自然保护区	冻土沼泽和森林沼泽
6	十八站永庆	自然保护区	森林类型
7	阿木尔兴安	自然保护区	森林类型
8	韩家园宽河	自然保护区	湿地类型
9	塔河二十二站	自然保护区	湿地类型
10	西林吉大林河	自然保护区	湿地类型
11	图强老槽河	自然保护区	湿地类型
12	呼中亚里河	自然保护区	湿地类型
13	塔河呼玛河	国家湿地公园	湿地生态系统
14	绰纳河源头	国家湿地公园	湿地生态系统
15	砍都河	自然保护区	冻土沼泽和森林沼泽
16	多布库尔河	自然保护区	冻土沼泽和森林沼泽

续表

序号	拟建位置	保护地类型	主要保护对象类型
17	勃音那	自然保护区	森林类型
18	伊尔施	自然保护区	森林类型
19	潮查	自然保护区	森林类型
20	莫尔道嘎	自然保护区	森林类型
21	二根河	自然保护区	湿地类型
22	北大河	自然保护区	湿地类型
23	满归贝尔茨河	国家湿地公园	湿地生态系统
24	绰尔	国家湿地公园	湿地生态系统
25	吉文	国家湿地公园	湿地生态系统
26	乌尔旗汉	国家湿地公园	湿地生态系统
27	加格达奇那都里河	国家湿地公园	湿地生态系统

第一，2020年前新建湿地生态系统类型的国家湿地公园4个（满归贝尔茨河、绰尔、吉文和乌尔旗汉），新建以冻土沼泽和森林沼泽为主要保护对象的自然保护区7个（多布库尔河、砍都河、倭勒根河、额木尔河、盘古河、呼玛河和塔河）。

第二，建立国家湿地公园3个：绰纳河源头、塔河呼玛河、加格达奇那都里河；建立湿地类型自然保护区7个：韩家园宽河、塔河二十二站、西林吉大林河、图强老槽河、呼中亚里河、二根河和北大河；建立森林类型自然保护区6个：阿木尔兴安、十八站永庆、潮查、伊尔施、勃音那和莫尔道嘎。

第四节 生物多样性保护与可持续利用主要领域和优先行动

一、加强保护地规范化建设，强化保护地能力建设

优先项目1：优化保护地网络体系

项目背景：为保护大兴安岭地区生物多样性和生态服务功能，截至2016年，大兴安岭地区已建成由59个森林和湿地类型保护地组成的保护地网络，包括9个国家级自然保护区、11个省级自然保护区、20个县市级自然保护区和19个湿地公园，这一保护地网络将大兴安岭地区3 627 686hm^{2}的土地纳入保护体系，在珍稀濒危野生动植物资源及森林和湿地等生态系统保护方面发挥了显著作用。但是，这些保护地还面临一些问题，如保护地宏观布局不尽合理，珍稀濒危物种及典型生态系统保护还存在空缺，保护地间连通性受阻，跨界保护地建设还存在较大的发展空间，保护区信息系统建设也存在严重不足。

项目目标：完善大兴安岭地区保护地网络体系，建立保护地网络信息系统。

项目内容：针对项目目标，具体任务如下。

1）依据《全国主体功能区规划》，统筹实施自然保护区、湿地公园等各类保护地发展规划，科学构建并优化以自然保护区为主体，湿地公园、风景名胜区、森林公园及其

他保护形式为辅的保护地网络体系，强化就地保护。新建国家级湿地公园4个（满归贝尔茨河、绰尔、吉文、乌尔旗汉）；晋升并建设国际重要湿地项目1个（汗马）；在多布库尔河、砍都河、倭勒根河、额木尔河、盘古河、呼玛河、塔河等地区新建冻土沼泽和森林沼泽自然保护区。

2）加强生物多样性保护优先区域内的保护地建设，优化空间布局，提高保护地整体保护效果。

3）在根河与呼玛河交汇地带的保护区之间构建生态廊道，增强保护地之间的连通性，为动物的迁移、繁殖、觅食、休憩、扩散等提供通道，使生物多样性得到有效保护。

4）按山系、流域整合现有保护地，建立跨行政区域（内蒙古和黑龙江）乃至跨界（中俄、中蒙或中俄蒙）的保护地网络，提高保护地整体保护能力与效率。

5）建设保护地网络信息系统，提供查询、统计、绘图等功能，为大兴安岭地区生物多样性保护主流化提供数据和信息支撑。

优先项目2：强化保护地基础设施建设

项目背景： 大兴安岭地区保护地基础设施建设目前存在以下两个问题：一是各类新建保护地基础设施建设不完善，保护地保护管理基础薄弱；二是一些保护地现有基础设施滞后，已远远不能满足其正常保护工作开展的需要。目前，大兴安岭地区仅内蒙古汗马等部分保护地保护管理设施比较完善，其他多数保护地基本上没有专门的办公设施或场所，管理设施不足，严重制约了自然保护管理工作的开展。

项目目标： 完善保护区基础设施，使之能够开展正常和持续的管护工作。

项目内容： 针对项目目标，具体任务如下。

1）保护地管护体系建设，重点是在黑龙江塔河固奇谷国家湿地公园、盘古河、新林干部河、大青山、塔河绣峰、多布库尔、盘古河和那都里河湿地等自然保护区建设管护站，在黑龙江绰纳河、盘古、呼源钻天柳、大青山、嘎拉河湿地和那都里河湿地等自然保护区修筑完善巡护道路体系及界碑、界桩等标识标牌；完善黑龙江多布库尔、盘古河、呼源钻天柳、新林干部河、塔河绣峰、嘎拉河湿地、那都里河湿地自然保护区和塔河固奇谷国家湿地公园监测体系建设，包括监测站点、监测瞭望塔建设，以及配备相应的监测设施设备；在满归、图里河、吉文、绰源、绰尔、库都尔等6个地区新建国家级野生动物疫病监测预警站6个；在毕拉河国家级自然保护区、根河源国家湿地公园、满归贝尔茨河国家湿地公园新建野生动物救护站3个；在毕拉河国家级自然保护区新建鸟类环志站1个；根据内蒙古大兴安岭林区河流水系等自然地理环境分布情况及生态保护建设的需要，分批次在汗马、毕拉河、阿尔山等自然保护区和北部原始林区建设8个森林、湿地生态监测站。

2）保护地公众教育工程建设，重点是在黑龙江多布库尔、塔河绣峰、新林干部河、盘古河自然保护区和黑龙江塔河固奇谷国家湿地公园新建宣教中心、科研中心，并配备相应设备；建设大兴安岭区域性湿地宣教中心，加强人员培训。

3）科研监测工程建设，包括简易实验室及仪器设备、本底资源调查设备、监测样点设备及监测设施设备、科研档案管理设施设备，国际重要湿地或者人与生物圈保护区要加强对外（国内甚至国际）信息交流能力的建设。

4）基础设施工程建设，包括必要的办公场所及办公设备、配套生活设施、局部道路修缮等。在内蒙古大兴安岭地区新建和改造森林防火专业队伍营房 5 万 m^2，新建省级防火物资储备库 3 处（6000m^2），新建国家级森林扑火实训基地 1 处（训练场地 1 万 m^2，教室及配套设施 5000m^2），同步新增扑火装备 2 万套及大型装备车辆 240 辆（台）。

优先项目 3：强化保护地管理能力建设

项目背景：大兴安岭地区各类保护地管护设施不足，专业人才缺乏，现有员工学历偏低，人员培训不足。根据调查，有 46%的职工学历为高中及以下，37%的职工为大中专学历，16%为本科，只有 1%为研究生；中层以上管理人员和专业技术人员受过培训的保护地占 48%，仅中层以上管理人员受过培训的保护地占 28%，仅专业技术人员受过专业技术培训的保护地占 24%。人员专业能力不足，也给这些保护地在科研监测、公众教育及信息平台建设方面带来影响。在保护地部门设置方面，29 个保护地大多数都设置了常规科室，如 79%的保护地设置了办公室，69%的保护地设置了保护管理科，59%的保护地设置了财务科等。在与生物多样性保护与生物资源利用的相关部门设置上，55%的保护地设置了宣教科，38%的保护地设置了科研科和管理站，34%的保护地设置了检查站，而设置防火办、督查科和生态旅游管理科等部门的保护地较少。生物多样性保护与生物资源利用的相关工作由以上单个或多个部门负责，部分存在职能重叠现象。

据调查，48%的保护地编制了计划并得到了很好的执行，28%的保护地执行了一部分，21%的保护地没有编制管理计划，3%的保护地编制了管理计划但没有执行。在保护目标方面，保护地均制定了保护目标，其中有 35%成功实现了保护目标，62%部分实现了保护目标。在总体规划方面，62%的保护地制定了可行的总体规划并按总体规划建设，38%的湿地已制定总体规划，正在执行。

项目目标：开展保护地规范化建设，在机构编制、人员队伍、科研监测、公众教育及信息平台等方面切实提高保护地保护管理能力。

项目内容：针对项目目标，具体任务如下。

1）科学制定保护地总体规划、管理计划或实施方案，并定期评估其实施成效。

2）以国家级自然保护区、国家湿地公园等为重点，完善管理设施，强化监管措施，开展规范化建设。

3）完善保护地管理机构，根据保护区各部门人员配置情况，合理引进相关专业人才和技术人才，实施"大学生专项引进工程"，集中引进全日制本科以上毕业生，实施本土大学生"回归工程"，着重引进有意愿回当地就业的大学毕业生；对于在职员工，定期开展职工培训活动，组织其到相关高校进行学习和交流，增强职工的专业素质，培训学习内容广泛，可以涵盖游客心理学、资源保护、生态学、法律学、导游和救生知识等方面的内容。

4）加强保护地科研监测体系建设，开展保护地本底资源调查，规范科研监测档案管理，为保护地科学管理奠定坚实的基础。

5）重点国有林林管局、林业局（自然保护区管理局）、林场和森林资源管护区各单位共同建立"联合保护委员会"，制定"联合保护章程"和"联合保护公约"，定期开展共管活动；积极组织群众参加联合保护工作，长期聘用村民担任护林员、林政员、哨卡人员等，组织村民对重点地段进行定点巡护，共建哨卡，临时雇用部分村民参加资源调查和其他工作；组建村场森林防火队伍，落实防火责任到村到户（廖凌云等，2017）。

6）推进公众参与机制，加强对外交流与合作，拓宽保护地保护管理视野。既要以保护地为平台，加强与区域内乃至国内科研院所的合作，又要拓展空间，加强跨行政区的合作，甚至还要充分发挥地缘优势，在跨界保护方面做出新突破。

优先项目 4：开展保护地示范建设

项目背景：虽然大兴安岭地区建立了较多的自然保护区和湿地公园，但仍存在"批而不建，建而不管，管而不力"的现象，管理能力较弱，在管护设施、科研监测等方面与自然保护区管理工作的要求还有较大差距，突出反映在基础设施不完备、管理模式单一，虽然根据管理需要开展了相应的科研监测，但由于科研监测设备欠缺，无法进行长期稳定的科研监测活动。因此，加强自然保护区和湿地公园的示范建设刻不容缓。

项目目标：通过自然保护区和湿地公园示范建设，使自然保护区和湿地公园的建设和管理规范化。

项目内容：针对项目目标，具体任务如下。

1）以国家级自然保护区和湿地公园为重点，开展自然保护区和湿地公园的标准化建设，配套完善管理设施，强化各项监管措施，制定保护区和湿地公园可持续有效管理规范，特别是通过内蒙古大兴安岭汗马、呼伦湖，黑龙江丰林、呼中等示范自然保护区的建设，带动该地区国家级和省级自然保护区建设管理水平的全面提升。开展汗马国家级自然保护区示范自然保护区建设，继续推进额尔古纳国家级自然保护区和毕拉河国家级自然保护区建设工程。

2）完善"天地一体化"动态监测体系建设，建立自然保护区和湿地公园长期定位监测点，配套完善科研监测设备，开展关键区域生物多样性的长期监测。

3）建立自然保护区和湿地公园定期评估制度，对保护效果、管理水平和建设质量进行综合评估，根据评估结果，提出改进和优化措施。

4）选择不同类型国家级自然保护区和湿地公园进行示范，促进规范化、科学化管理，重点建设一批具有国内甚至国际先进水平的保护区和湿地公园，提高管理水平。

5）加强大兴安岭漠河九曲十八湾、黑龙江塔河固奇谷、黑龙江漠河大林河和黑龙江呼中呼玛河源国家湿地公园的办公基础设施、旅游、休闲设施购置，管理处建设、水上游乐设施建设等，开展给排水、供电工程、通信工程等，并进行湿地植被恢复，开展湿地资源区域性评估，维护湿地生物多样性。对大兴安岭双河源国家湿地公园和阿木尔国家湿地公园湿地河道进行保护性疏浚整治。

二、恢复野生生物种群、生境及典型退化生态系统

优先项目 5：开展生物多样性本底调查并建立受威胁物种信息库

项目背景：大兴安岭地区横跨黑龙江省和内蒙古自治区，面积广阔，生物多样性丰富度高，物种调查和编目任务繁重，保护地物种资源调查和监测项目开展有限，目前大兴安岭地区生物物种资源本底尚未调查清楚。虽然黑龙江省现已完成第二次湿地资源调

查工作，但没有对调查结果进行周期性的监控和复核。同时，已有的物种分布和数量等信息没有得到及时的更新，生物多样性保护工作缺乏生物信息的支撑，无法建立合理有效的生物多样性监测和预警体系。因此，需要对该区域重点保护物种及其栖息地、野生动物重要栖息地受威胁状况进行调查和评估，建立受威胁物种信息库，为有针对性地开展退化栖息地恢复和物种保护提供基础。

项目目标： 完成大兴安岭地区国家重点保护物种及其栖息地和野生动物重要栖息地受威胁状况的调查与评估，建立受威胁物种信息库。

项目内容： 针对项目目标，具体任务如下。

1）以各类保护地为重点，开展生物多样性本底综合调查。

2）针对重点地区和重点物种开展专项调查。

3）依据全国第二次野生动物、野生植物与湿地资源调查及本底调查和专项调查，确定大兴安岭地区受威胁目标物种和指示物种，建立受威胁物种信息库。

4）开展河流湿地水生生物资源本底及多样性调查。

5）建设大兴安岭地区生物多样性信息管理系统。

优先项目6：开展野生生物栖息地监测、评估与保护

项目背景： 大兴安岭多缺乏长期的关键物种栖息地监测，导致监测数据缺失或不完善，对关键物种及其栖息地的评估缺少数据支撑。

项目目标： 以各类保护地为重点，完善关键物种栖息地监测体系，开展关键物种及其栖息地长期监测。

项目内容： 针对项目目标，具体任务如下。

1）在各类保护地建立生物多样性和生态健康状况动态监测体系，配备较为完善的监测设备和技术人员。在内蒙古大兴安岭地区湿地保护区开展湿地生态监测建设项目4个（汗马、阿尔山、管护局、毕拉河），野生动物疫病监测和预警系统维护项目5个。

2）加强对各类保护地外野生生物及其栖息地的保护，科学地提出野生动物重要栖息地名录及范围。

3）加强对保护地外分布的极小种群野生植物就地保护小区、保护点的建设，开展多种形式的民间生物多样性就地保护。

优先项目7：森林植被恢复

项目背景： 毁林、森林火灾、基建项目等一直是大兴安岭地区森林植被面临的威胁，且森林火灾尤为突出，这些威胁会造成这一地区森林和湿地面积的萎缩及野生动植物栖息地的片段化。内蒙古大兴安岭地区已批在建国家森林公园9个，总面积42.21万hm^2；通过棚户区改造工程和配套基础设施建设工程的实施，林区4.5万户林业居民移居到中心城镇。

项目目标： 恢复已被破坏的森林，增强动物栖息地的连通性。

项目内容： 针对项目目标，具体任务如下。

1）针对湿地内不当人工造林或者火灾造成的栖息地破坏，撤销林场场址、林农结合地带林地等区域，采用自然更新为主和人工更新为辅的生态恢复措施，对破坏的栖息地进行适当恢复。

2）封禁保护管理区，包括禁止开发区、除禁止开发区以外的其他国家一级公益林区和封山育林区三部分，实施自然保护区建设工程、野生动植物保护工程、湿地保护与恢复建设工程、高危区防火综合治理工程、有害生物监测和治理工程、封山育林工程等促进植被保护与恢复的措施。

3）推进棚户区改造工程及林业居民迁移政策的实施。

优先项目 8：退化湿地生态系统恢复示范

项目背景： 大兴安岭地区湿地面积占大兴安岭地区总面积的 14.4%，为东北亚地区的主要河流之一黑龙江提供重要水源，但是在人类毁林开荒、开矿和气候变化等的影响下其面积不断减少，生态系统完整性遭到破坏。2012~2015 年，黑龙江省省级财政共投入 4000 万元，对省级湿地进行补助，主要开展退化湿地修复和保护能力建设，使湿地面积得到了有效恢复，核心区湿地面积集中连片，提高了湿地的质量和完整性，濒危珍稀野生动植物栖息繁衍空间加大，湿地涵养水源、调节气候的生态功能进一步增强。

项目目标： 完成黑龙江多布库尔国家级自然保护区和内蒙古根河源国家湿地公园退化湿地生态系统恢复示范工程。

项目内容： 针对项目目标，具体任务如下。

1）以黑龙江多布库尔国家级自然保护区、内蒙古根河源国家湿地公园及其他关键湿地退化区为主，开展退化湿地生态系统恢复示范工程。

2）黑龙江新林大青山自然保护区属于高位泥炭藓湿地类型的保护区，在全国独一无二，具有典型性，具有重要的科学研究价值，在此保护区开展湿地保护工程建设。

3）实施内蒙古根河源、图里河、牛耳河等国家级湿地公园的保护与恢复建设项目；开展毕拉河国家级自然保护区、满归贝尔茨河国家湿地公园鸟类栖息地保护修复项目。

优先项目 9：采矿迹地与工矿用地的恢复

项目背景： 大兴安岭地区隶属于我国东北老工业基地，是我国较早接受和产生工业文明的地区之一，其地貌类型多样，地质构造复杂，为各种矿产资源的形成创造了有利条件。大兴安岭地区及其周边城市大规模开采煤、铁、有色金属和非金属矿，已有 100 多年历史；大规模开采石油及天然气，也有 40 多年历史。长期以来，不合理地开采和利用矿产资源，对生态环境造成了严重破坏，如黄金开采造成植被破坏，部分河流水质污染，油田开发等引起的生态问题也日益加剧。同时，大兴安岭西北部地区现存有大面积的采矿迹地，采矿活动对河流、鱼类及流域植被均造成一定的影响。

项目目标： 提高工矿企业绿色生产技术使用意识与能力，大力推进工矿用地环境恢复工程；恢复采矿迹地植被，恢复鱼类通道，保障河流生态系统健康。

项目内容： 针对项目目标，具体任务如下。

1）坚持保护优先的原则，完善相关管理制度与管理体系，加强对工矿企业的监督引导工作，强化环保政绩考核，加强公众监督，严格实施工矿企业开采开发控制。

2）引导、要求并帮助工矿企业学习和引进土壤保护及地貌重塑技术、水系修复技术、污染抑制消除技术、景观生态恢复技术等相关技术，通过工程、生物措施或其他措施，完成地貌重塑、土体重构、植被恢复、景观重建和生物多样性保护等恢复目标。

3）实施矿工企业改造升级，促进企业结构调整，推行清洁生产、绿色生产，大力发展循环经济，合理分配产能，引导工人、企业转向第三产业发展，促进经济转型发展。

4）加强矿区植被恢复。按照"谁破坏，谁治理"的原则，做好矿山复垦、植被恢复和生态恢复等工作，严格执行地质环境恢复保证金制度，有效遏制矿山乱采乱掘违法行为，重点加大砂金采区、煤矿采区、石料采区等主要裸露区域的植被恢复力度，针对工矿用地的保护与恢复出台相应的扶持政策，设立专项基金，寻求技术引入与合作，为工矿用地的保护与工矿企业的转型提供保障。

5）严格划清生产、生活、生态"三生空间"界线，严格执行矿山企业准入制度及矿山资源最低开采规模制度，合理控制开采强度，推进绿色矿山评价考核体系建设。

6）加强培训与宣传工作，使环保理念深入人心，进而提升企业整体环保工作意识与工作水平，引导企业引入相应的污染防治技术，树立良好的企业形象，以此提升自身竞争实力。

7）对黑龙江南瓮河国家级自然保护区实验区库尔库河的采金矿体进行治理。

8）对黑龙江那都里河湿地自然保护区采金破坏的矿体和河道进行疏通，开展采矿迹地植被恢复工程。

9）对内蒙古乌玛自然保护区内的采矿采石迹地开展保护区恢复工程，包括植被恢复工程、水资源恢复工程等，主要集中于以下5个区域：①自炉窑山西北部河流靠近额尔古纳河端起（53°5′35.33″N、120°38′34.99″E），沿河流延伸至老甘河（52°59′40.57″N、120°50′59.61″E）、阿里亚河（52°56′42.58″N、120°45′38.29″E）的流域范围；②自狼狈河（53°9′42.91″N、120°42′22.34″E）起，经中心沟东部、狼狈河，至前场东部（53°3′46.18″N、120°54′40.50″E）的区域；③沿草塘沟西北（53°10′34.49″N、120°51′27.38″E）向东南方向（53°7′38.46″N、120°55′0.34″E）延伸的区域；④野鸡岭北部公路沿线 [（53°4′16.60″N、120°59′56.09″E）至（53°4′17.72″N、121°6′59.38″E）]；⑤毛河北部（52°58′44.11″N、121°25′12.06″E）至虎拉林河（52°55′15.25″N、121°21′50.47″E）流域。

优先项目10：减少环境污染对湿地生态系统的影响

项目背景：大兴安岭地区全区水系为外流流域，流入太平洋海域的黑龙江流域区，属地表径流带的湿润带与多水带。区内河网密集，全区河流达500余条，其中流域面积1000 km^2 以上的河流有28条；地表水资源丰富，地表水资源量近150亿 m^3/a，地下水天然资源总量约30亿 m^3/a，扣除河川径流量重复26亿 m^3/a，折合总水资源量为154亿 m^3/a，水资源极为丰富。因此，保证大兴安岭地区的水质优良是重中之重。

项目目标：建设水质监测与保护体系，严格控制污染物的排放，加强水质污染治理与污水管控。

项目内容：针对项目目标，具体任务如下。

1）加强大兴安岭地区水质评价与监测，引进水质自动监测站，针对各功能区及入河排污口的监测评价增加监测频次及监测项目，尤其重视对剧毒及"三致"有毒化学品的监测，确保全面、科学的水质动态信息。

2）重视水资源保护舆论宣传与监督，增强民众、企业及政府有关部门的水资源保护意识，确保水资源保护工作持续稳定发展。

3）严格执行污染物总量限排的有关要求，加大对江河污染物的监管力度，重点是加强对排污企业和城镇生活垃圾排放的监管，杜绝人为污染的问题发生。

4）加强城镇污水的处理与再利用，推进海绵城市建设，充分发挥城市绿地、道路、水系等对雨水的吸纳、蓄渗和缓释作用，削减城市径流污染负荷，加大资金投入与加强科学管理，选择符合大兴安岭地区城镇发展的污水处理体制模式，保障污水处理基础设施建设和技术方法创新，减少城镇污水的排放。

5）保护水源地周边森林资源，发展生态农业、生态畜禽养殖业，控制污染较大的重工业企业发展或使之迁离，加大第三产业建设，从根本上减少污染源。

三、科学开展珍稀物种迁地保护

优先项目11：科学合理开展物种迁地保护体系建设

项目背景： 大兴安岭栖息着许多国家级和世界级珍稀濒危物种，包括世界自然保护联盟（IUCN）濒危物种红皮书所列的一些物种。大兴安岭共有国家重点保护野生动物55种（一级和二级），珍贵经济鱼类约有30种，经济植物和菌类（包括食用菌和药用菌）600多种，其多样性及遗传物质保护与可持续发展尤为重要。

项目目标： 保护大兴安岭地区珍稀物种种质资源，为大兴安岭地区珍稀物种种群及其生物多样性恢复提供基础。

项目内容： 针对项目目标，具体任务如下。

1）动植物园规范化建设。对大兴安岭地区不适合就地保护的濒危动植物开展迁地保护，与植物园、动物园建立合作。依据《中华人民共和国野生动物保护法》规定，人工繁育国家重点保护野生动物应当有利于物种保护及其科学研究，不得破坏野外种群资源，并根据野生动物习性确保其具有必要的活动空间和生息繁衍、卫生健康条件，具备与其繁育目的、种类、发展规模相适应的场所、设施、技术，符合有关技术标准和防疫要求，不得虐待野生动物。

黑龙江省和内蒙古自治区林业部门要根据保护国家重点保护野生动物的需要，组织开展国家重点保护野生动物放归野外环境工作。大兴安岭林业集团公司可依据条件设置植物种子库和动植物基因库，加强动植物遗传信息的保护和管理。

2）建设种质资源库。开展大兴安岭地区生物遗传资源调查编目，建立相关资源信息系统，开展遗传资源价值评价，保护生物遗传资源。

优先项目12：建立和完善丰富生物多样性生物遗传资源保存体系

项目背景： 大兴安岭地区横跨黑龙江省和内蒙古自治区，面积广阔，生物多样性丰富度高，物种调查和编目任务繁重，保护地物种资源调查和监测项目开展有限，目前大兴安岭地区生物物种资源本底尚未调查清楚。同时，已有的物种分布和数量等信息没有得到及时的更新，生物多样性保护工作缺乏生物信息的支撑，无法建立合理有效的生物多样性监测和预警体系。

项目目标： 对大兴安岭地区生物多样性进行系统评估，为生物多样性综合管理提供决策参考。

项目内容： 针对项目目标，具体任务如下。

1）加强大兴安岭地区农作物种质资源库及畜禽牧草种质资源库建设。

2）建立大兴安岭地区林木植物种质资源保存库和相应的种质保存圃，逐步完善林木种质资源保存体系。

3）建成大兴安岭地区野生花卉种质和药用植物资源保存库，收集保存优良的野生花卉和药用植物种质资源。

4）加强大兴安岭地区畜禽基因库建设，建立畜禽遗传资源细胞库和基因库，加强水产种质资源基因库建设。

5）加强野生动植物基因库建设，开展野生动植物基因材料的收集、保存、研究和开发工作。

6）加强微生物资源的收集、保护、保藏的能力建设，建立微生物资源库及共享体系。

7）完善各类生物遗传资源保存体系的管理制度和措施，规范生物遗传资源获取利用活动。

8）加强对城市规划区内珍稀濒危物种的迁地保护，建立城市古树名木保护档案，并划定保护范围。

9）利用各种多边和双边机制，积极开展生物遗传资源保存方面的国际交流。

四、控制外来入侵物种，加强病虫害和转基因生物安全管理

优先项目 13：开展有害生物病虫害及外来入侵物种的预警与防控

项目背景： 大兴安岭地区地处我国最北端，北部与俄罗斯相毗邻，是我国北方重要的生态屏障，在维护我国边疆稳定、经济发展和生态安全方面具有举足轻重的作用。由于大兴安岭地区在我国经济、生态及地方安全方面的重要作用，积极开展对外来入侵植物的基础研究，逐步完善预警、监控、防治与生态恢复技术，对于有效防控外来入侵植物的发生与危害、保障大兴安岭地区乃至全国生态安全、维护地区乃至国家的和平稳定发展具有重要意义。缺乏外来入侵物种的监测、环境风险评价，使得外来入侵物种及生物安全的形势非常严峻。缺乏完善的外来物种引种后隔离、检测、监测的专门机构与快速反应机制。对潜在外来有害生物缺乏前瞻性研究，外来入侵物种预防、监测和控制方面的研究较为薄弱，技术能力落后。因此，急需提高快速反应能力，以应对外来生物入侵及控制病虫害。

项目目标： 建立外来物种环境风险评估制度，完善监测制度和监测设施；建立外来物种入侵预警报告体系和控制技术体系，预防外来入侵物种的危害和扩散，加强病虫害的控制；建立外来入侵物种生物防治技术方法及综合治理技术体系，控制外来入侵物种的危害和扩散。

项目内容： 针对项目目标，具体任务如下。

1）开展大兴安岭地区森林病虫害外来入侵物种的基础调查，建立对入侵生物的快速识别技术，建立外来入侵物种数据库信息系统。

2）完善建立有害生物和外来入侵物种的风险评估指标体系，对重点有害生物和外

来入侵物种进行风险评估与分级管理，为早期预警和管理决策提供依据。

3）对重要有害生物与外来入侵物种的分布状况及危害程度开展系统调查、监测、预警和应急响应研究，建立外来入侵生物环境风险监测和预警平台，强化外来入侵物种长期监测机制、生态风险预警机制和应急响应如生物阻断技术机制，加强有害病原微生物及动物疫源疫病监测预警体系建设，从源头控制其发生和蔓延。

4）建立和完善口岸检疫系统的检疫设施，按行业部门的需求建立一定数量的外来入侵物种的隔离试验场与检疫中心。完善疫情监测站点网络，对野生动物疫源疫病进行系统监测；规范野生动物疫源疫病监测、疫情上报制度，有效预防野生动物疫源疫病入境；加强环保领域使用的微生物菌剂进出口管理能力建设，对养殖业使用的微生物实施规范化管理和长期跟踪监测。

5）以生态调控为基础，综合运用物理、化学、生物控制等措施，发挥各自的优势，从而达到治理林业外来有害生物入侵的目的，使整个治理过程达到速效性、持续性、安全性和经济性。跟踪新出现的潜在有害外来生物，制订应急预案，开发外来入侵物种可持续控制技术和清除技术，组织开展危害严重的外来入侵物种的清除工作。

6）加强宣传教育，强化合作与交流，提高防范意识，完善相关法律与管理。密切关注国际社会中林业类生物入侵危害的发生，提高警惕，对一些入侵物种原产国和已经被侵染的国家和地区加强检验检疫的力度，甚至可以限制和停止相关产品的进口。完善相关法律与管理；针对目前林业类外来生物的入侵现状，提出我国应该完善林业及林业相关产品进出口的相关法律条规建议。

7）建立南瓮河湿地监测预警体系和多布库尔国家级自然保护区防治减灾体系，加强森林病虫害数据库、重要森林病虫害预测数学模型、区域动态预测、信息传输和决策网络平台的建设。

优先项目 14：建立和完善转基因生物安全评价、检测和监测技术体系与平台

项目背景：转基因技术是现代生物技术的核心之一，在缓解资源约束、保障粮食安全、保护生态安全、拓展农业功能等方面呈现出重要作用和巨大潜力，同时也给公众带来关于转基因生物安全的忧虑。为此，我国包括大兴安岭地区在内的区域及国际组织都制定了与转基因生物安全管理相关的安全评价、检测和监测技术体系及平台，以加强对转基因生物的研发、生产和进出口活动的管理。

项目目标：初步建立转基因环境风险评估制度；建立转基因控制技术体系，建立转基因生物检测和监测技术体系与平台。

项目内容：针对项目目标，具体任务如下。

1）重点发展转基因生物环境风险分析及食用、饲料用安全性评价技术。

2）发展转基因生物抽样技术、高通量检测技术，研制相关标准、检测仪器设备和产品，研究全程溯源技术。

3）开发转基因生物环境释放、生产应用、进出口安全监测与风险管理技术、标准，以及风险预警和安全处理技术。

4）建设转基因生物安全评价中心，逐步建立转基因生物安全检测及监测体系，实施实时跟踪监测。

五、科学、规范开展生态旅游业

在大兴安岭地区开发绿色目的地旅游，是可持续利用这里天然资源的一种方式。生态旅游采用可最大限度降低环境影响的绿色旅游开发方法，建立由绿色交通连接而成的保护地生态旅游网络，增加社区和当地企业参与生态旅游开发并从中受益的机遇。

优先项目 15：科学调查、评价与开发生态旅游资源

项目背景： 改革开放以来，国内的工业化、城镇化实现快速发展，大众化、多样化消费需求日益增长，这为旅游业快速发展提供了重要机遇。自 1983 年墨西哥学者提出生态旅游概念以来，生态旅游已成为一种新的旅游时尚。国家"十二五"规划提出，全面推动生态旅游战略，生态旅游已成为国内众多旅游目的地转型升级的抓手。大兴安岭葱郁的森林、原始的河流、美丽的自然景观、众多的保护地、丰富的生物多样性和独特的北国风光，使得生态旅游在这一地区尤其具有发展潜力。如何进一步挖掘其发展潜力，寻求更加广阔的成长空间和发展前景，把潜力优势转化为竞争优势，已经成为生态旅游目的地亟待解决的问题之一。

项目目标： 深入调查大兴安岭地区生态旅游资源特征，探索大兴安岭地区生态旅游资源合理开发与利用方案，实现资源可持续利用的同时最大限度降低环境影响。

项目内容： 针对项目目标，具体任务如下。

1）调查评价生态旅游资源的种类、组合、结构、功能和性质，确定生态旅游资源的质量水平，明确生态旅游资源的质量，评估其在保护区开发建设中的地位。

2）突出特色旅游产品资源整合，发挥大兴安岭森林覆盖率高、湿地面积大、空气质量好、气候四季分明、水质优良、阳光穿透力强、全境无污染等整体性生态化优势，打造兴安落叶松沼泽林湿地、冰湖、岛状林湿地、扇叶桦湿地、红皮云杉湿地等景观特色，突出寒地生态休闲健康产品，培育和打造精品旅游线路，开发特色旅游产品，如蓝莓等不同层次健康产品。

3）收集掌握市场环境、市场需求（包括潜在需求）、产品组合、顾客评价等与规划决策相关的生态旅游市场需求信息，了解不同时期生态旅游资源对旅游者的吸引力大小，对宏观市场及规划区市场范围进行需求预测，合理调节生态旅游产品规划与管理方向。

4）了解掌握生态旅游区对外交通的现有种类、设施及频率，内部交通的布局、密度、等级与公交水平，内外交通的衔接关系，以及内部交通的联运水平等，结合区内生态系统状况，采取合理措施调节生态旅游区的可进入性与交通便捷性。

5）充分考虑环境的承载能力，即在满足生态旅游经济发展需要的同时，要保证生态环境的良性循环，在开发利用的同时加强保护，制定生态保护与可持续发展的具体措施。

优先项目 16：系统开发文化旅游资源

项目背景： 文化是旅游开发的灵魂，进行文化旅游资源开发则是提高区域旅游业持久生命力与吸引力的关键。随着旅游业的不断发展和旅游活动的不断深入，文化旅游逐渐被提到旅游开发的重点上来。大兴安岭地区是我国古代最早的文化起源地之一，其文化旅游资源相当丰富,且品位高、独特性强。因此,对大兴安岭地区文化旅游资源进行全面系统总结分析,考察大兴安岭地区文化旅游资源形成的人文环境背景,探索文化旅游资源的合理利用与系统开发模式至关重要。

项目目标：充分挖掘大兴安岭地区文化资源,了解掌握文化旅游资源种类特征,探索文化旅游资源系统开发模式,建设欣赏文化、认识文化、保护文化、参与文化、体验文化的高层次旅游活动。

项目内容：针对项目目标,具体任务如下。

1) 以"关东"文化为主题,从文物、宗教、艺术、民俗等多层面出发,贯穿古今中外,与其他资源结合,构筑富有特色的文化旅游产品体系,充分体现东北地区的传统文化特色。

2) 加强满族农耕文化、蒙古族游牧文化、鄂伦春族和达斡尔族的狩猎文化及赫哲族的渔猎文化等代表性传统文化建设,突出大兴安岭地区尚武、粗犷、豪放和刚健的文化精神及文化心态,丰富以女真族等特色少数民族为主题的旅游特色民族文化资源。

3) 开展具有地方特色的节庆文化和地方文学、建筑艺术,开发最北圣诞节及冰雕、雪雕等以参与体验为主的大众化冰雪娱乐项目,举办北极光节、蓝莓节、开江节等节庆和展览展销活动等,烘托整体文化氛围,做大、做强、做热中国最北冬季旅游。

4) 依据已经形成的旅游基础,与文化旅游资源相结合,树立全域旅游理念,深度挖掘鲜卑等少数民族、知青和铁道兵等文化资源,突出生态、自然、本色,充分挖掘自然旅游资源的文化内涵,展现深厚的文化底蕴,实现旅游业的可持续发展。

5) 依托"中国最北"品牌,借助中国最北、北极光、寒地生态等区位和资源特色,把大兴安岭建设成与我国冬季的海南候鸟旅游度假目的地相呼应的我国夏季的北极(大兴安岭)候鸟旅游度假目的地。

优先项目17：加强社区共管与公众教育

项目背景：从环境保护、环境解说、社区参与、人员素质等发展内容上看,我国生态旅游发展仍停留在初级发展阶段,基础设施生态的兼容性不足;环境解说系统普遍建立但专业化程度较低,有些内容缺乏科学性;社区参与经济效益好但参与深度有限,社区居民在生态旅游发展中仍处于劣势;旅游环境管理有待加强;生态旅游从业人员数量少,且专业素养不足以满足生态旅游需求。20世纪90年代以来,社区共管这一新型的自然资源管理模式在国际上兴起,从1995年起,中国数十个国家级自然保护区实施了社区共管项目,但目前仍然处于发展过程中。社区共管是管理自然资源的一种多元化方法,让社区居民参与保护区资源保护与合理开发利用,尤其是生态旅游及其相关产业发展成为自然保护区的主体之一,有利于促进自然保护区的自然生态保护与可持续发展。

项目目标：提高保护区从业人员专业素养,鼓励当地居民参与大兴安岭地区生态旅游及其相关产业的开发与发展并从中受益,加强当地居民与工作人员的保护环境意识,提高其对自然保护工作的认同感与归属感。

项目内容：针对项目目标,具体任务如下。

1) 尽可能聘用当地居民作为旅游区工作人员,引导居民参与旅游产品的生产、经营、推广等工作,提高周边社区居民的经济状况与生活水平,确保其从生态旅游中受益。

2）加强工作人员的培训工作，建立其与管理目标相一致的道德观、价值观，增强其自然生态知识水平与宣教能力，鼓励开展面向当地居民与游客的自然教育、环保宣传等活动，积极传播自然生态理念。

3）加强硬件设施建设，如物种名牌、观鸟台、博物馆等，且服务、管理及其配套设施应优先考虑生态环保要求，符合保护区整体风格，将自然生态理念与当地文化特征渗透于各个角落。

4）突出保障旅游者权益，加强旅游市场监管。严厉打击哄抬物价、欺客宰客、强买强卖等行为，满足客户吃、住、行、购、娱、医、养等需求，进行友好宣传，吸引持续性游客。

优先项目18：建立非木材林产品数据库，推进可持续发展

项目背景：大兴安岭地区具有特殊的地理位置和生态保护价值优势，生态旅游、特色养殖、绿色食品、北药开发、林产工业五大特色产业主宰着全区的经济发展。促进非木材林产品产业的精深发展，有利于大兴安岭地区协调共生，达到林业产业间资源的最优化配置，保障林业的可持续发展。

项目目标：掌握大兴安岭地区非木材林产品资源特征，为非木材林产品的合理利用与可持续发展提供依据。

项目内容：针对项目目标，具体任务如下。

1）开展大兴安岭地区非木材林产品种类调查与分类研究，科学掌握大兴安岭地区非木材林产品的种类及数量状况，建立大兴安岭非木材林产品信息数据库，并根据实时变化及时调整数据内容；依托产品数据库与非木材林产品种植、加工、管理、病虫害防治技术，建设栽培管理技术数据库、病虫害防治技术数据库、非木材林产品加工技术数据库、非木材林产品市场信息数据库等。

2）发挥"森林药材"优势，加快野生药材种植基地建设，强化野生药材资源保护区建设，抓好中药材种质资源保护，加快种质资源库建设，加快科技研发步伐，打造我国北药全产业链示范基地。

3）加强食用菌产业建设，实施中幼林抚育剩余物、黑木耳生产废弃料等食用菌原料接续利用，提高食用菌原料资源利用率。积极调整食用菌产品结构，推动食用菌保鲜食品、冲饮食品、药膳制品精深加工，做大做强食用菌产业。

4）建设寒地森林养殖区。科学确定和调整养殖数量及品种，支持推广肉牛、肉羊集中育肥，以及森林猪、森林鸡鸭放养等先进的养殖实用技术，加强良种引进选育、动物防疫及畜产品安全、人工种草、技术培训与推广、乡镇（林场）畜牧兽医综合站等产业基础建设。

5）建设林特产品主产区，开展野生蓝莓种群退化问题研究，完善榛子平茬补植技术规程，加大林下经济产品品牌建设力度，积极打造林下经济"绿色品牌""生态品牌""特色品牌"，提高全省林下经济产品的影响力。

6）制定非木质林产品资源可持续利用的战略规划，并采用法规条例、行政管理及相关机制等多种政策手段加以保障和规范，形成有效的组织管理体系。加强非木材林业产品市场研究，通过市场机制的完善及社会化服务机制的建立，制定培育、加工、流通

产业发展规划，促使非木材林产品资源配置效率的提高。

7）遵循标准性、兼容性、实效性、共享性、安全性、可操作性和易用性原则，利用信息科技技术，结合网络数据库，构建面向林农、林业企业、林业科技工作者互动的非木材林产品信息平台。

8）引进、选拔、培养相关专业人才，科学管理非木材林产品数据库及信息平台，为非木材林产品规划、管理、开发、生产、销售的科学、便捷与畅通提供保障。

六、加强生物多样性保护利用科研监测

优先项目19：开展大兴安岭地区综合监测体系建设

项目背景：生态系统健康状况综合监测为生态系统的保护、研究和管理工作提供了新的科学依据、思路和方法，让人们能够在生态系统退化发生之前，发现生态系统所面临的危机及其来源，从而采取合适的措施来缓解生态系统所遭受的压力，维持生态系统自身的可持续发展，同时也确保生态系统能够持续地提供人类所需的各种物质基础与生态服务，维持人类社会的生存与发展。

项目目标：掌握大兴安岭地区生态系统健康状况及其动态变化，为生态系统的保护与恢复政策和措施提供依据。

项目内容：针对项目目标，具体任务如下。

1）基于项目支持开展的"建立和运行大兴安岭示范区生态监测系统，确立项目基线并开展跟踪调查与评估"结果，提出适宜的指标体系，用于监测该地区的生物多样性、生态状况、管理有效性和社会经济状况。

2）设立职责清晰、分工明确的生态系统健康监测机构和部门间有效的协调机制，开展相关指标的实时调查、评价、监测与反馈，建立生态系统健康监测及其数据信息管理体系，监测大兴安岭地区生态系统健康水平、时空变化趋势及其内在原因，并及时采取调控措施。

3）以监测体系为平台，系统调查与监测区内生物多样性及重点地区、重点物种动态，开展生物遗传资源和相关传统知识的调查编目。

4）以调查监测资料为基础，开展生物多样性经济价值评估工作。

优先项目20：加强大兴安岭地区生物多样性保护利用科学研究

项目背景：尽管大兴安岭地区各类保护地也开展了一些科学研究工作，但受员工业务能力较低及经费不足的限制，各保护地科学研究水平较差。

项目目标：推动大兴安岭地区各类保护地相关科学研究上新台阶。

项目内容：针对项目目标，具体任务如下。

1）加强生物多样性保护新理论、新技术和新方法的研究与应用。

2）加强生物多样性基础科研条件建设，合理配置和使用科研资源与设备。

3）开展非木材林产品生态种植和养殖技术研究，对林木种质资源进行系统的性状鉴定和基因筛选，确定重要林木资源的核心种质，选择优良基因用于林木品种改良，加强药用和观赏植物资源利用新技术的开发与应用，开展种质基因的鉴定、整理和筛选，

培育优良新品种。

4）发展能够体现微生物资源特性的检测或筛选技术，有计划地采集、分离、保存、评估和利用微生物菌种及菌株。

5）采取措施，吸引优秀科技人才进入该区域从事生物多样性保护研究。

6）推广成熟的研究成果和技术，促进成果共享。

优先项目 21：开展气候变化背景下生物多样性监测预警

项目背景：全球气候变暖的事实毋庸置疑，联合国政府间气候变化专门委员会（IPCC）第五次评估报告显示：1880～2012 年全球平均温度已升高 0.85℃（0.65～1.06℃）（秦大河等，2014）。全球气候变化虽然为大兴安岭地区的农业耕作和其他人类活动提供了更多的适宜空间，但是这也同时使得大兴安岭地区某些稀有物种和生境的生存环境变得更加恶劣，永久冻土分布范围不断北移，气候变化将成为威胁本地生物物种又一生态压力，从长远来看，气候变化的显著改变可能会增加这一地区面临的农业扩张压力。

项目目标：完成大兴安岭地区气候变化影响评估，建设气候变化监测体系。

项目内容：针对项目目标，具体任务如下。

1）制订应对气候变化的生物多样性保护行动计划。评估气候变化对大兴安岭地区森林和湿地生态系统、关键物种及遗传资源等的影响，研究气候变化背景下生物多样性的动态、维持机制与保护对策。

2）开发气候变化对生物多样性影响的监测技术，建设监测网络，开展重点监测。

3）建设物种迁徙廊道，降低气候变化对生物多样性的负面影响，增强其适应气候变化的能力。

优先项目 22：评估冻土融化对森林和湿地生物多样性的影响

项目背景：永久冻土造就了大兴安岭地区丰富的湿地资源，森林沼泽、灌丛沼泽、沼泽化的苔草草甸和泥炭沼泽交错分布，对维系大兴安岭森林和湿地生态系统具有重要作用，且对全球气候变化极为敏感。研究表明：受气候变化影响，大兴安岭北部沼泽的潜在分布面积将减少，南部沼泽将大面积消失甚至完全消失，且沼泽分布趋于破碎化（刘宏娟等，2009）。气候变化对永久冻土和季节性冻土都有较大影响，冻土融化对森林和湿地生态系统，以及某些物种的分布和适宜栖息地均有一定影响（周梅等，2003）。目前，黑龙江省开展了国家泥炭沼泽湿地碳库调查工作，并编制了泥炭地调查的技术规程及细则。

项目目标：完成大兴安岭地区冻土融化对生物多样性影响的评估。

项目内容：针对项目目标，具体任务如下。

开展大兴安岭地区冻土与气候变化和生物多样性的科研项目，科学评估在气候变化背景下冻土融化对森林和湿地生物多样性的影响，建立适应性行动计划。

七、发展环境友好型农业和林业

环境友好型农业是指从农业投入要素、农业生产方式、农产品形成及价值实现整个过程均力求实现环境、经济和社会协调发展的可持续农业生产模式，相对于以资源耗竭、环境污染和生态破坏为代价的传统农业。环境友好型农业要求合理安排农业生产结构，逐步减少、不用或尽可能少用化肥、农药、除草剂、农膜和饲料添加剂，实现农产品的优质、无害，实现农作物秸秆、人畜禽粪便和农用薄膜的资源化，实现农业土地、水肥、秸秆的高效循环利用，防止农业环境污染。

优先项目 23：创建"大兴安岭环境友好型产品"品牌

项目背景： 寒冷、干燥和较短的生长期（约 100 天）使得大兴安岭地区注定不适于发展农业。目前，仅大兴安岭的南缘和西缘分布着少量毁林后开发的农地。毁林种地使大兴安岭部分地段的林缘向北后退了约 100km。尽管这一地区的生长期很短，但从长远来看，气温升高会使区内更北部的地区适于发展农业，这将对这一地区的自然生态系统产生负面影响。因此需要限制农业用地扩张及破坏性农业生产方式，将现有的农业建设成环境友好型农业，创建"大兴安岭环境友好型产品"品牌。

项目目标： 调整农业生产结构与土地利用方式，实现农业土地、水肥及其产品的环境友好与高效利用，创建"大兴安岭环境友好型产品"品牌并取得广泛认可。

项目内容： 针对项目目标，具体任务如下。

1）加强土地利用规划与土地整治，改变乡镇建设用地过于随意的混乱局面，在环境友好型农业建设用地结构、布局及用地时序上做出明确安排，并严格实施土地利用总体规划管理。

2）积极引进环境友好型农业信息技术，加大公共创新资源向农业产业组织的配给，促进科研院所、大学等人才与农业产业组织之间的合理流动，为广大农民提供技术支持和咨询服务，同时积极培养农民的技术水平与创新能力。

3）由于环境友好型农业相对传统农业成本较高，因此应在充分尊重农民意愿的基础上，对自愿采用环境友好新技术的农民进行生态补偿，并为农民提供相应技术及与技术配套的滴灌设备、害虫防治设备等，同时积极支持其市场经营发展。

4）加大环境友好型农业的宣传力度，大力推广环境友好型农业新型实用技术，不断提高农民对生态保护的认知水平与发展友好型农业的技术能力。合理运用广告宣传、公共关系等方式进行环境友好促销，实现环境友好产品市场份额的不断拓展。

5）科学分析环境友好型产品市场，评估产品对消费者的吸引力，摸清环境友好型产品的供给和销售状况，合理选择环境友好型产品的生存模式与分销渠道，坚持"走生态路、打有机牌"的发展理念，突出森林生态食品品牌，优化森林种植业结构，积极树立产品环境友好形象，建立品牌知名度与环境信誉，将我区打造成为我国最优质的森林食品基地。

6）积极保护农村生态景观，打破现有乡村旅游的同质性困局，创新理念，打造具有地方特色和文化品位的休闲农业产品，坚持自然和谐的理念，积极促进森林旅游与森林养生养老产业融合发展，加快打造高端休闲度假养老养生产业。

八、加强保护地资金投入，拓宽保护地融资渠道

优先项目 24：加强保护地资金投入

项目背景： 在参与调查的 29 个保护地中，41%的保护地基础设施和管护设施基本满足需要，45%的保护地管护设施不能满足保护管理的需要，14%的保护地无办公场所或有办公场所但没有管护设施。从上述情况可以看出，各保护区在办公场所和管护设施上仍需加强。

在基建方面，17%的保护地没有任何基建费用投入；73%的保护地有基建费用投入，但不能满足保护管理工作的基本需要；10%的保护地基建费用投入可以满足保护管理工作的需要。

项目内容： 根据各保护地基础设施建设情况，加大基建费用的投入，使保护地管护设施不断更新和完善，以满足保护地管护工作的需求。

优先项目 25：拓宽保护地融资渠道

项目背景： 在保护地事业经费方面，14%的保护地为全自筹，76%的保护地有全额拨款，7%的保护地有差额拨款。

在对外合作方面，参与调查的 29 个保护地中，34%的保护地已建立国内交流渠道，59%的保护地没有任何对外交流渠道，剩余 7%的保护地未作说明。

项目内容： 首先，抓住保护地开展生态旅游这一契机，开展特许经营、开发旅游产品等以增加保护地收入。其次，加强对外合作，通过申请国内、国际科研项目或者与之合作来获取资金支持。最后，构建保护地生态补偿政策，通过申请生态补偿来增加保护地资金收入。

九、强化生物多样性保护管理体制与法律法规体系建设

优先项目 26：改进分级管理体制

项目背景： 大兴安岭地区由国家林业和草原局、黑龙江省政府和内蒙古自治区政府实行联合管理，实行综合管理与分部门管理相结合的管理体制，对不同类型的保护区，其管理体制各有特点。目前，大兴安岭行政公署与大兴安岭林业集团公司（林管局）实行政企合一的管理体制，林业管理局和森工集团是一套班子、两种职能。

在湿地类型保护地管理体制建设上，黑龙江省政府于 2012 年批准成立了黑龙江省湿地保护管理中心，结束了湿地大省没有省级管理机构的历史，加快了湿地管理体系建设的步伐。各国际重要湿地、部分国家级、省级湿地自然保护区成立了独立的处级管理机构，初步建立了省、市、县三级湿地保护管理机构。

在参与调查的 29 个保护地中，90%的保护地受到一种保护形式的保护，其中 48%的受湿地公园保护，42%的受自然保护区保护，其余 10%的保护地受到多种保护形式的保护，包括自然保护区、湿地公园、风景名胜区和国际重要湿地等。

在保护地管理机构方面，69%的保护地建立了独立的管理机构，28%的保护地有管理机构但不独立，另外 3%的保护地未建立管理机构；其中 27%的管理机构级别为处级，14%的

管理机构级别为副处级，31%的管理机构级别为正科级，28%的管理机构级别未作说明。

在保护地主管部门方面，72%的保护区属于林业部门，其中48%的主管部门为县级或县级以下，24%的为市级，其他28%所属主管部门未作说明。

项目内容：结合国有林场改革，在大兴安岭地区全面推行政企分离，分离林业管理局的森林保护与企业经营职责。林业管理局成立独立的国有企业，接管林业管理局的企业经营职能。林业管理局则只保留其生态保护与建设及其相应的行政管理职能。

在大兴安岭林业集团公司、林业局、林场和资源管护区的基础上组建重点国有林管理机构，由重点国有林林管局、林业局（自然保护区管理局）、林场和森林资源管护区三级构成，重点国有林管理机构依法负责森林、湿地、自然保护区和野生动植物资源的保护管理及森林防火、有害生物防治等工作，由管理机关、直属单位组成。按照中央关于严格控制机构编制的精神和精简高效的原则，科学合理设置机构，核定人员编制。

优先项目27：编制保护地保护管理条例或管理办法

项目背景：在保护管理条例或管理办法方面，参与调查的29个保护地中，38%的保护地没有制定针对本区域的管理办法，28%的保护地与其所在地地方政府签有保护协议，21%的保护地有县级以上政府批准的针对本区域的管理办法，10%的保护地有省人大批准的针对本区域的管理办法（其余3%的保护地情况不明）。

项目内容：编制并颁布保护地管理条例或管理办法，使保护地的规划建设、管理和执法监督等有法可依，将保护地的战略地位、保护对策、步骤、目标及各级政府权限职责等界定开来，使自然保护区开发与保护从长远利益出发，立足生态环境承受力和旅游资源永续利用，在保护的前提下进行适度开发与建设，防止破坏性建设和建设性破坏的短期行为，把严格保护、合理开发和科学管理纳入法制化轨道。

优先项目28：完善资源管理与利用制度

1. 完善资源管理监督制度

项目背景：在参与调查的29个保护地中，72%的保护地近5年开展过综合科学考察或专项资源调查，24%的10年前开展过综合科学考察或专项资源调查，仅4%的保护地从未开展过综合科学考察或专项资源调查。其中31%的保护地对主要保护对象及保护区生物资源进行了系统监测，66%的保护地对主要保护对象不定时地进行了系统监测，剩余的3%未进行监测。这表明保护地在生物资源的本底调查、监测和保护上均很重视，但还需要加大力度。

项目内容：具体内容如下。

1）加强保护地综合科学考察或专项资源调查，为大兴安岭地区资源管理监督提供数据基础。

2）大兴安岭重点国有林管理局在现有森林资源监督机构的基础上，加强各重点国有林林业局资源监督建设，履行森林资源保护管理监督职责。加强和完善森林资源监督体系，建立归属清晰、权责明确、监管有效的森林资源产权制度，建立健全林地保护制度、森林保护制度、森林经营制度、湿地保护制度、自然保护区制度、监督制度和考核制度。优化监督机构设置，加强对重点国有林区森林资源保护管理的监督。同时，创新森林资源管护机制，妥善安置转岗分流富余人员，做好停伐后闲置资产管理工作，推进产业转型。

2. 完善资源利用制度

项目背景：保护地资源利用形式多样，其中水资源和旅游两种资源利用形式占主导，其中 76%的保护地存在旅游开发活动，52%的保护地存在水资源利用（提供水源）。在资源利用主体上，管理机构与社区群众利用保护地内资源最为普遍，其中有 20 个保护地的管理机构对保护地内资源进行利用，14 个保护地的社区群众对保护地内资源进行利用。

在保护地内资源利用的管理上，93%的保护地制定了管理制度并得到了很好的执行，而且保护地内所有资源利用活动均签订了必要的协议，但仍有 7%的保护地制定了资源利用的管理制度却没有执行。

项目内容：针对制定了资源利用的管理制度却没有执行的保护地，应当督促其认真执行资源利用的管理制度。

因大兴安岭地区较多保护地开展旅游，应制定并颁布保护区旅游规划与管理规定（指南），合理开发保护地自然资源，科学管理保护地资源开发利用活动；同时在保护地生态旅游上实行特许经营，与相关企业之间签订特许经营协议。

对水资源、动植物资源等的开发利用，参考狩猎许可证的设置，可设置其他资源利用的许可证，建设有许可证才可进行资源利用的制度。

编制《脆弱生态系统工程项目开展实用指南》，加强环境影响评估利益相关者参与机制的建设，依据实地调查结果对各生态系统的生态敏感性进行评价，并在一定原则和方法的基础上，根据脆弱生态环境形成的相似性和差异性开展脆弱生态区区划，为脆弱生态系统的保护、退化生态系统的恢复和整治服务。

优先项目 29：加强生物多样性与生态系统健康保障措施

项目背景：大兴安岭地区自然资源丰富，是我国原真性最高、生物多样性最丰富的地区之一，具有全球重要性。大面积不可持续性的森林皆伐活动，尤其是 20 世纪后半叶，对大兴安岭地区这一重要水源地内丰富的生物多样性和重要的生态系统健康产生了严重的不良影响。这些影响包括生境丧失、退化和片段化，物种消失和动物迁徙通道的丧失。如今，这里的生物多样性也面临来自其他方面的威胁，如旅游、开矿、农业、工业和基础建设等，针对生物多样性与生态系统健康的保障措施迫在眉睫。

项目目标：完善生物多样性与生态系统健康保护相关政策、法规和制度，推动生物多样性与生态系统健康保障措施的科学设立与落实。

项目内容：针对项目目标，具体任务如下。

1）完善生物多样性与生态系统健康保护相关政策、法规和制度，探索促进生物资源保护与可持续利用的激励政策。推动生物多样性与生态系统健康保护纳入相关规划，加强和完善生物多样性与生态系统健康保护监督体系，建立归属清晰、权责明确、监管有效的保护、监督和考核制度，建立全社会共同参与保护的有效机制，促进其有效实施。

2）加强生物多样性与生态系统健康保护宣传教育，提高公众参与意识，加强国际合作与交流，广泛调动国内外利益相关者参与生物多样性与生态系统健康保护的积极性，充分发挥民间公益性组织和慈善机构的作用，强化信息公开和舆论监督，共同推进生物多样性保护与生态系统健康发展。

3）遵循完整性、代表性、科学性、可操作性、可行性定量和定性相结合原则，依据森林生态系统特点，构建生物多样性与生态系统健康评价体系，监测生物多样性与生态系统健康状况，及时发现生态系统所面临的问题与威胁。

4）加强生物多样性与生态系统健康保护能力建设。加强相关保护基础建设，开展生态系统本底调查与编目。加强生物多样性与生态系统健康保护科研能力建设，加强专业人才培养。开展生物多样性保护与利用技术方法的创新研究，加强生态系统健康保护与监测能力建设，提高生态系统健康预警和管理水平。

第五节 保障措施

一、完善政策法规，强化法制保障

在国家和地方现行法律、法规和政策的基础上，根据保护工作的需要，结合本地实际，完善相应的政策、法规体系，加强和补充已有立法中保护生物多样性的内容，制定切实可行的生物多样性保护制度和措施，加强对大兴安岭生物多样性保护的指导和规范；制定支持生物多样性保护的财税、收费和有利于筹集生物多样性保护资金的各项政策及其他配套法规，在社会经济发展各项政策中体现生物多样性保护的内容。

二、加强组织领导，明确部门职责

在中央指导下，积极推进大兴安岭重点国有林区改革，实现大兴安岭重点国有林区政企、事企、管办彻底分开，实现政事内部分开。明确本行政区域内生物多样性保护工作的责任主体，要建立各自的生物多样性保护协调机制，分解保护任务，落实责任制。各相关部门要明确职责分工，加强协调配合和信息沟通，切实形成工作合力，加强对区政府生物多样性保护工作的指导。运用各种宣传手段，强化全民生态环境意识，充分认识搞好生态环境建设的必要性和深远意义。各部门要树立高度的历史责任感和紧迫感，把生态环境建设作为一件大事纳入重要议事日程，切实加强领导，抓住主要问题，突出建设重点，因地制宜地制定本区的生态环境建设规划，正确处理人口、资源、环境三者关系，按照规划蓝图一抓到底，抓出成效。

三、落实配套政策，加大资金投入

结合优先领域"加强保护地资金投入，拓宽保护地融资渠道"，对国家纳入计划重点支持的大型工程项目，大兴安岭地区政府要积极按比例安排配套资金，确保工程顺利进行；小型建设项目主要依靠广大群众劳务投入。要按照"谁投资，谁经营，谁受益"的原则，广泛吸引和鼓励社会上各类投资主体，积极对生态环境建设投资。要逐步建立林业、牧区育草、改善生存条件等生态公益基金，并切实用于生态环境建设上。要扩大改革开放,积极争取利用外资,开展国际合作。各有关部门要按照事权划分,对生态环境建设的投入做出长期安排。财政部门要将生态环境建设资金列入预算,与基本建设投资、财政支农资金、农业综合开发资金、扶贫资金等统筹安排,并逐年有所增长。金融部门要增加用于生态环境建设的贷款,并适当延长贷款偿还年限。要完善劳动积累工制度,利用剩余劳动力和农闲时间组织群众开展生态环境建设。

四、建立监督机制,提高实施能力

不断完善以环境保护行政主管部门为主体,各相关部门和单位共同参与的生物多样性保护管理体系。财政、发展改革、科技等部门要加大支持力度、认真组织落实,切实加强生物多样性保护的相关工作。加强地方政府和基层机构能力建设,建立多形式、多层次的监督机制和监督机构。建立督查督办制度,大兴安岭地区政府与环境保护局组成联合督查组,定期督查项目进展情况,督促有关部门完成目标任务。建立完善公众参与和舆论监督制度,定期向社会公布生物多样性保护项目的进展情况。加强基层机构的宣传教育设施建设,建立基层宣传教育专业队伍。加强青少年教育,在中小学教材中增加生物物种资源保护的内容,培训青年学生志愿者宣传队伍,加强对基层群众的宣传教育。

五、完善生态补偿机制,提升保护效果

实施生态保护补偿,以调动各方积极性、保护好生态环境。按照"谁保护、谁受益,谁污染、谁补偿"的原则,针对大兴安岭地区水体流域建立以政府为主导的水资源生态补偿机制,逐步推进湿地生态补偿机制。按照国家有关规定,不断完善转移支付制度,科学合理使用转移支付生态补偿资金。探索建立多元化生态保护补偿机制,逐步扩大补偿范围,合理提高补偿标准,有效调动全社会参与生态环境保护的积极性,促进生态文明建设。

第四章 大兴安岭地区湿地保护融资计划

资金投入是湿地保护必不可少的基础。大兴安岭地区湿地保护资金来源渠道包括财政资金、国际资金、社会捐赠资金、商业自营资金等。总体上，以固定预算和专项资金等中央财政投入为主、地方配套财政投入为辅，国际合作组织也对大兴安岭湿地保护区进行投融资，社会捐赠资金、商业自营资金也是大兴安岭湿地保护区投融资的重要补充。但随着东北国有林区天然林"全面禁伐"的实施，大兴安岭地区财政收入锐减，借鉴国内外湿地保护资金相关政策和投融资渠道，引进社会资本投入特色产业和生态旅游是促进湿地保护可持续发展的重要方向。本章分析了黑龙江大兴安岭湿地保护的融资现状、目标和任务，以及融资计划和多布库尔国家级自然保护区融资计划，然后分析了内蒙古大兴安岭湿地保护的融资现状、目标和任务，以及融资计划和根河源国家湿地公园融资计划。为了确保融资计划得以实施，需要给予相应的政策与制度保障。

第一节 黑龙江大兴安岭地区湿地保护融资计划

一、湿地保护融资现状

基于优劣势分析法（SWOT分析法）对大兴安岭地区湿地融资现状进行分析。通过讨论分析对象自身的优势（strength）和劣势（weakness）、分析对象面对的机遇（opportunity）和威胁（threat），找出分析对象的核心竞争力、发展方向和发展战略。

（一）优势分析

1）区位独特。 大兴安岭靠近俄罗斯的西伯利亚地区，凭借独特的地理优势，从俄罗斯进口木材进行加工利用，同时通过发展人工林恢复森林资源。因此，开放口岸，采取"离岸采伐"的模式，既可以分流大量的采伐工人，又可增加大兴安岭地区的木材进口量。在解决了原木来源的前提下，大兴安岭林区内部需要通过政策引导等手段，促进木材加工企业间的整合，淘汰落后产能，提高产品的附加值和木材资源的利用效率，使得林产工业由粗放型向集约型转变。

2）旅游资源独具特色。 大兴安岭地区人为污染破坏少，生态环境良好，较为完整地保存了森林自然资源及古老的民族风俗。全区共有旅游资源86处，主要自然景观有北极光、白夜、中华北陲第一峰、大白山、黑龙江源头、嫩江源头湿地风光、南瓮河九曲十八湾等。人文景观有铁道兵纪念碑、十八站鄂伦春民族村、北极村等。生物景观有古里百万亩人工林、呼玛河自然保护区等。

3）产业发展潜力大。 夏末秋初，以蓝莓节为主体的大兴安岭山特产品交易洽谈会如期在加格达奇区举行，该活动不仅为本地区吸引了大量游客和国内外客商，同时也为林区绿色山特产品的外销及吸引投资搭建了平台。位于加格达奇区城南 9km 处的映山红滑雪场是我国位置最北的高标准滑雪场，也是每年最早迎来滑雪季且滑雪季持续时间最长的室外滑雪场，10 月末就有大量华北地区的滑雪爱好者前来体验。每年深冬在漠河县北极村黑龙江冰面上举行的汽车挑战赛是车手们挑战人车极限的舞台。另外游客还能在甘河加格达奇段欣赏到大兴安岭北极熊冬泳队在接近 -40℃ 气温中冬泳的精彩表演。

4) 保护区经验丰富。 大兴安岭地区已有保护区众多，拥有相对成熟的自然保护区管理经验，可以充分利用和借鉴到湿地公园保护方面，从生态保护的角度出发容易获得政府和非政府组织（NGO）的相关投入。

（二）劣势分析

1) 融资渠道单一。 目前大兴安岭地区的湿地保护建设融资主要依靠政府和重要的专项资金拨款，其他融资渠道如社会捐赠、公共私营合作制（public-private partnership，PPP）模式及国际 NGO 捐赠等较少，且缺乏经验。

2) 政府管理水平和服务理念较低。 湿地投融资项目的实施还需要培育契约精神。PPP 运行中强调的契约精神，要求在参与湿地公园和非政府主体合作中遵循自由、平等、互利和理性原则。这与传统的政府单一投资渠道与管理意识不同，要求形成以"平等民事主体"身份与非政府主体签订协议的新思维、新规范。

3) 春季防火压力大，旅游间断。 每年春季大兴安岭地区气温急剧上升、空气干燥、风力大，森林火险等级高，森林防火压力大、任务重。一般该地区 3 月 15 日到 7 月 15 日为春季防火期，其中 5 月 15 日到 6 月 15 日为戒严期（风力大时禁止炊烟），根据气温、降水、风力等因素，防火期、戒严期的起止日期每年会稍作调整，如去年冬季降雪少，今春加格达奇、松岭、韩家园、十八站的防火期提前到 3 月 1 日开始。一般来说，春季本地区各类旅游活动均不宜开展，大兴安岭地区旅游适宜季节为夏、秋、冬三季。

4) "禁伐"遗留问题。 全面禁伐之后，大兴安岭地区的主要产业受损，收入锐减；禁伐之后企业转型压力大，大批林业工人下岗，就业问题严峻；大兴安岭地区的管理员工大多是之前林场的老员工，全面禁伐之后，管理和发展的思想转变压力大；保护区周边有很多居民居住，他们为了维持生计在保护区内放牧种植，影响个别保护区的保护工作，但迁出工作难以进行。

（三）机遇分析

1) 政策机遇。 一是国家发展和改革委员会、国家林业局会同有关部门编制了《大小兴安岭林区生态保护与经济转型规划（2010-2020 年）》。规划中提出，将在中央预算内投资中安排专项资金，用于支持大小兴安岭林区发展能够充分吸纳就业的接续替代产业及支持林区开展"以煤代木"。二是将大兴安岭地区所辖的呼玛县、塔河县及漠河县纳入西部大开发之列。这些政策的出台，对大兴安岭地区的经济发展具有一定的政策倾斜，有利于大兴安岭地区经济快速发展。中央专项资金的注入，使大兴安岭地区经济发展资金进一步充沛，为地区经济发展提供了强有力的政策扶持。

2) 资源型城市转型。 2007 年 12 月 24 日，国务院发布《国务院关于促进资源型城市可持续发展的若干意见》，提出了促进资源型城市可持续发展的工作目标。大兴安岭地区是国有重点林区，属资源型城市转型之列。一方面，大兴安岭地区可以借助国家实施的积极的财政政策，获得国家资金投入、税收减免等优惠政策，刺激企业发展。另一方面，有助于当地经济结构转型。在金融危机爆发前，政府部门一直在寻求发展后续产业和改造旧产业，但这些产业多为劳动力密集行业。

3）绿色食品备受欢迎。 自2009年12月在丹麦哥本哈根召开的全球气候大会之后，由于政府重视及媒体宣传，绿色消费观念已深入人心，这种现象在绿色食品消费方面尤其明显。大兴安岭地区工业发展起步晚，对环境破坏少。加之林下资源丰富，天然绿色无污染可食用植物众多，如蓝莓、蘑菇、木耳等。全区有绿色食品十二大类399个品种，获绿色（有机）标志使用权产品117个，其中有机食品111个，居全国地市级城市之首。随着哈洽会、北极光节、食品博览会、国际农产品交易会等的进行，大兴安岭地区绿色食品逐渐被外部熟知、接受。2008年、2009年及2010年，大兴安岭地区绿色农产品年产值分别为8.5亿元、11.2亿元及15.1亿元，三年内生产产值翻一番，为其他产业所罕有。

4）市场机遇。 据世界旅游组织预测，到2020年将有1.37亿国际旅游者到中国旅游，届时东亚和亚太地区将接待国际游客接近4.4亿，中国在这一区域将占有31%的市场份额，中国将成为世界第一大旅游目的地。从黑龙江省旅游市场规模看，2011年全省接待国际游客206.52万人次，旅游业创汇9.18亿美元，分别比上年增长19.77%和20.34%；接待国内游客2.02亿人次，国内旅游收入1031.89亿元，分别比上年增长28.88%和24.09%；旅游业总收入比上年增长23.53%。增幅在全国名列前茅，旅游业对全省经济的贡献率稳步加大。2012年，大兴安岭地区接待旅游人数接近300万人次，实现旅游收入33亿元，分别比上年增长18%和20%，但在未来仍然有较大的增长空间。

（四）威胁分析

1）融资渠道狭窄，金融反哺经济能力不足。 一是融资渠道以银行贷款为主。以2010年全区大项目建设为例，银行业累计发放重点项目贷款5.93亿元，占当年全部新增贷款的59%。二是缺乏融资中介机构。受经济发展影响，大兴安岭地区金融发展水平较为滞后。三是大兴安岭地区有全国性商业银行6家、农村金融机构4家、城市商业银行1家、小额贷款公司1家及政策性银行即农业发展银行1家。银行业网点数量为132个，全省最少。在数量少的同时，大兴安岭地区金融机构放贷权限低，进一步制约了金融机构对地区经济发展的支持力度。四是民间融资不活跃。大兴安岭地区企业规模小，达不到证监会要求的债券发放条件，且民间融资多为居民与居民之间、企业向居民个人借款，资金来源渠道单一，借款金额有限。

2）融资政策法律法规体系不完善。 湿地投融资项目的运作是非常复杂的，完备的合同体系和良好的争议解决协调机制是项目长期顺利进行的重要保障。湿地类型项目通常投资额巨大、合作周期长，在运营期间会经历政府官员交替，为使民间资本、社会资金不受到不公平的待遇和不确定性的压力影响，需要通过大兴安岭林业集团公司来规范和实现保障。同时，由于建设-经营-移交（BOT）方式PPP项目的最终资产属于政府所有，法规体系也会保护政府最终所得到的资产的完整性。

3）交通运输困难。大兴安岭地区地理位置偏僻，地处黑龙江西北部，据省会哈尔滨 719.5km，通省会高速公路尚未建成，坐火车最快 11h。区内也无建成的高速公路，只有漠河县至北极村高速公路正在修建中。此外，市辖区距漠河、塔河等县距离较远，其中到漠河县需坐火车 10h 或驾驶汽车 8h。货运方面，由于铁路系统改革，大兴安岭地区铁路分局被撤，铁路货运运行车不足、方向受限。受此影响，部分生产企业产品外运困难、运输成本增加。

4）项目的吸引力与可获得性不足。从社会资本的角度出发，能否成功参与 PPP 项目主要取决于两方面因素：一是项目的吸引力，主要体现在能否提供与风险相匹配的合理回报；二是项目的可获得性，主要体现在政府是否有与其合作的意愿。预期收益率充足的增量项目预期回报可观，但存在较大风险，是发挥 PPP 优越性的主要舞台。此类项目成功的关键在于公私之间的平等协商、互利互惠和诚实守信。但是，地方政府在过去的 PPP 实践中对项目行政干预过多、频繁改变项目运作的外部环境（如批准存在商业竞争的其他项目，影响原项目收益）及信用不佳，存在不履约或履约不到位的情况。

二、湿地保护融资目标与任务

（一）湿地保护区融资目标与任务

1. 保障恢复湿地生态系统

湿地自然保护区建立以后，应当逐步维持并恢复湿地资源，以自然恢复为主，辅以必要的人工恢复。选择一些典型、生态退化严重的国际及国家重要湿地开展湿地综合治理工程，实施湿地生态系统与功能恢复、关键物种栖息地恢复、有害生物防控等建设项目。

2. 保障资源利用方式的转变

湿地资源的保护，应当从原有粗放式的利用方式改为新的可持续的利用方式，在此过程中，应当有充足的资金保障湿地生态环境的恢复与发展，同时应当对相关利益者进行生态补偿。限制农业开垦及采金、开矿等破坏湿地的现象，恢复江河源头的森林湿地，加强水源保护，增加碳汇。

3. 开展野生动物损害补偿工作

湿地资源的恢复必然导致野生动物资源的增加，进而对当地人民的生产生活造成一定影响。野生动物损害补偿包括损害恢复及损害相关主体的经济利益补偿两个方面，当地政府及湿地保护区应当专门留有足够的资金进行野生动物损害恢复及对其相关主体进行经济补偿。

4. 保障监督、管理及科研活动

目前，黑龙江大兴安岭地区各大湿地保护区的基础设施基本完备，但监测、评估、科研、宣教、救护管理活动所需的人力及物力资源都较为欠缺。湿地保护区融资的另一大重要目标是满足湿地自然保护区高水平的管理建设、高层次的人才队伍建设的需要。

5. 保障可持续利用示范工程建设

湿地资源的可持续利用是湿地资源保护的最终目的，也是实现湿地生态系统良性循环的关键。湿地自然景观独特，发展生态旅游潜力极大。

基于黑龙江省规划期间对于湿地保护区的总体要求，结合黑龙江大兴安岭地区湿地保护区建设实际，认为黑龙江大兴安岭地区的投融资任务应当包括以下几个方面：保护管理工程经费保障；宣教工程经费保障；科研监测工程经费保障；基础设施工程经费保障；湿地恢复与治理工程经费保障；湿地退耕还湿及生态补偿经费保障。综合来看，黑龙江大兴安岭地区湿地保护区的融资任务主要集中于保护区工程建设费用保障、科教宣传费用保障、人员管理支出经费保障、相应的后勤保障、生态补偿经费保障等。

（二）湿地公园融资目标与任务

1. 保证充足的资金用于维护湿地生态平衡

大兴安岭湿地公园融资目标要坚持以生态效益为主导，维护湿地生态平衡，保护生物多样性及湿地生态系统结构和功能的完整性，确保融资资金能够满足湿地资源保护和可持续发展的需要。湿地公园的建立，往往核心部分是湿地资源带来的生态和景观效益，没有湿地资源的保护，效益就无从谈起。因此，湿地公园融资的目标必须将湿地资源的保护与可持续发展放在首位。

2. 适度生态旅游建设与发展

湿地公园建设既要能实现经济效益，使投资者受益，又要发挥生态修复功能，使全社会受益，从而成为兼具保护与发展功能的保护地和旅游目的地。因此，湿地公园融资的另一大目标是满足相关生态旅游设施的建设和完善，促进人员管理和生态服务水平的提高，从而提升旅游体验，并在此基础上实现盈利，回收融资成本。

黑龙江湿地公园的保护工程措施主要布局于生态保育区、恢复重建区和科普宣教区的湿地区域。结合大兴安岭地区实际建设情况，黑龙江大兴安岭地区湿地公园建设融资的任务主要包括以下几个方面：保护管理工程建设经费保障；湿地恢复工程经费保障；科研监测工程经费保障；科普宣教工程经费保障；生态旅游基础设施经费保障；湿地公园市场宣传经费保障。

相比于湿地保护区，湿地公园投融资的任务主要是保障湿地资源恢复与发展的同时，还要注重生态旅游设施的建设，扩大知名度，提高客流量，从而形成良性循环。因此，湿地公园投融资一方面要满足湿地各项管理工程、监测工程、科研宣教工程建设的设施设备购置与维护费用，以及相应的人员工资支出，另一方面要注重生态旅游基础设施与服务建设经费保障及相应的人员工资支出。

三、区域层面湿地保护融资计划

黑龙江大兴安岭地区湿地的融资渠道主要来源于中央财政、地方财政和国际与社会三个方面，本研究将根据黑龙江大兴安岭地区湿地保护区的基本情况和 2015 年、2016 年的资金使用情况得出每年关于湿地的资金需求，分别从湿地保护生态补助资金、事业费和工程项目建设费三个方面分析黑龙江大兴安岭地区湿地保护地的资金需求和融资计划。

（一）生态补助资金的需求与融资计划

国家层面对湿地保护地资金主要以公共财政投入为主，根据财政部公开数据，中央财政对自然保护区和湿地保护的基础设施建设费、能力建设费、湿地保护与恢复，以及退耕还湿、湿地生态效益补偿和湿地保护奖励等工作进行专项投入。公共财政投入的渠道具有稳定性、资金数额大的特点，对大兴安岭地区湿地保护起到了巨大的作用。

根据财农〔2016〕196 号《关于印发<林业改革发展资金管理办法>的通知》，湿地保护与恢复项目主要具体实施内容：用于林业系统管理的国际重要湿地、国家重要湿地类型自然保护区及国家湿地公园开展湿地保护与恢复。第一，监测、监控设施维护和设备购置支出。具体包括：监测和保护站点相关设施维护、巡护道路维护、围栏修建、小型监测监控设备购置和运行维护等所需的专用材料费、购置费、人工费、燃料费等。第二，退化湿地恢复支出。具体包括：植被恢复、栖息地恢复、湿地有害生物防治、生态补水、疏浚清淤等所需的设计费、施工费、材料费、评估费等。第三，管护支出。湿地所在保护管理机构聘用临时管护人员所需的劳务费等。中央财政湿地保护补助资金管理流程见图 4-1。

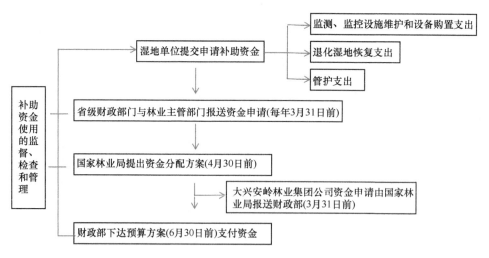

图 4-1 中央财政湿地保护补助资金管理流程图

1. 生态补助资金的需求和空缺分析

（1）需求分析

项目组通过调研和与保护地管理人员的访谈，得到 2016 年黑龙江大兴安岭地区湿地保护区的湿地补助资金需求，如表 4-1 所示。

表 4-1　2016 年黑龙江大兴安岭地区湿地保护区湿地补助资金需求　（单位：万元）

项目	南瓮河国家级自然保护区	绰纳河国家级自然保护区	多布库尔国家级自然保护区	盘古河省级自然保护区
生态保护	—	—	366	—
生态修复与治理	—	1140	960	—
保护设施设备购置和维护支出	916	506.2	901.9	335
专项调查支出	38	187	50	40
宣教费用	12	242.8	169.1	12
聘用临时管护人员劳务补贴	100	200	200	30
总计	1066	2276	2647	417

其中南瓮河、绰纳河及多布库尔国家级自然保护区为国家级保护区，保护的任务更艰巨，对于生态补助资金的需求也就更大，其中多布库尔和绰纳河国家级自然保护区需求最大，主要体现在生态修复与治理、保护设施设备购置和维护支出上，说明当前保护区的资金需求主要来源于保护的压力。

黑龙江大兴安岭地区 2016~2018 年共申请大兴安岭国家湿地公园湿地补助资金预算 56 273.41 万元，包括大兴安岭阿木尔国家湿地公园 8060 万元、大兴安岭双河源国家湿地公园 8258 万元、大兴安岭九曲十八湾国家湿地公园 8402.1 万元、大兴安岭古里河国家湿地公园 7674.4 万元、大兴安岭砍都河国家湿地公园 7735.96 万元、黑龙江呼中呼玛河源国家湿地公园 8170.95 万元、黑龙江漠河大林河国家湿地公园 7972 万元，具体见表 4-2。

表 4-2　2016~2018 年国家湿地公园湿地补助资金项目预算　（单位：万元）

单位名称	2016 年	2017 年	2018 年	总计
大兴安岭阿木尔国家湿地公园	2 616	2 713	2 731	8 060
大兴安岭双河源国家湿地公园	2 792	2 877.5	2 588.5	8 258
大兴安岭九曲十八湾国家湿地公园	2 562.7	2 952.7	2 886.7	8 402.1
大兴安岭古里河国家湿地公园	2 543.7	2 575.8	2 554.9	7 674.4
大兴安岭砍都河国家湿地公园	2 645.4	2 583.66	2 506.9	7 735.96
黑龙江呼中呼玛河源国家湿地公园	2 754.6	2 746.85	2 669.50	8 170.95
黑龙江漠河大林河国家湿地公园	2 739	2 529	2 704	7 972
总计	18 653.4	18 978.51	18 641.5	56 273.41

（2）空缺分析

截至 2016 年 12 月，大兴安岭林业集团公司补助资金争取到位资金 2950 万元，具体见表 4-3。

综上可见，黑龙江大兴安岭地区湿地保护补助资金存在很大缺口，以绰纳河国家级自然保护区为例，2016 年，湿地保护区湿地补助资金需求为 2276 万元，截至 2016 年 12 月，绰纳河国家级自然保护区中央财政湿地保护补助资金争取到位资金仅为 60 万元。综合黑龙江大兴安岭地区湿地保护区和湿地公园的统计数据，得出其湿地补助资金需求为 25 059.4 万元，争取到位资金为 2950 万元，资金缺口达 22 109.4 万元。

表 4-3 大兴安岭林业集团公司湿地补助资金争取到位资金统计表

序号	项目名称	国投金额/万元
1	黑龙江南瓮河国家级自然区（国际重要湿地）中央财政湿地保护补助资金	1160
2	大兴安岭九曲十八湾国家湿地公园中央财政湿地保护补助资金	200
3	黑龙江多布库尔国家级自然保护区中央财政湿地保护补助资金	230
4	大兴安岭双河源国家湿地公园中央财政湿地保护补助资金	458
5	大兴安岭阿木尔国家湿地公园中央财政湿地保护补助资金	354
6	大兴安岭古里河国家湿地公园中央财政湿地保护补助资金	290
7	黑龙江呼中呼玛河源国家湿地公园中央财政湿地保护补助资金	198
8	黑龙江绰纳河国家级自然保护区中央财政湿地保护补助资金	60
总计		2950

2. 生态补助资金五年融资计划和渠道分析

（1）融资计划

第一，湿地保护区。2016年，全国财政收入增速为4.5%，黑龙江财政收入增速为1.1%。因此，国家级自然保护区生态补助资金采用4.5%作为增长计算依据，省级自然保护区生态补助资金采用1.1%作为增长计算依据，制订黑龙江大兴安岭地区湿地保护区未来五年（2017~2021年）的融资计划，具体见表4-4。

表 4-4 2017~2021年黑龙江大兴安岭地区湿地保护区融资金额 （单位：万元）

保护区名称	南瓮河国家级自然保护区	绰纳河国家级自然保护区	多布库尔国家级自然保护区	盘古河省级自然保护区	总计
2017年	1 898.87	3 048.79	3 439.51	773.40	9 160.57
2018年	1 984.32	3 185.98	3 594.29	764.89	9 529.48
2019年	2 073.61	3 329.35	3 756.03	756.48	9 915.47
2020年	2 166.93	3 479.17	3 925.06	748.16	10 319.32
2021年	2 264.44	3 635.74	4 101.68	739.93	10 741.79
总计	10 388.17	16 679.03	18 816.57	3 782.86	49 666.63

综上可知，黑龙江大兴安岭地区湿地自然保护区五年融资总额约为4.96亿元，其中：三个国家级自然保护区（南瓮河、绰纳河、多布库尔）融资额分别为10388.17万元、16679.03万元、18816.57万元，主要来源于中央财政支持。盘古河省级自然保护区为3782.86万元，资金主要来源于地方省级财政支持。由于黑龙江财政收入增速为负值（大大低于全国），因此中央对于省级自然保护区的财政支持也相应增加。考虑到除国家级和省级湿地自然保护区外，黑龙江大兴安岭地区还包括了许多重点调查湿地，这部分湿地虽然未能被纳入国家和省级规划，但无疑对整个大兴安岭地区的生态系统起到了非常重要的作用。因此，未来五年黑龙江大兴安岭地区实际融资额应当更高。

第二，湿地公园。以2016~2018年财政预算增速的平均值为准，推算出2019~2021年湿地公园的资金需求，具体见表4-5。

表 4-5　2017～2021 年黑龙江大兴安岭地区湿地公园融资金额　　（单位：万元）

单位名称	2017 年	2018 年	2019 年	2020 年	2021 年	总计
大兴安岭阿木尔国家湿地公园	2 713	2 731	2 731	2 731	2 731	13 637
大兴安岭双河源国家湿地公园	2 878	2 589	2 589	2 589	2 589	13 234
大兴安岭九曲十八湾国家湿地公园	2 953	2 887	2 887	2 887	2 887	14 501
大兴安岭古里河国家湿地公园	2 576	2 555	2 555	2 555	2 555	12 796
大兴安岭砍都河国家湿地公园	2 584	2 507	2 507	2 507	2 507	12 612
黑龙江呼中呼玛河源国家湿地公园	2 747	2 670	2 670	2 670	2 670	13 427
黑龙江漠河大林河国家湿地公园	2 529	2 704	2 704	2 704	2 704	13 345
总计	18 980	18 643	18 643	18 643	18 643	93 552

从表 4-5 得出，湿地公园五年融资金额高达 9.35 亿元左右，每个湿地公园基本在 1.2 亿～1.3 亿元。这说明湿地公园不仅在湿地保护工程、湿地恢复及生态系统修复上需要投入大量资金，在其他基础设施建设、宣教服务、生态旅游工程建设等方面也需要大量的资金支持。

（2）融资渠道

第一，扩大财政固定预算，增加财政预算科目。在中央和大兴安岭林管局、地方财政支出预算科目中，应当扩大财政固定预算，进一步细化湿地保护财政支出预算相关科目内容，加大投入力度，重点支持湿地保护关键技术攻关、成果转化应用和技术改造环节。要继续加大中央财政支持，增加湿地保护财政投入，增加财政预算科目，建立中央与地方联动的投入机制，采取相应的措施约束和激励地方政府继续保持投入增长速度，由中央会同大兴安岭林业集团成立自然保护区资金预算组织，由该组织做出与每个自然保护区实际情况相符的预算报告，在此基础上层层落实各级政府的投资责任。

第二，结合国家及省级战略，积极申请湿地保护专项工程及资金。针对湿地日益退化、功能不断下降的严峻问题，目前国家高度重视湿地的保护及恢复工作。2003 年 9 月，国务院就原则同意的《全国湿地保护工程规划（2002—2030 年）》是我国湿地保护的长期规划和纲领性文件，明确了我国湿地保护的近期、中远期目标。中共中央、国务院《关于加快推进生态文明建设的意见》（2015 年）、国务院办公厅《关于健全生态保护补偿机制的意见》（2016 年 5 月 13 日）都进一步重申了关于扩大湿地面积、启动生态效益补偿和退耕还湿、划定湿地生态红线等事宜。黑龙江大兴安岭地区应当结合国家及大兴安岭生态地位和总体任务，积极申请工程专项资金，加强湿地保护区投融资建设，切实保护湿地资源可持续发展。大兴安岭各大湿地保护区应当按照各部委相关职能，积极申请各项湿地专项工程资金，如从国家林业局积极申请湿地资源保护与利用、湿地动植物资源保护等相关政策专项资金；从环保部积极申请与湿地污染防治、生物多样性保护等方面的专项建设资金；从科技部积极申请科学研究、监测相关专项经费等。

第三，加大财政投入支持湿地公园保护与建设。目前，大兴安岭各湿地公园建设未被纳入各级财政预算，建设资金严重不足，其建设主要依靠自筹、贷款或招商引资。这就导致中小湿地公园由于地理位置较差，招商引资不足，资金出现了巨大缺口。因此，各级政府应当加大财政投入，对湿地公园建设实行减税、免税、补贴、低息贷款等优惠政策，支持湿地公园的建设工作，提高其盈利能力。

（二）人员事业管理费的需求与融资计划

1. 人员事业管理费的需求和空缺分析

黑龙江省及大兴安岭行政公署对湿地保护地的经费投入、投资形式有基建费、人员事业费和专项业务费三项。2016年，黑龙江大兴安岭地区湿地保护区和国家湿地公园（试点）的管护事业费预算支出情况如表4-6和表4-7所示。

表4-6　2016年黑龙江大兴安岭地区湿地保护区事业管理费需求　　（单位：万元）

项目	南瓮河国家级自然保护区	绰纳河国家级自然保护区	多布库尔国家级自然保护区	盘古河省级自然保护区
1.工资及附加	506.9	202.4	168.4	—
2.公务费	102	68.1	96.4	—
3.设备购置费	—	—	—	31
4.修缮费	63	65.2	4.8	304
5.业务费	69.2	51.6	24.2	—
6.巡护道路养护	—	—	75	—
7.巡护、预防燃油费	—	—	15.6	—
8.聘用管护人员经费	—	254.2	260	30
9.其他	10	—	—	—
总计	751.1	641.5	644.4	365

表4-7　2015年大兴安岭国家湿地公园（试点）事业费支出预算情况　　（单位：万元）

费用名称	古里河	九曲十八湾	双河源	阿木尔	砍都河	呼中呼玛河源	漠河大林河	总计
工资	140	147	157.5	147	204.4	227	227.5	1250.4
办公费	10	10	7.7	7	7	60	17.5	119.2
差旅费	5	7	3.5	3.5	3.5	38	35	95.5
燃料及设备维护费	26	14	25	20	10	96	61	252
材料费	15	12	12	12	11	42	22	126
取暖费	8	4	4	4.5	4.5	9	9	43
水电费	—	—	6	5	5	4	4	24
其他费用	15	9	10	9	9	32	141	225
总计	219	203	225.7	208	254.4	508	517	2135.1

2015年黑龙江大兴安岭地区每个国家级湿地保护区的事业管理费为600万～750万元，而盘古河省级自然保护区仅有365万元，相比较湿地公园的预算，除呼中呼玛河源和漠河大林河超过500万元外，其余均为200万～300万元，说明省级湿地保护区和湿地公园的人员事业管理费差不多，主要来源于省级财政拨款。

人才建设是提高保护区管理水平的关键所在。我国自然保护区事业正处于科学规划建设与集约化经营管理阶段，自然保护区建设也由"规模扩大"向"数量和质量并重"转变，传统的以"看、管、守"为主的管理方法已经不能适应当前自然保护区发展的新形势，自然保护区建设和管理对人才培养提出了新的要求。目前，保护区人员普遍待遇低,大部分人没有纳入财政保障,工资较低,福利较差,人才流失较快,不利于保护区进一步发展和建设。

2. 人员事业管理费五年融资计划和渠道分析

(1)融资计划

人员事业管理费存在空缺的主要原因在于编制不够,而不是资金到位率低。但是通过增加编制弥补人员事业管理费空缺的可能性不大,只能多雇佣临时工作人员或管护人员,根据《中央财政湿地保护补助资金管理暂行办法》,每 2000~5000hm^2 配备一人,每人每年约 2 万,这部分体现在中央财政补助金上。基于 2016 年数据,根据黑龙江省农、林、牧、渔业城镇单位就业人员平均工资 2015 年增长率(3.22%),可以估算出 2017~2021 年的事业管理费资金需求为 24 974 万元,具体如表 4-8 所示。

表4-8 2017~2021 年黑龙江大兴安岭地区湿地保护地事业管理费融资金额　(单位:万元)

保护地名称	2017年	2018年	2019年	2020年	2021年	总计
南瓮河国家级自然保护区	775	800	826	853	880	4 134
绰纳河国家级自然保护区	662	683	705	728	752	3 530
多布库尔国家级自然保护区	665	687	709	731	755	3 547
盘古河省级自然保护区	377	389	401	414	428	2 009
漠河九曲十八湾国家湿地公园	210	216	223	230	238	1 117
大兴安岭古里河国家湿地公园	226	233	241	249	257	1 206
大兴安岭双河源国家湿地公园	233	240	248	256	264	1 241
大兴安岭阿木尔国家湿地公园	215	222	229	236	244	1 146
大兴安岭砍都河国家湿地公园	263	271	280	289	298	1 401
呼中呼玛河源国家湿地公园	524	541	559	577	595	2 796
漠河大林河国家湿地公园	534	551	569	587	606	2 847
总计	4 684	4 833	4 990	5 150	5 317	24 974

湿地自然保护区能力建设是保护区工作的重点内容之一。目前,我国大部分自然保护区能力建设远远落后于基础设施建设,人才队伍紧缺,相关经费得不到保障。黑龙江大兴安岭地区内的湿地自然保护区能力建设经费大多来自省级层面的财政支持,满足不了各保护区的进一步发展,普遍存在科研能力不足、资源监测体系欠缺、人才流失严重的现象。

(2)融资渠道

第一,湿地监测网络体系建设经费。建立覆盖全省湿地范围的湿地监测评价网络,完善监测评价规程,统一标准及信息发布,实现调查监测数据和成果共享,主要监测内容包括湿地资源调查、专项调查、湿地生物多样性监测、湿地面积动态监测、湿地风险评估、湿地生态系统功能评估。因此,应当向省财政部门、省科技部门申请有关专项资金,用于科研能力的提升与保障。

第二,湿地教育与科普能力建设经费。此部分主要包括湿地宣教中心建设、湿地保护宣教队伍建设、改善和丰富宣教内容及手段等,主要是为了提升人们对湿地生态系统的认知和环保理念，倡导全民参与，为保护工作的顺利进行提供保障。因此，应当向省教育部门、省旅游部门、省宣传部门积极申请有关专项资金，用于宣教设施及相应管理人员队伍建设。

第三，湿地保护人才队伍建设经费。人才是湿地保护工作能否完成好的重要因素。只有加强科研人才培养，建设一流的科技人才队伍，才能更加全面地保护湿地，提高湿地自然保护区的保护管理水平。目前，大兴安岭地区工资福利待遇偏低，人才流失严重，必须要通过提高财政补贴支持力度，并安排专门经费，通过引进来和走出去的方式对湿地保护区、国家重要湿地保护管理站的科研人员进行培训教育，提高管理人员和研究人员的专业技术水平。因此，应当向省科技部门、省教育部门申请有关专项资金，用于提高科研人才待遇，完善科研队伍体系建设。

（三）保护和发展工程建设费的需求与融资计划

中国与世界银行、联合国开发计划署、联合国环境规划署等国际组织及欧盟、美国、日本等开展了广泛合作，实施了大量多边和双边合作项目。社会层面主要通过PPP、资源补偿项目（resource compensation project，RCP）融资模式，利用土地资源、生态资源等吸引社会资本进入湿地保护，减轻财政压力，实现保护与发展共赢。目前黑龙江大兴安岭地区湿地保护和发展的工程建设费用主要来自财政拨款与少量的国际基金，很多湿地公园已开始试点引进社会资本，开展一些绿色产品、生态旅游等工程，并取得了初步成效，这不仅缓解湿地保护的财政预算，也有利于促进当地经济的发展，还有利于争取更多保护资金的来源。根据项目组调研收集到的资料，我们可以根据黑龙江大兴安岭地区的国家湿地公园建设资金贷款项目来分析。

1. 保护和发展工程建设费的需求与空缺分析

国家湿地公园建设资金贷款项目主要用于林业系统管理的国家湿地公园开展湿地保护工程建设支出，主要包括：①保护管理工程。包括管理站（点）建设及配套设备设施，管护、监测站建设及相关附属设施，巡护道路、栈道和桥梁修缮，湿地保护和巡护设施设备购置，以及管理标识设立等。②湿地恢复工程。包括栖息地恢复、水湿地和植被恢复、疏浚清淤和生态护岸建设。③科研监测工程。包括科研中心建设、湿地科研监测设备购置、水文水质及气象观测系统建设、远程视频监测体系信息化建设。④宣传教育工程。包括宣教中心建设、宣教设备设施购置和制作安装。宣教室购置包括标本陈列设施、解说设备、电教设施等设施设备和工程其他费用及基本预备费（表4-9）。

从表4-9可以看出，黑龙江大兴安岭地区国家湿地公园建设资金主要集中在工程费用，其中保护管理工程和科研监测工程所占比例比较大，工程建设的其他费用和基本预备费用非常高，说明黑龙江大兴安岭地区国家湿地公园保护压力非常大，公园的其他建设百废待兴。

其中，大兴安岭阿木尔国家湿地公园1685万元、大兴安岭双河源国家湿地公园1691.22万元、九曲十八湾国家湿地公园1694万元、大兴安岭古里河国家湿地公园1438.84万元、黑龙江漠河大林河国家湿地公园2195.79万元。

表 4-9 2016 年黑龙江大兴安岭地区国家湿地公园建设资金贷款项目　（单位：万元）

名称	漠河九曲十八湾	古里河	双河源	阿木尔	漠河大林河
1.工程费用	1444	1269.1	1488.87	1485	2027.5
1.1 保护管理工程	939	707.4	785.57	808	1360
1.2 湿地恢复工程	30	37.5	—	215	146
1.3 科研监测工程	475	163.7	345.1	92	275
1.4 宣传教育工程	—	360.5	358.2	370	246.5
2.工程其他费用	125	101.22	121.82	120	115.57
2.1 建设单位管理费	28.87	18.23	26.8	25	30.41
2.2 工程监理费	18.92	20.6	17.87	18	24.33
2.3 勘察设计费	44.69	44.9	44.67	45	60.83
2.4 招投标费	8.81	7.49	9.08	9	—
2.5 工程保险费	7.22	—	5.96	6	—
2.6 科研设计费	8.1	10	10	10	—
2.7 环保评估费	8.39	—	7.44	7	—
3.基本预备费	125	68.52	80.53	80	52.72
总计	1694	1438.84	1691.22	1685	2195.79

2. 保护和发展工程建设费五年融资计划与渠道分析

（1）融资计划

截至 2016 年底，黑龙江大兴安岭地区湿地项目资金争取总共到位 2144 万元（表 4-10），与 2016 年申请国家湿地公园湿地保护建设项目贷款资金预算相比空缺非常大（表 4-11）。一般，湿地工程项目建设周期长，以五年融资计划为例，前期工程和基础设施建设需要费用比较大，后期逐渐递减，本研究结合黑龙江大兴安岭地区湿地实际需要及项目实施的具体情况，投资计划安排如下：近期 2016~2018 年投资总投资额的 60%、远期 2019~2021 年投资总投资额的 40%。

表 4-10 2016 年大兴安岭林业集团公司湿地项目资金争取到位资金统计表

序号	项目名称	国投金额/万元
1	黑龙江大兴安岭嫩江源湿地保护建设项目	1138
2	黑龙江绰纳河湿地保护与恢复工程建设项目	530
3	黑龙江甘河湿地功能恢复工程建设项目	268
4	黑龙江北极村自然保护区湿地保护与恢复工程建设项目	208
总计		2144

表 4-11 2016 年及 2017~2021 年黑龙江大兴安岭地区国家湿地公园投资额　（单位：万元）

名称	漠河九曲十八湾	古里河	双河源	阿木尔	漠河大林河	总计
2016 年投资额	1 694	1 438.84	1 691.22	1 685	2 195.79	8 704.85
2017~2021 年计划总投资额	8 470	7 194.2	8 456.1	8 425	10 978.95	43 524.25

（2）渠道分析

根据黑龙江大兴安岭地区湿地资源保护和发展及湿地保护区建设的总体目标与要求，湿地保护区融资渠道应当从财政、金融、公益环保、国际组织等各个层面建立机制保障，从而形成多元化融资渠道，建立起湿地保护区资金投入与使用的良性循环。具体来说，主要有如下几个方面。

第一，湿地恢复与功能提升工程建设经费。针对当前黑龙江省湿地资源现状、面临的问题和威胁，规划期间主要考虑对生态系统退化严重、生态脆弱敏感的重要湿地，珍稀濒危物种繁殖栖息地，以及鸟类鱼类迁徙洄游通道上的重要湿地开展湿地恢复与生态功能提升工程，实施退耕还湿工程。应当重点从国家林业和草原局、科技部、发改委申请相关专项资金，从监测、研究、实施等各个层面提供稳定的资金保障，建设南瓮河湿地监测预警体系和多布库尔国家级自然保护区防灾减灾体系，加强森林病虫害数据库、重要森林病虫害预测数学模型、区域动态预测、信息传输和决策网络平台的建设，应当重点从国家林业和草原局、农业部、水利部等申请相关专项资金，确保防灾抗灾设施设备的完善。

第二，湿地教育与科普能力建设经费。主要包括湿地宣教中心建设、湿地保护宣教队伍建设、改善和丰富宣教内容及手段等，主要是为了提升人们对湿地生态系统的认知和环保理念，倡导全民参与，为保护工作的顺利进行提供保障。因此，应当向省教育部门、省旅游部门、省宣传部门积极申请有关专项资金，用于宣教设施及相应管理人员队伍建设。

第三，积极引入商业资本和社会资本，鼓励企业和公众参与。商业资本和社会资本是湿地自然保护区融资渠道的重要组成部分，可以作为政府财政投入的补充。企业和社会公众是环境保护的最终受益者，倡导公益环保理念，加强公众参与是环境保护和生态建设的重要途径。可以采取以下措施：放宽市场准入门槛，引导商业资本投入，建立并支持各类湿地保护基金、鼓励成立企业或居民自发募捐组织，接受社会捐赠，并接受社会监督，可以对自然保护区的捐赠和资助进行免税，从而激励社会各界的捐赠等。

（四）黑龙江大兴安岭地区湿地保护地新型融资渠道

1. 积极引入商业资本

多层次、多元化的投融资主体是拓宽湿地保护投融资渠道并发挥作用的重要载体，在目前形势下，应积极引入商业和社会资本，打造湿地公园投融资机构板块。从目前的情况来看，湿地保护资金的市场化融资渠道还未充分挖掘，大量民间资本进入公共领域还存在政策性门槛，应当鼓励社会资本通过特许经营、购买服务、股权合作等方式，参与市政设施、公共服务等项目建设，如退耕还湿的替代产业等。

在大兴安岭湿地公园建设融资过程中，建立和完善政府引导、企业为主、社会参与的环保产业投融资机制，引入公私合作等机制，积极运用多种形式的PPP。目前中国PPP的主要模式见表4-12。除一些市场机制不能有效发挥作用的公共服务领域外，其余各领域都要放开，允许各类投资主体进入，逐步形成政府、企业、个人和国外资本等多元化的投资格局。对 PPP 重点领域内的重大项目，优先通过公开招标、邀请招标、竞争性谈判等方式选择社会资本合作伙伴。坚持"谁治理，谁受益"的原则，调动全社会重视和参与湿地保护的积极性。建立全省统一 PPP 项目库，通过协同 PPP 项目政府注资、财政补贴和价格同步调整，使社会资本获得合理回报。筹建省 PPP 项目融资支持基金，为 PPP 项目探索经营机制，探索建立湿地修复基金和湿地修复保证金制度。

表 4-12　中国 PPP 的主要模式

方式	类型		定义	合同期限	项目种类	主要目的
购买服务	O&M	委托运营	指政府将存量公共资产的运营维护职责委托给社会资本或项目公司，社会资本或项目公司不负责用户服务的政府和社会资本合作项目运作方式	≤8 年	存量	引入管理技术
	MC	管理合同	指政府将存量公共资产的运营、维护及用户服务职责授权给社会资本或项目公司的项目运作方式	≤3 年		
特许经营	TOT	转让—运营—移交	指政府将存量资产所有权有偿转让给社会资本或项目公司，并由其负责运营、维护和用户服务，期满后资产及其所有权等移交给政府的项目运作方式	20～30		引入资金化解地方政府性债务风险
	ROT	改建—运营—移交	指政府在 TOT 模式的基础上，增加改扩建内容的项目运作方式	20～30		
股权合作	BOT	建设—运营—移交	指由社会资本或项目公司承担新建项目设计、融资、建造、运营、维护和用户服务职责，合同期满后项目资产及相关权利等移交给政府的项目运作方式	20～30	增量	引入资金和技术，提升效率
	BOO	建设—拥有—运营	指由社会资本或项目公司承担新建项目设计、融资、建造、运营、维护和用户服务职责，在合同中注明保证公益性长期的约束条款并拥有项目所有权的项目运作方式	长期		

2. 积极引入社会资本

社会公益项目资金的来源一般分为两大类型，一是由政府出资兴建；二是政府提供有关项目条件，由社会资本（或外资）兴建。除特殊需要由国家垄断的项目外，在市场经济条件下，利用社会资本建设大型基础设施和公益项目，比政府直接投资建设更为有效。公共景区特许经营是指政府按照有关法律、法规规定，通过市场竞争机制选择公共景区投资者或者经营者，明确其在一定期限和范围内经营公共景区内某个项目或者整个景区的制度。它是一项能有效平衡公共景区开发和保护的制度安排，是支配公共景区相关利益主体之间相互制衡的制度安排。

3. 加强国际合作，积极引入国际组织项目

积极争取多边和双边国际援助湿地保护项目，在部分湿地保护工程项目联合实施，积极开展中俄双边湿地保护合作项目，争取湿地国际、世界自然基金会的支持，引进国外在湿地保护、恢复和科学利用等领域的先进技术、科研成果和经验。提高工程项目的实施水平和效果，提升黑龙江省湿地保护恢复的管理水平。亚洲开发银行在黑龙江省三江平原 6 个湿地保护区开展湿地保护项目。兴凯湖国家级自然保护区与俄罗斯汉喀斯基自然保护区开展联合保护等项目。通过开展国际合作，有力推动黑龙江省湿地保护工作的快速发展。

4. 强化金融体系在湿地保护投融资中的重要作用

2016 年，中国人民银行、财政部等七部委联合印发了《关于构建绿色金融体系的指导意见》，提出了支持和鼓励绿色投融资的一系列激励措施，包括通过再贷款、专业化担保机制、绿色信贷支持项目、财政贴息、设立国家绿色发展基金等措施支持绿色金融发展，还提出发展绿色保险和环境权益交易市场，按程序推动制订和修订环境污染强制责任保险相关法律或行政法规，支持发展各类碳交易金融产品，推动建立环境权益交易市场，发展各类环境权益的融资工具。要提升大兴安岭地区湿地自然保护区的融资水平，仅依靠传统的政府财政投入是远远不够的。基于此，应当按照绿色金融的发展理念，强化金融体系在湿地保护区投融资体系建设当中的重要作用，助力湿地保护区的进一步发展，如创新银行贷款融资模式、尝试发行湿地保护公债、尝试建立湿地环境权益交易市场等办法强化金融体系在湿地保护区投融资体系中的重要作用。

金融资本是湿地公园建设发展过程中最重要的融资来源，要加大银行信贷及其他金融机构在大兴安岭湿地公园融资渠道构建中的支持力度。金融机构应该明确支持的重点领域，加强金融创新，积极发挥引导闲置的社会资金流向作用，有针对性地为大兴安岭湿地公园融资渠道构建提供有效的金融服务。

（1）银行贷款融资倾斜

金融支持是湿地生态经济发展的重要支持之一。随着中国市场经济的建立和发展，基于市场的银行贷款在中国经济发展的各个领域都得到了广泛的应用。大兴安岭湿地公园在进行贷款融资时，应当全面考虑国内外各大政策性银行及商业银行，充分发挥金融在湿地公园建设开发中的杠杆作用。世界银行和亚洲开发银行是向中国提供贷款的主要国际金融机构，大兴安岭湿地公园融资时可以向这些世界政策性银行申请贷款。中国的政策性银行主要包括国家开发银行、进出口银行和农业发展银行。与湿地公园建设贷款相关的政策性银行只有国家开发银行。在国家"绿色金融"的宏观政策下，商业银行一直坚持探索金融产品的绿色创新，如市场经营权抵押等新的融资模式。商业银行主要投向国家重点工程或具有政府担保的国有企业，对于大兴安岭湿地公园来说，这是一个很好的融资渠道。

（2）尝试建立信托融资与信托资金保障机制

信托融资的原理是指项目发起人依托信托机构搭建融资平台，即信托机构根据项目设立信托计划向社会筹集资金，筹集到的资金通过信托机构投入项目中。湿地公园实行资金信托保障机制具有明显的优势，体现在信托资产的独立性保证在实现信托目的的同时，能够对资金进行合理再分配。信托融资管理功能方面具有多渠道资金来源，科学的监督管理体系能够确保资金合理高效投入。构建自然保护区资金信托的基本框架包括设立信托基金和实施信托管理两方面，前者包括设立政府基金和社会公益基金，后者包括设立信托管理机构和明确信托管理机构的职责。因此，在大兴安岭湿地公园设立初期，需要建设大量的基础设施，此时项目发起人可以采用基础设施信托融资的模式进行社会融资，缓解湿地公园运营企业的投资压力，同时打开新的融资渠道。

（3）建立湿地公园门票收费权质押贷款

近年来，收费权质押贷款在我国融资领域悄然兴起，并显示出勃勃生机。目前在公路和农村电网建设两类项目中，收费权质押贷款已成为融资的主流方式。在资金不足已经成为制约湿地公园的瓶颈问题、湿地资源保护与建设融资需求巨大，以及金融改革不断深化、商业银行竞争日益激烈的情况下,湿地公园收费权质押贷款业务蕴含着巨大的商业利益。因此,黑龙江大兴安岭地区湿地公园应当积极研究制定符合各地实际情况、切实可行的湿地公园收费权质押贷款管理办法,尝试开办湿地公园收费权质押贷款。

四、多布库尔国家级自然保护区融资计划

(一)湿地保护资金投入使用情况

多布库尔国家级自然保护区自建立以来,在国家、省和大兴安岭地委、行署、林业集团公司的正确领导和相关部门的全力支持下,在保护区制度建设、宣传教育工作、自然资源管理与权属确定、森林防火、科学研究、社区共管、参与国家和国际资金项目等多个方面都取得了显著成效,切实发挥了保护区生态保护的作用,保护区的管理水平将得到进一步提高。

但是在建设和管理工作中多布库尔国家级自然保护区仍然存在一些问题,诸如以下:目前需要项目尽早立项,加快建设,争取建设发展资金投入;工作任务繁重需要,机构编制有待增编;在设备设施更新和人员待遇方面缺少资金投入;日常巡护和周边社区宣传教育工作经费缺乏;科学研究和人员技术培训费用投入不足;未来生态旅游投入严重不足等。这些资金的缺乏,仅仅依靠中央财政和专项投入、黑龙江省政府和地方政府配套,以及国际项目资金的支持是远远不够的,需要利用新的思路和模式,引入社会资本的参与,使其参与到多布库尔国家级自然保护区保护工作和未来发展的建设中。多布库尔国家级自然保护区资金来源渠道见图4-2。

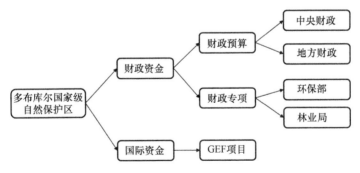

图4-2 多布库尔国家级自然保护区资金来源渠道

(二)湿地建设和管理的成效与资金使用问题

目前,多布库尔国家级自然保护区的建设管理有序开展,保护区各项管理工作卓有成效。通过规章制度的不断完善、总体规划的批复实施,保护区的管理水平、资金利用水平也将得到进一步提高,主要体现在保护管理得到加强、资源得到有效保护、项目建设渐显成果、科普宣传日益广泛4个方面。2013年4月,大兴安岭机构编制委员会正式批准成立黑龙江多布库尔国家级自然保护区管理局,核定事业编制35名,2016年加格达奇林业局全部撤出保护区,保护区管理局全面接管保护区域,面临的工作压力骤然增加,工作任务更加繁重。保护区2015年8月得到国家林业局总体规划批复,批复后适时申报了建设项目可行性研究报告,目前还在待批,保护区迫切需要早立项、快建设,争取建设发展资金投入。多布库尔国家级自然保护区存在的问题主要体现在以下几个方面。

1. 建设和管理项目缺失问题

其一,建设项目有待批复。

其二,机构编制有待增编。按照《自然保护区工程项目建设标准》,大型湿地类型保护区人员应在80~180人。加之多布库尔国家级自然保护区周边天然屏障少,人畜进入容易,管理难度相对较大,保护区内规划建立3个保护管理站、10个保护管理点,除现有人员外,管护队伍应以80人左右为宜,其中增设公安机构、防火部门、管护队伍、林业有害生物防治站等。

其三,区划影响有待理顺。保护区因林业区划和行政区划造成多部门滥批乱占保护区资源问题,特别是湿地资源被利用和人为破坏,给保护区保护管理工作带来难度,严重影响保护区生态安全。

2. 人员事业经费保障问题

其一,设备设施有待更新。保护区成立至今,人员少、经费不足,常年野外工作交通工具的老化、短缺,野外保护管理站等设施的不足,增加了自然保护管理工作的困难,这给保护区管理部门有效开展自然资源保护、自然科学的研究工作,以及提升自然保护科学管理水平带来了一定的影响。

其二,人员待遇有待提高。保护区职工常年野外工作,应适当提高其野外外业补助标准和给予林业职工高寒补贴,同时提供必要劳保装备。

3. 人员技术力量问题

多布库尔国家级自然保护区建立以来,人员知识结构老旧,缺少从事保护区管理、科研和旅游等方面的人才,更缺乏有一定理论深度、了解当代保护区的管理人才,干部职工知识结构、专业技能还不能适应国家级保护区建设管理的需要,只能担任保护区日常巡护工作。目前保护区正处于起步发展阶段,干部职工缺乏相关的专业技能,正在加强业务学习,逐步适应对保护区管理、科研和旅游等方面的工作需要,专业技术水平亟待提高。根据保护区现在和长远工作需要,应当及时对职工进行知识结构调整和更新。

4. 科研设备和项目资金问题

多布库尔国家级自然保护区处于起步发展阶段,一是缺少从事科研方面的人才,在保护区科研课题的开发、立项和研究方面还不能胜任,专业技术水平亟待提高。适时引进对口大专院校毕业生,加强与科研院所合作,争取科技合作和支撑,提高科研能力和水平。二是因保护区成立较晚,项目建设用于科研配套设施设备的投入还很少,需要加强科研设备设施建设。

5. 保护区资金投入结构问题

人员工资支出也占有很大比重,在当前保护区发展阶段也是必要的,另外由于保护区资金支出的整体不高，因而人员工资支出凸显。但即使自然保护区资金支出中人员工资支出占很大比重，在实际调研中，仍然发现绝大多数保护区工作者对现有工资待遇很不满意，基层保护区工作者工资远低于当地其他外出打工人员收入水平。工作待遇不高和工作地点偏远，在一定程度上很难吸引专业能力更高的保护工作者。

6. 生态旅游开发问题

近几年来，大兴安岭旅游急剧升温，在切实保护好森林、湿地、珍稀野生动植物等资源的前提下，要树立全景兴安、全域旅游的理念，努力探索以湿地科普教育、岛状林湿地观光为依托，以生态教育理念为主要内容的旅游项目，做到人无我新、人有我奇。目前来看，多布库尔国家级自然保护区内的旅游景点比较单一，只在实验区内有一处多布库尔河漂流，而且配套设施不完善。在保护区成立后，本着加强监管、维护生态、共同开发、合作共赢的思路，协调解决好与林业局旅游工作的相关事宜，相互促进，和谐发展。

（三）湿地保护投融资目标及任务分析

湿地的资金投入问题关系到湿地保护工作能否顺利推进的大事，只有资金投入充裕，湿地的建设和管理才能得到保障，湿地才能得到更有效的保护。按照事权划分的原则，湿地自然保护区资金的投入来源主要是国家投资、地方财政配套、自筹三个渠道。属于保护性质的保护、科研、监测、宣教和基础设施建设项目主要由国家和地方财政投资；属于经营性质的建设项目主要通过自筹解决。本研究基于调研所得数据，以及自然保护区总体规划的完成情况，对所选取的典型保护区的年均资金投入来源及构成情况进行了整理。

1. 保护管理工程

一是通过对保护区内种养殖户清查、建档和迁出，为有效管理打下良好基础；二是通过开展专项行动，加大了依法管理湿地资源工作的力度，保护区定期开展专项执法检查，有效制止和打击了非法进入保护区内破坏自然资源的违法犯罪行为；三是通过环境治理，增强保护意识，促进种养殖户养成良好的生活方式和行为习惯，提高了保护环境意识；四是通过特别通行证制度，严格控制无关人员进入保护区；五是通过加强管护队伍建设，培养一支过硬保护队伍。保护管理工程包括确标立界、自然保护区管理站建设和维护、环境修复、湿地植被恢复、保护和防火、国家重点保护鸟类和重点保护野生植物保护与监测等。

2. 基础设施工程

保护区局址电源由加格达奇区 10kV 供电线路 T 接引入，为局址场区设室外杆式变压器台，经变压器低压端引至局址配电间，工程量 1.0km。局址配电由配电间引出，室外线路采用铠装电力电缆直埋敷设，各建筑单体内设低压配电箱，场区照明由配电间直接配电并在配电间集中控制。根据之前编制的多布库尔国家级自然保护区重点工程资金需求表，以及上述的工程介绍，可以了解到目前资金空缺巨大，政府财政投入及国际项目资金的投入仅能满足现有编制人员的工资和事业经费，难以满足保护区实际保护工作需求和重点工程的建设，所以需要选择科学的融资模式，引入大量的社会资本。

3. 资源有效保护

由于保护区距大兴安岭首府加格达奇和松岭区较近，区情、社情复杂，林农交错、交通便利，自保护区成立以来，切实加强资源保护管理工作，加大了打击盗捕盗猎力度，为各种野生动植物提供适宜的生境，为维护生物多样性做了大量工作，为自然保护区内的野生动植物资源提供了更为安全和谐的空间。

4. 公众教育工程

通过丰富完善保护区本底资料，加强安全意识教育，加大生态保护宣传力度，提高了公众的生态保护意识，也提高了生物多样化保护的有效性，明确了自然保护区的重要地位。多布库尔国家级自然保护区针对保护区内生物多样性特点，进一步加强执法检查工作力度，利用多种宣传手段，扩大保护宣传范围，提高保护区资源管理水平和生态保护成效。保护区科普教育基地作用明显增强，发挥了很好的宣教作用。为给保护区的公众教育工程提供基本的保障，保护区在管理局的局址新建访客中心1处（与保护区管理局办公用房合建），建筑面积$800m^2$，陈列馆$500m^2$。规划在保护区及周边地区明显位置设置解说性标牌20块、科普宣传牌30块；在管理局和各管理站设置30块永久性防火宣传牌、LED彩色宣传牌13块、配齐所需的LED全彩显示屏3个、多媒体编辑平台1套，以及摄像机、数码照相机、复印机、彩色打印机、幻灯机、笔记本电脑各1台；陈列设备、联网的计算机系统、保护区网站建设、投影设备各1套；电视机2台，音像设备2套，LED彩色宣传屏，图片、展品、照片制作500套，办公桌椅5套；保护区沙盘模型1个。

5. 科研监测工程

为保证各项科研和监测项目的顺利进行，规划新建科研中心办公用房$1200m^2$，设立研究分析室、情报资料室、计算机房等，配备相关科研及实验设备。保护区现有的本底资料为10年前的资料，这就需要对现有的生物环境、湿地资源、国家重点保护野生动物分布范围、野生植物与植被进行本底资源补充调查，建设和配备生态监测站、水文监测站、气象监测站、鸟类环志站、固定样地及监测样线等。

（四）湿地保护投融资空缺及需求分析

根据2016年测算，黑龙江多布库尔国家级自然保护区项目每年支出预算约2647万元，主要用于保护区生态保护366万元；生态修复与治理支出960万元；保护设施设备购置和维护支出901.9万元；专项调查和监测支出50万元；宣传教育支出169.1万元；聘用临时管护人员劳务补贴支出200万元。根据国家的有关政策规定，本融资计划的经费估算范围仅限于需要国家财政拨款、保护区自筹资金、外界援助的部分。经费估算的依据主要有：黑龙江省建筑安装工程费用定额；黑龙江省建筑工程预算定额基价；通过市场调查取得的有关设备、仪器、材料现行价格；人员工资、公务费按每年递增5%计算；保护管理费按黑龙江省财政下达基数计算；基建项目投入经费仅为基准费估算，不包括不可预见费。

1. 保护区人员事业经费需求及空缺

多布库尔国家级自然保护区在保护与发展过程中，根据在人员经费支出、公用经费支出等方面实际应该产生的费用，事业经费包括职工工资、职工福利费、公务费等项目，然后依据颁布的《自然保护区工程设计规范》《2003年政府预算收支科目》，并按照市、区有关规定及保护区事业经费支出情况，以核定的180人为管理局职工总数，测算年事业经费共需1576.61万元。项目组编制人员事业经费测算见表4-13。

表4-13 2016年多布库尔国家级自然保护区编制人员事业经费测算表

序号	项目	单位	数量	单价/万元	金额/万元	备注
一	人员经费支出	人	180		1375.42	
1	职工工资	人	180	4.44	799.20	由基本工资、补助工资、其他工资构成
2	工会经费	人	180	0.09	15.98	按工资总额的2%计算
3	职工福利费	人	180	0.62	111.89	按工资总额的14%计算
4	社会保障费	人	180	1.38	248.55	
5	住房公积金	人	180	1.11	199.80	按工资总额的25%计算
二	公用经费支出	人	180		201.19	
1	公务费				104.00	
2	业务费				23.20	
3	其他费用				73.99	
	总计				1576.61	

2. 保护区湿地工程资金需求及空缺

（1）资金估算依据

1）《林业建设项目可行性研究报告、初步设计编制规定》。

2）现行的当地经济技术指标，现行价格。

3）国家林业局颁发的《自然保护区工程项目建设标准（试行）》。

5）《黑龙江省建设工程预算定额》。

6）主要技术设备参照当地市场价估算。

（2）估算范围

1）保护区保护管理基本建设工程投资。

2）保护区事业费投资。

3）投资估算。

经估算，项目总投资为17 450.76万元。

（3）资金使用计划安排

结合保护区实际需要及项目实施的具体情况，投资计划安排如下：近期2015～2019年需投资11 536.19万元，占总投资的66.11%；远期2020～2024年需投资5 914.57万元，占总投资的 33.89%。

项目总投资为 17 450.76 万元，大兴安岭已停止商业性采伐，地方没有资金配套，中央财政投资仅仅能满足日常人员事业经费和基本的管护经费，因此需要拓展资金来源渠道，引入社会资金或国际资金。

本融资计划对保护区旅游景点和配套设施做科学翔实的规划和布局，所以对所需资金也要做相应概算，需要政府财政人员事业费的投入，更需要保护项目建设的资金支持，根据工程建设投资情况编制投资估算表（表 4-14）。

表 4-14 黑龙江多布库尔国家级自然保护区建设工程资金估算表 （单位：万元）

序号	建设项目	合计	投资			投资期限	
			建设工程	设备安装	其他费用	近期（2015~2019年）	远期（2020~2024年）
一	工程费用	15 552.56	8 028.00	4 698.00	2 826.56	10 635.28	4 917.28
1	保护管理工程	11 716.67	6 115.00	3 355.11	2 246.56	7 432.99	4 283.68
1.1	确标立界	290.00	206.50	83.50	—	290.00	—
1.2	保护管理中心站	938.50	490.00	448.50	—	878.50	60.00
1.3	保护管理站	1 398.21	320.00	1 078.21	—	1 398.21	—
1.4	道路	50.00	50.00	—	—	50.00	—
1.5	森林、湿地防火	5 411.10	4 190.50	1 220.60	—	2 332.10	3 079.00
1.6	野生动物及栖息地保护	146.50	—	146.50	—	146.50	—
1.7	野生植物及生境保护	236.80	60.00	176.80	—	202.80	34.00
1.8	植被恢复	707.20	—	—	707.20	387.20	320.00
1.9	湿地保护与恢复	2 538.36	798.00	201.00	1 539.36	1 747.68	790.68
2	科研监测工程	1 466.33	510.00	607.33	349.00	1 131.73	334.60
2.1	本底调查费	300.00	—	—	300.00	—	300.00
2.2	科研工程	685.24	360.00	325.24	—	685.24	—
2.3	资源与生态环境监测	481.09	150.00	282.09	49.00	446.49	34.60
3	公众教育工程	899.40	439.00	229.40	231.00	800.40	99.00
3.1	建筑工程	439.00	439.00	—	—	439.00	—
3.2	设备	229.40	—	229.40	—	229.40	—
3.3	人员培训	231.00	—	—	231.00	132.00	99.00
4	基础设施工程	1 470.16	964.00	506.16	—	1270.16	200.00
4.1	建筑工程	977.00	964.00	13.00	—	977.00	—
4.2	设备	493.16	—	493.16	—	293.16	200.00
二	其他费用	1 067.21	—	—	1 067.21	351.57	715.64
	包括科研设计费、勘察设计费、建设单位管理费、招标费、工程监理费、工程保险费、环境评估费						
三	基本预备费	830.99	—	—	830.99	549.34	281.65
	总投资	17 450.76	8 028.00	4 698.00	4 724.76	11 536.19	5 914.57

（五）多布库尔国家级自然保护区融资计划及渠道

自然保护区的建设发展是一项系统工程，需要大量的人力与财力的投入。作为一项具有社会公益效益的事业，自然保护区的建设发展应得到统筹考虑，兼顾生态系统保护和生态旅游与可持续经济发展双重目标。多布库尔国家级自然保护区湿地保护融资资金坚持以国家和地方政府投资为主，特别是充分利用好新晋升国家级自然保护区建设项目经费，重点加强基础设施建设和保护管理能力提升，并做好保护区内种植户和养殖户外迁工作。基于此，充分吸纳社会公众参与，推进投资体制创新，以产权为纽带，以互利互惠、共同发展为目标，实现投资主体的多元化和投资方式的多样化，调动政府、企事业和社会投资者的积极性，依靠社会各方面力量的广泛参与，保证自然保护区建设资金来源。多布库尔国家级自然保护区资金投入来源渠道见图4-3。

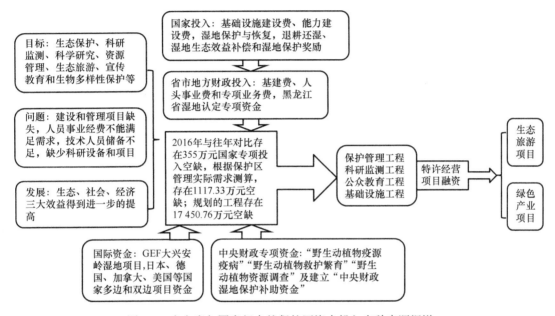

图4-3 多布库尔国家级自然保护区资金投入多种来源渠道

当前，对于内部管理制度优化等能力建设项目，可以纳入GEF项目活动范畴，争取得到GEF项目办的全方位支持。对于保护区开展的生态旅游、社区发展和社区共管项目，也应由保护区管理局通过合资、合作、争取外界援助等形式进行筹资。随着基础设施的完善，生态旅游服务产品的齐全，自然保护区进入了稳步和成熟发展时期，可探索建立生态旅游对保护管理的支撑机制，通过生态旅游收入支持湿地和森林生态系统保护管理工作的开展，形成良性的"造血机制"，充分发挥自然保护区的社会效益的同时兼顾部分经济效益，使自然保护区形成一种良性的资金循环。

在资金筹措过程中，还应注意两方面的可行途径：一是寻求社会公众与机构的全方面参与，包括接纳社会公众捐赠、与企业探索可行的PPP模式等；二是寻求与高等院校和科研院所的合作，联合开展科研和监测工作，快速提升科研能力。

1. 生态旅游特许经营项目设计

我国自然保护区生态旅游业开发是自然保护事业和旅游业可持续发展的需要，可以创收增资缓解保护区面临的资金短缺并提高职工福利。同时，生态旅游的开展可以扩大保护区对外宣传的力度，广泛地进行生态教育。随着人们物质文化生活水平的提高，人们对文化生活的要求越来越高,生态旅游逐渐成为当今旅游业的主流之一。保护区内丰富的野生动植物资源、独特的原始森林,以及美丽的山川河流及湖泊、沼泽,是非常丰富的生态旅游资源。在实验区内划出一定的区域,有限制地开展生态旅游是十分必要的。规划建设的旅游项目具体如下。

(1) 观光区

观光区位于 16 林班,占地面积 100hm^2,在游览蜿蜒流长的多布库尔河和大黑山原始森林的同时,沿着 3km 步道路线两侧部分路段原始森林茂密,湿地雾海缥缈,疏林地带遍植各种早春开花和晚秋开花植物,丰富视觉形象。山间修建两座木屋,一为猎人木屋,另一为伐木工人木屋,该区选址在 16 林班内。

(2) 水上娱乐区

第一,漂流区的理想地段是多布库尔河龙头至桥头。全程流长约 20km。本段落差 70m,水深 1m,平均流速 1m/s,河岸宽广,滩地众多,两岸风景秀丽,景色宜人,开展划船、垂钓的水上娱乐项目。

第二,垂钓区可考虑选择一处水域沼泽作为养鱼池,设计 50 处标准钓鱼台,供游人使用。

(3) 湿地生态系统科普教育区

湿地生态系统科普教育区位于 148 林班,该区突出沼泽湿地科普知识教育的主题,开辟 5km 的游路,两侧配备有不同的植被,主要目的是介绍立体的森林生态的构成和植被的地带性,同时布设一些简单科学测量区域及工具,让游客通过直接观测了解森林的生态功能。该项目可以和宣教工程结合。

2. 绿色产业特许经营项目设计

多布库尔国家级自然保护区内有潜力的绿色产业特许经营项目包括以下几方面:一是有计划、有组织地采集山特产品;二是发展适应本地自然条件的种植业;三是开发具有自己特色的旅游工艺产品;四是促进保护区外的经济开发。

3. 工程建设与特许经营方案融资模式设计

合理选择 PPP 项目合作伙伴。大兴安岭林业集团公司和多布库尔国家级自然保护区在寻找战略投资合作伙伴时,应首先选择技术、资金、质量、信誉等综合素质高的作为合作对象签署特许经营协议,注重多布库尔国家级自然保护区管理局、融资公司和新组建的项目公司的股权分配结构,科学的投资结构没有绝对的控股方,可充分发挥各方优势调动股东的积极性。国有企业下属公司、民营公司或境外企业投资公司投资自然保护区建设的 PPP 模式(政企合作伙伴关系)项目,国有企业下属公司、民营公司或境外企业投资公司就是特许经营者,可初步拟定初期建设期为 5 年,项目承包期为 30 年。因此,在项目前期的合同中需考虑在什么样的特殊情况下,大兴安岭林业集团公司和多布库尔国家级自然保护区可以保留收回项目的权利,最大限度地保证多布库尔国家级自然保护区国有资产的利益在合同中不受损。多布库尔国家级自然保护区工程建设与特许经营融资项目的模式见图 4-4。

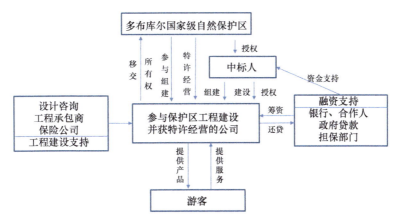

图 4-4　多布库尔国家级自然保护区工程建设与特许经营融资项目的模式

推广运用 PPP 模式，是我国促进经济转型升级、推进新型城镇化建设的必然要求，也是加快转变政府职能、提升国家治理能力的机制创新，更是深化财税体制改革、构建现代财政制度、完善现代市场经济体系的重要内容，同时也是公共部门对契约理念的尊重和对契约约束力的认同，有助于全社会契约精神的培育。从项目投资情况看，2013 年我国 PPP 项目的累计总投资为 1278 亿美元，和同类型新兴市场相比尚有较大的差距。2013 年新增的 PPP 投资额仅为 7 亿美元，而 2013 年城投债的发行量则高达 9512 亿元，若 PPP 模式成功替代城投债主导的融资模式，其发展空间巨大。从企业方面看，民营企业的资金力量越来越雄厚，且希望在 PPP 模式下拓宽新的发展空间。PPP 项目适合一些偏好于取得长期、预期性高的稳定回报的企业，这类企业实际上在现实生活中为数可观。从环境看，PPP 模式所体现的共赢、多赢的机制，从决策层到财政部门，再到地方政府层面的相关方，越来越得到认同。以 PPP 模式推动社会资本、民间资金与多布库尔国家级自然保护区的互动与有效合作，有着十分广阔的前景。

第二节　内蒙古大兴安岭地区湿地保护融资计划

一、湿地保护融资现状

（一）优势分析

1）区位独特。 内蒙古大兴安岭林区东连黑龙江，西接呼伦贝尔大草原，南至吉林洮儿河，北部和西部与俄罗斯、蒙古国毗邻，地跨呼伦贝尔市、兴安盟的 9 个旗市，是我国最大的集中连片的国有林区。作为欧亚大陆北方森林带的重点组成部分，大兴安岭林区拥有完备的森林、草原、湿地三大自然生态系统，以及拥有特殊的生态保护功能和多种伴生资源，是国家重点的纳碳贮碳基地，具有中国冷极、寒温带泰加林（明亮针叶林）区的特殊环境，在未来旅游发展上可强化独特吸引力。

2）旅游资源丰富。 林区拥有丰富独特的森林生态旅游资源，地域辽阔，自然景观复杂多样、异彩纷呈，是全国旅游胜地，蕴藏着发展旅游业的巨大潜力，现已建成国家级森林公园 8 个、国家级湿地公园 11 个。加快对林区旅游业的投入，促进旅游业快速发展，是林区经济与社会发展的客观要求。林区以森林生态旅游资源为依托的旅游业发展前景广阔。

3）湿地生态系统较完整。 目前，内蒙古大兴安岭林区尚未受大量人为活动或建设干扰，大多数湿地公园旅游开发程度较低，湿地生态系统较完整，更适宜导入生态旅游、环境教育课程，凸显国家湿地公园生态保育的价值。

（二）劣势分析

1）融资渠道单一。 目前大兴安岭地区的湿地保护建设融资主要依靠政府和重要的专项资金拨款，其他融资渠道如社会捐赠、PPP 模式开发及国际 NGO 捐赠等渠道较少，且缺乏经验。

2）保护和管理资金匮乏，筹集项目配套资金难度较大。 湿地保护虽然列入林管局的发展计划，但相应的基本建设投资和保护管理经费还没有纳入预算，中央和自治区的投资有限，只对国家级自然保护区有较少的建设投资，没有事业费和管理费投入；由于内蒙古大兴安岭林区资金投入基本上由国家林业和草原局负责，难以申请地方财政资金，特别是在"天保工程"实施以来，因全面禁止天然林采伐，收入锐减，建设资金运行已十分紧张，解决配套资金部分有一定困难。由于资金限制，内蒙古大兴安岭林区目前对湿地的管理还停留在初级的管护阶段。对湿地及其栖息物种的研究还远远不够，工作能力和管理手段还严重欠缺。在自然资源的有效管理、科研宣教、环境监测及对外交流等方面亟待改进。

3）湿地资源和森林资源的管理机构职权交叉现象存在。 按照森林资源一类清查和二类清查的技术规定，在土地类型划分标准中，湿地被划分成不同的地类，如河流湿地和湖泊湿地被划分为水域，森林湿地被划分为有林地，而相对很重要的草本湿地在营林规划上属于低价值地类，林区北部的杜香–苔藓–落叶松林属于很重要的森林湿地，在规划管理上湿地管理部门和资源管理部门侧重点矛盾。资源管理部门同湿地管理部门管理权限也存在重叠交叉现象，使得保护管理工作需要经常协调，这影响工作效率和效果。由于湿地资源的经济效益不明显，在相关湿地保护法规和资金援助政策还未到位的情况下，开展湿地保护工作难度很大。

4）"禁伐"遗留问题。 全面禁伐之后，大兴安岭地区的主要产业受损，收入锐减；企业转型压力大，大量工人转产，剩余劳动力转移困难；大兴安岭地区的管理员工大多是之前林场的老员工，全面禁伐之后，管理和发展的思想转变压力大；保护区里有很多居民居住，影响保护区的保护工作，但迁出工作困难。

5）地区经济发展水平较低。 该地区经济发展水平还是普遍偏低，基础设施落后，配套不够齐全，很难吸引社会资本。以该地区经济发展水平较高的根河市为例，据统计 2015 年根河市地区生产总值完成 41.6 亿元，城镇居民年均可支配收入刚刚突破 20 000 元，达到 21 488 元，较低的经济发展水平也使得当地政府在资金投入上显得捉襟见肘。

（三）机遇分析

1）政策机遇。 一是国家发展和改革委员会、国家林业局会同有关部门编制了《大小兴安岭林区生态保护与经济转型规划（2010-2020年）》。规划中提出，将在中央预算内投资中安排专项资金，用于支持大小兴安岭林区发展能够充分吸纳就业的接续替代产业及支持林区开展"以煤代木"。二是将内蒙古大兴安岭地区划入西部大开发范围。西部大开发相关政策的出台，对大兴安岭地区经济发展具有一定的政策倾斜，有利于大兴安岭地区经济快速发展。中央专项资金的注入，使大兴安岭地区经济发展资金进一步充沛，为地区经济发展提供了强有力的政策扶持。

2）绿色食品备受欢迎。 大兴安岭地区工业发展起步晚，对环境破坏少。其林下资源丰富，天然绿色无污染可食用植物众多，如野生浆果、蘑菇、木耳等，还有黄芩、五味子、芍药、黄芪等中药材。在当前人民生活水平提高、对绿色环保食品需求高涨的情况下，发展林下经济，开发绿色产品，有着广阔的市场前景。

3）市场机遇。 在国民收入普遍增加的前提下，休闲旅游越来越受到人们的关注，在城市中生活的人们希望通过旅游放松身体和心情，释放压力。旅游行业有着广阔的前景和市场机遇。内蒙古自治区旅游业贯彻落实"8337"发展思路：全力打造"体现草原文化、独具北疆特色的旅游观光、休闲度假基地"，取得了良好的成效，迈出了全新的步伐。内蒙古自治区旅游业呈快速发展态势，国内旅游持续快速增长，入境旅游保持稳定，总体实现平稳较快发展。旅游业总体实力不断增强，结构调整逐渐显现，产业基础进一步夯实。

4）国际组织对中国湿地保护的关注。 中国与世界银行、亚洲开发银行、联合国开发计划署、联合国环境规划署、湿地国际等及欧盟、美国、日本等开展了广泛合作，实施了大量多边和双边合作项目。随着中国大国地位的提升，越来越多的国际组织开始关注中国的湿地保护工作。

（四）威胁分析

1）融资渠道狭窄。 一是融资渠道以银行贷款为主。二是缺乏融资中介机构。受经济发展影响，内蒙古大兴安岭地区金融发展水平较为滞后。三是民间融资不活跃。内蒙古大兴安岭地区企业规模小，达不到证监会要求的债券发放条件，且民间融资多为居民、企业向居民个人借款，资金来源渠道单一，借款金额有限。

2）交通运输困难。 内蒙古大兴安岭林区远离人口密集区和特大城市，离京津将近1000km，离长三角、珠三角地区更是超过3000km，离沈阳、长春、哈尔滨、呼和浩特这4个省会城市也有几百公里到1000多公里的距离，虽然呼伦贝尔、阿尔山等地区开通了联合航空直飞北京的航线，但是航班少，火车、汽车等交通方式到达非常不便，这直接导致了内蒙古大兴安岭林区虽然风景优美、风光奇特、资源丰富，但旅游人数不多，更是难有"回头客"的情况。

3）项目的吸引力与可获得性不足。 预期收益率充足的增量项目预期回报可观，但存在较大风险，是发挥PPP优越性的主要舞台。此类项目成功的关键在于公私之间的平等协商、互利互惠和诚实守信。可是，地方政府在过去的 PPP 实践中可能对项目行政干预过多，频繁改变项目运作的外部环境，存在不履约或履约不到位的情况。

二、湿地保护融资目标与任务

（一）湿地管护与恢复

湿地红线划定工作全面启动。"十二五"以来，内蒙古逐步研究制定生态文明制度建设工作，耕地红线划定在盟市层面有序推进；水资源管理"三条红线"（水资源开发利用控制、用水效率控制、水功能区限制纳污）控制指标分解到盟市、旗县；基本草原红线已完成划定；林业"四条红线"（林地和森林、湿地、沙区植被、物种红线）划定工作全面启动。

加强湿地保护区体系建设。建立湿地分级管理体系，充实和完善以国际重要湿地、国家重要湿地、湿地公园和湿地自然保护区（小区）为主体的湿地保护体系。健全湿地保护管理机构，加强科学研究、宣传教育、基础设施等的建设，努力提高湿地保护管理水平，切实保护好内蒙古大兴安岭地区的湿地资源。

加强湿地生态治理和修复。围绕河湖系统共生、流域综合治理，加强退化湿地生态治理，遏制生态恶化趋势。维护区域生物多样性，改善湿地生态，逐步恢复湿地生态功能，维护淡水资源安全。

湿地资源的管护与恢复永远是放在首位的工作，因此，内蒙古大兴安岭地区湿地保护区融资的主要任务首先应当是逐步对湿地资源进行恢复与保护，保护现有湿地，恢复退化湿地，加强生态治理，防治水污染。

（二）湿地保护区管理体系建设

目前，大兴安岭地区湿地保护区的资金使用结构不合理，主要表现在基础设施建设优先于保护区管理。保护区获得的主要经费一般用于最初的建立，之后用于管理的经费则没有或很少。保护区要获得经费进行基础设施建设相对比较容易，但是申请资金进行生物的物种和环境维护则很困难。因此，湿地自然保护区的重要任务是保障自身管理系统的建设和完善，确保科学研究、全面监测的相关设施和培训费用资金到位，同时注重人才队伍建设，提高管理人员工资待遇，留住高水平技术人才。

（三）退耕还湿及湿地生态补偿

目前，内蒙古大兴安岭湿地保护区及周边人口众多，周边社区经济不发达，不少群众"靠湖吃湖"的思想根深蒂固，对湿地资源依赖的生存方式难以扭转，保护与利用的矛盾较为突出。在该地区实施"退耕还湿"应当给予一定的补贴。但是由于我国生态补偿政策尚未出台，补偿的资金来源、补偿对象和金额，以及补偿方式还需要进一步确定，政府尚未有相关专项经费保障，因此，在今后工作中，应当留有专门的资金保障生态补偿工作的顺利进行。

（四）适度发展湿地生态旅游

近几年来，大兴安岭旅游急剧升温，根据内蒙古大兴安岭地区目前的基本情况，在切实保护好森林、湿地、珍稀野生动植物等资源的前提下，要树立全景兴安、全域旅游的理念，努力探索以湿地科普教育、岛状林湿地观光为依托，以生态教育理念为主要内容的旅游项目。目前来看，大部分湿地保护区的旅游景点比较单一，而且配套设施还不够完善，保护区的路况、通信、服务等远远不能满足游客的需要。保护区需编制生态旅游发展规划，深入探寻，挖掘旅游景观，科学设计基础设施建设，健全完善配套服务设施，逐步打造以"湿地观光、露营体验、漂流探险"为主要景点的旅游品牌。

同时，基于大兴安岭地区独特的森林与湿地景观，推动文化旅游业发展，以少数民族文化为背景，积极开展生态文化旅游。湿地公园还应当注重建设公园环境和完善旅游设施，加强基础设施建设，并强调突出地方特点，实行差异化旅游景点建设，加强旅游管理服务人才建设，改善服务水平，提升游客体验，从而提高湿地公园知名度，吸引更多社会资本和商业资本的加入，形成湿地公园投融资体系建设的良性循环。

综合来看，内蒙古大兴安岭地区湿地保护区的融资目标主要集中于保护区工程建设费用保障、科教宣传费用保障、人员管理支出经费保障、相应的后勤保障、生态补偿经费保障等。

三、区域层面湿地自然保护区融资计划

（一）湿地保护区体系总体融资计划

内蒙古大兴安岭林区共划分了 24 处重点调查湿地，其中国家级自然保护区 2 处，省级自然保护区 6 处，其他重点调查湿地 16 处。为了加强自然保护区建设和管理从数量型向质量型、从粗放式向精细化转变，应当继续加大中央、自治区、地方等三个层面的财政支持，用于保护区体系基本建设。

据中科院 2003 年对全国 154 个保护区的问卷调查发现，有近三分之一的保护区没有任何基建投资，41.5%的保护区没有事业经费或者事业经费来源不稳定。这种捉襟见肘的窘况，很难将管护、科研、科普工作做好，保护区的生态功能难以得到有效发挥。因此，内蒙古大兴安岭地区应当继续加大对保护区的财政支持，建立湿地自然保护区、国家湿地公园、湿地保护小区、湿地多用途管理区四位一体，互为补充的湿地保护管理体系，探索以湿地保护为主要对象的国家湿地公园建设体制；建立覆盖全区湿地的监测网络，完善协调机制。

研究对比国内其他国家级湿地自然保护区年度预算，如黑龙江扎龙国家级自然保护区 2015 年预算为 1635.01 万元，面积 21 万 hm^2；吉林向海国家级自然保护区 2015 年预算为 1635.01 万元，面积 10.55 万 hm^2；辽宁双台河口国家级自然保护区 2015 年预算为 4874.99 万元，面积 12.8 万 hm^2；兴凯湖国家级自然保护区 2015 年预算 524.65 万元，面积 1.65 万 hm^2；等等。根据研究，国内湿地类型国家级自然保护区平均每公顷预算支出 350～400 元，省级自然保护区平均每公顷预算支出差异较大。基于此，研究测算内

蒙古大兴安岭地区湿地自然保护区管理体系建设总融资计划。其中，2018~2021 年融资计划以 2017 年为基准，国家级自然保护区以 2016 年全国财政收入增速 4.5%为增长速度计算，省级自然保护区以内蒙古 2015 年财政收入增速 6.5%为增长速度计算。

根据调研情况，内蒙古大兴安岭地区 2016 年资金投入约为 2 亿元，资金空缺达 3 亿元左右。在未来五年内，预计湿地保护地面积增加一倍，保护区预算也要相应增加一倍。基于此，研究给出了具体的湿地保护区融资计划，如表 4-15 所示。

表 4-15　内蒙古大兴安岭地区湿地保护区融资计划

保护区名称	保护区面积/万 hm²	融资额/万元				
		2017 年	2018 年	2019 年	2020 年	2021 年
内蒙古汗马国家级自然保护区	10.73	4 292.00	4 485.14	4 686.97	4 897.89	5 118.29
额尔古纳国家级自然保护区	12.45	4 980.00	5 204.10	5 438.28	5 683.01	5 938.74
内蒙古毕拉河国家级自然保护区	7.74	3 096.00	3 235.32	3 380.91	3 533.05	3 692.04
内蒙古乌玛省级自然保护区	65.94	13 188.00	14 045.22	14 958.16	15 930.44	16 965.92
内蒙古阿鲁省级自然保护区	6.44	1 288.00	1 371.72	1 460.88	1 555.84	1 656.97
内蒙古兴安里省级自然保护区	1.66	332.00	353.58	376.56	401.04	427.11
内蒙古奎勒河省级自然保护区	7.78	1 556.00	1 657.14	1 764.85	1 879.57	2 001.74
内蒙古阿尔山省级自然保护区	5.91	1 182.00	1 258.83	1 340.65	1 427.80	1 520.60
总计	118.65	29 914.00	31 611.05	33 407.26	35 308.64	37 321.41

由表 4-15 可知，2017 年内蒙古大兴安岭地区湿地自然保护区融资总额约为 2.99 亿元，比 2016 年资金投入高出 49.5%，主要用于湿地保护区面积继续扩大、设施完善和管理设备购买等方面。其中，2017 年三个国家级自然保护区（汗马、额尔古纳、毕拉河）融资额分别为 4292 万元、4980 万元、3096 万元，主要来源于中央财政支持。其余省级自然保护区投资根据面积不同，数额为 332 万~13 188 万元，资金主要来源于省级财政支持。由于内蒙古财政收入增速大于全国，因此对于省级自然保护区的财政支持也相应增加。2021 年，内蒙古大兴安岭地区湿地自然保护区预计融资总额达到 3.73 亿元。2017~2021 年共计融资总额达到 16.76 亿元，基本实现湿地保护地面积增加一倍、湿地资金投入扩大一倍、资金缺口得到弥补的融资目标。

考虑到除国家级和省级湿地自然保护区外，内蒙古片区还包括了许多重点调查湿地，这部分湿地虽然未能被纳入国家和省级规划，但无疑对内蒙古乃至整个大兴安岭地区的生态系统起到了非常重要的作用，资金需求十分巨大。因此，未来五年，内蒙古大兴安岭地区实际融资额应当更高。

（二）湿地保护区管理能力建设融资计划

湿地自然保护区能力建设是保护区工作的重点内容之一。目前，我国大部分自然保护区能力项目建设远远落后于基础设施建设，人才队伍紧缺，相关经费得不到保障，满足不了各保护区的进一步发展，普遍存在科研能力不足、资源监测体系欠缺、人才流失严重的现象。因此，要继续加大湿地保护区管理能力建设融资力度，为进一步提升保护区管理水平提供坚实的经费保障。

湿地保护区管理能力建设主要包括以下几个方面。

1）保护管理工程经费保障，包括保护管理站点建设，如基层保护管理站（点）的办公经费、生活场所及设施设备建设经费等；野外保护设施，如保护标识碑（桩、牌）、保护围栏、观察监测平台、野生动植物救护设施设备建设经费等；巡护设施设备，如巡护道建设经费及巡护车辆、船只、公安设备、通信设备购置经费等；防火设施设备，如瞭望塔、防火公路建设经费及防火车辆、器材购置经费等。

2）宣教工程经费保障，包括自然保护区宣教中心和野外宣教站（点）基础设施建设经费、标本陈列设施设备经费及电教设施、宣传牌、宣传栏、宣传材料制作经费等。

3）科研监测工程经费保障，包括简易实验室及其仪器设备、本底资源调查设备、监测样点设置及监测设施设备、科研档案管理设施设备购置维护经费保障。国际重要湿地要强化对外（国内甚至国际）交流能力建设经费保障。

4）基础设施工程经费保障，包括自然保护区管理机构办公场所及办公设备、配套生活设施、局部道路建设、后勤保障能力建设经费等。

目前，内蒙古大兴安岭地区各大保护区基础设施已经建立完毕，可以保障保护区基本运行与管理，但从实际情况来看，各大保护区普遍存在保护管理站点不足、设施不完善、基础设施落后、科研与宣教设施不够等问题，在今后五年的融资计划当中，应当重点对这些短板进行补足。

根据《自然保护区工程项目建设标准》，并参照其他省区自然保护区建设实际情况，测算出大型、中型、小型湿地自然保护区在建成之后每年新增及维护所需能力建设经费，如表 4-16 所示。其中，大型、中型、小型的划分主要依据《自然保护区工程项目建设标准》中湿地类型保护区面积的大小。

表 4-16 湿地自然保护区每年新增及维护所需能力建设经费

项目	每年融资计划/万元		
	大型保护区	中型保护区	小型保护区
保护管理工程经费	138.8	110	51.2
宣教工程经费	211.2	163.2	60.8
科研监测工程经费	504	373.5	280.5
基础设施工程经费	184	156	69.2

根据《自然保护区工程项目建设标准》和《湿地保护工程项目建设标准》，内蒙古大兴安岭地区大型湿地自然保护区有 1 个、中型自然保护区有 2 个、小型自然保护区有 5 个，以及其他重点湿地和新建自然保护区，据此可测算出 2017～2021 年湿地自然保护区新增及维护所需能力经费融资计划，见表 4-17。

由表 4-17 可知，内蒙古片区基于国家级和省级湿地保护区的数量及面积，2017 年所需能力建设经费为 5836.40 万元，2017～2021 年共约需 3.32 亿元，可以看出以下几方面。

1）内蒙古片区湿地自然保护区的保护管理工程、宣教工程和基础设施工程在保护区成立之初已经基本实施完毕，但仍不够完善，覆盖面不够，仍需每年 600 万～800 万元

表 4-17　内蒙古大兴安岭地区自然保护区新增及维护所需能力建设经费融资计划

项目	每年融资计划/万元				
	2017 年	2018 年	2019 年	2020 年	2021 年
保护管理工程经费	614.80	654.76	697.32	742.65	790.92
宣教工程经费	841.60	896.30	954.56	1016.61	1082.69
科研监测工程经费	3538.00	3767.97	4012.89	4273.73	4551.52
基础设施工程经费	842.00	896.73	955.02	1017.09	1083.20
合计	5836.40	6215.76	6619.79	7050.08	7508.33

的完善、维护及更新费用，主要用于保护站点新建、更新、维护；界碑、界桩、浮标、标识牌和（生物）围栏（网）等管理标识系统全覆盖等。

2）内蒙古片区湿地自然保护区对于宣教工程主要是科研宣教中心的建设，目前还有待完善。根据测算，2017~2021 年共需约 4791.76 万元，主要用于宣教中心建筑建设及维护；解说板、标本、投影仪、多媒体放映机、电脑触摸屏等宣教设备购置与完善；宣传材料制作等。

3）内蒙古片区湿地自然保护区对于科研监测工程费用欠缺最高，是因为目前保护区普遍对科研监测设施设备建设不够重视，许多保护区缺少专门的科研中心、专业的标本制作设施设备、管理信息系统等，野外监测中心、生态定位监测站、湿地气象监测站、水文水质监测站、湿地土壤监测站等基础设施不完善。许多站点由于资金短缺，设备设施不足，没能发挥出应有的作用。因此，湿地保护区科研监测工程资金缺口最大，急需补充。

4）内蒙古片区湿地基础设施还有待加强，所需资金缺口巨大。巡护路网需进一步扩大覆盖范围，加强监测；加大对次干道路（航道）、简易道路、巡护步道、巡护营地和码头等交通条件的建设，以及越野车、摩托车、船艇、补给与保障车辆等交通工具的购置；还有专业冲锋衣、登山鞋、防雨用具、背囊、简易生活用具、户外急救包等野外设备的购置与更新。只有资金到位，基础设施才能进一步完善，为保护区各项管理工程的展开提供基础和保障。

自然保护区管理能力建设作为保护区重要的工作内容，其资金来源渠道却极为单一而紧缺。基于此，保护区应当通过多种方式获取资金，尤其是考虑到科研监测经费和人员管理经费紧缺的现实情况，应当积极向科技部、环保部申请相关科研项目提高科研建设水平，如科技部关于水体污染控制与治理科技重大专项、科技部资源领域科技创新专项项目、科技部国家科技计划农村领域首批预备项目、环保部水专项课题等。

同时，各级林业局也应尽快将保护区人员建设经费纳入财政预算，保证人才待遇，减少人才流失的情况。此外，部分保护区开展生态旅游活动的营业收入及社会捐赠等资金应当优先运用到管理能力建设当中来。只有管理水平提升了，才能进一步提升服务水平，从而形成自创收入的良性循环。

（三）湿地生态功能恢复与保护工程融资计划

针对当前大兴安岭湿地资源现状、面临的问题和威胁，对生态系统退化严重、生态脆弱敏感的重要湿地，基于科技部重点研发计划"东北典型退化湿地恢复与重建技术及规范"等项目实施契机,实施退耕还湿修复工程、水源调控与补水工程、植被群落恢复建设工程、关键物种栖息地恢复工程和有害生物防治工程等湿地生态功能恢复与保护工程,从而拓宽保护区经费来源。

退耕还湿工程。2014 年,国家林业局召开退耕还湿生态效益补偿试点座谈会,明确 15.94 亿元用于保护奖励、退耕还湿、湿地生态效益补偿和湿地保护等,退耕还湿先行在黑龙江、吉林、辽宁、内蒙古 4 个省区试点。

湿地生态补偿。根据《内蒙古自治区人民政府办公厅关于健全生态保护补偿机制的实施意见》,到 2020 年,完成湿地红线的划定工作。将盟市级以上重要湿地区域全部划入生态空间保护红线范围。支持盟市、旗县级湿地自然保护区晋升为省级湿地自然保护区。各级湿地要建立健全保护管理体系。探索重点湿地综合治理工作模式,有条件的地区要结合城镇化建设加大湿地生态移民力度。

2016 年内蒙古大兴安岭地区湿地恢复及补偿资金,见表 4-18,可以看出,目前,各个保护区对于湿地恢复及生态补偿投入的资金较少,部分保护区缺少专项资金,十分不利于湿地恢复和生态补偿工作的进行。基于此,必须从国家相关政策出发,积极争取湿地保护与恢复专项资金,缓解保护区湿地保护资金压力。

表 4-18　2016 年内蒙古大兴安岭地区湿地资金投入

项目单位	资金名称	资金额度
毕拉河国家级自然保护区	湿地补偿资金	2000 万元
卡鲁奔国家湿地公园	湿地恢复资金	300 万元
兴安里自然保护区	湿地恢复资金	300 万元
阿鲁自然保护区	湿地奖励资金	500 万元
汗马国家级自然保护区	财政补助资金	200 万元
额尔古纳国家级自然保护区	财政补助资金	200 万元
合计		3500 万元

作为全国首批四个退耕还湿生态效益补偿试点省区之一,内蒙古退耕还湿试点工作陆续开展,中央财政将安排湿地保护与恢复专项资金,确保试点工作顺利开展。2016 年,中央财政通过林业补助资金拨付地方 16 亿元,支持湿地保护,其中用于实施退耕还湿和湿地生态效益补偿 5 亿元。退耕还湿支出主要用于国际重要湿地和国家级湿地自然保护区范围内及其周边的耕地变为湿地的相关支出;湿地生态效益补偿支出主要用于对候鸟迁飞路线上的重要湿地因鸟类等野生动物保护造成损失给予的补偿。据此测算,内蒙古大兴安岭地区在 2017 年可争取退耕还湿资金约 7500 万元。

根据中共中央、国务院印发的《生态文明体制改革总体方案》的要求,整合财政资金推进山水林田湖生态修复工程。中央财政将对典型重要山水林田湖生态保护修复工程给予奖补。鼓励各地积极拓宽资金渠道,按照系统综合治理的要求,提出本地整合资金的具体措施和办法,统筹环境污染治理、农村环境保护、矿山地质环境治理、土地复垦、水污染防治、生态修复等各类资金,切实推进山水林田湖生态保护修复。中央财政将择机对我国生态重要性高、实施效果好、跨区域开展的山水林田湖生态保护修复试点工程进行奖补（具体奖补办法另行制定），以进一步调动地方积极性，有力推进生态保护修复工程。据此，内蒙古大兴安岭地区可以积极申请相关财政专项资金，争取 2017 年奖补 3000 万元左右。

除中央财政外，内蒙古自治区财政也应采取相应的配套支持措施，对省级湿地自然保护区及其他重要保护湿地从财政资金方面予以倾斜援助，缓解中小保护地的资金压力。

据此测算，未来五年，内蒙古大兴安岭地区平均每年可以争取湿地恢复与生态补偿专项资金 1.25 亿元左右，五年共计融资 6.25 亿元左右。

（四）湿地可持续利用生态工程融资计划

湿地资源的可持续利用是湿地资源保护的最终目的，也是实现湿地生态系统良性循环的关键。湿地自然景观独特，发展生态旅游潜力极大。内蒙古大兴安岭地区可以规划实施农牧渔旅等多种产业综合发展的湿地可持续利用生态工程，建设国家生态文明试验示范区，实现示范区的生态、经济和谐发展，从而带动湿地自然保护区的健康发展。

根据其他各省湿地生态工程的投资情况，结合内蒙古片区的实际需要，进行测算的内蒙古大兴安岭地区湿地可持续利用生态工程如下。

1）湿地生态农业工程。充分利用湿地在净化水质、调节气候等方面的生态优势，在湿地周围开展优质植物、水稻种植示范工程，协调农业和湿地生态用水，提高周围农业品质，促进生态环境建设，提高当地经济收入，实现湿地资源的可持续利用。

2）湿地药材种植工程。开展珍稀草药种植示范建设工程，充分发挥和可持续利用湿地自然保护区丰富的草本资源。

3）湿地生态养殖工程。开展生态渔业养殖工程，促使当地渔业资源得到合理利用和野生动植物保护，为野生鸟类提供食物，促进区域旅游业发展，提高保护区的造血功能。

4）湿地生态旅游工程。充分利用丰富的湿地旅游资源，营造景观独特、风景优美的湿地旅游景点，建设精品湿地生态旅游线路。推广有利于湿地保护的旅游项目，建设环境友好型旅游设施，在为大众提供旅游观光、休闲娱乐和科普教育的同时，保护湿地生态功能的完整性和生态系统的多样性。

内蒙古大兴安岭地区可根据各保护区实际需要，因地制宜、因时制宜，在不同的湿地自然保护区开展各项湿地生态工程，预计未来五年每年融资 7000 万元左右，五年共计融资 3.5 亿元左右，用于支持各大保护区湿地生态工程建设。

由于湿地生态工程本身具有巨大的经济收益，保护区融资方向可不局限于财政支持，而是寻求全方位、多渠道的融资方式。一方面，可以为当地农牧民提供优惠政策，鼓励社区居民积极参与到湿地生态工程中来，既提高了农牧民的收入水平，又缓解了资源保护与经济发展的矛盾，维护保护区及周边社区经济社会稳定发展。另一方面，保护区可以寻求社会资金及商业融资渠道，采取独资、合资、合作等方式，吸引商业资本进入，合理开发，共同受益。

(五)湿地自然保护区人员能力建设融资计划

人才建设是提高保护区管理水平的关键所在。我国自然保护区事业正处于科学规划建设与集约化经营管理阶段,自然保护区建设也由"规模扩大"向"数量和质量并重"转变,传统的以"看、管、守"为主的管理方法已经不能适应当前自然保护区发展的新形势,自然保护区建设和管理对人才培养提出了新的要求。目前,内蒙古大兴安岭地区湿地自然保护区人才能力建设主要有以下几方面不足。

首先,缺乏专业的管护能力。目前,各大保护区巡护及管护人员均为正式职工,部分人员非相关专业出身,专业知识相对不足,对保护区管理工作造成了较大的影响。

其次,缺乏专业的高素质人才。根据对我国55个自然保护区人才状况的分析,55个自然保护区本科及以上学历的人员约占9.45%,而本科以下的人员约占90.55%。高端管理人才的缺失对于进一步提升保护区管理水平有着较大的制约。

最后,保护区人员普遍待遇低,工种和工作时间等问题导致工资较低,大部分人没有纳入财政保障导致福利较差、人才流失较快,不利于保护区进一步发展和建设。

基于此,本研究以内蒙古大兴安岭林区平均职工年收入为基准,参考《自然保护区工程项目建设标准》中各类保护区所需基本管理人员的建议数量和内蒙古片区自然保护区的实际情况,并根据与保护区管理人员座谈、研究的结果,测算了湿地自然保护区人员能力建设所需融资计划,如表4-19所示。

表4-19 湿地自然保护区所需人员保障经费

	数量	金额/万元
所需科技人员	30~40人	240~320
所需行政管理人员	25~30人	150~180
所需管护人员	50~60人	200~240
所需培训进修活动	80~100人次	40~50
合计		630~790

基于内蒙古大兴安岭地区大型湿地自然保护区有1个、中型自然保护区有2个、小型自然保护区有5个,以及其他重点湿地和新建自然保护区,且内蒙古大兴安岭地区职工工资年均增速10%左右,可测算出2017~2021年湿地自然保护区所需人员能力建设经费分别为5360万元、5896万元、6485.6万元、7134.16万元、7847.57万元,五年共计人员能力建设经费3.27亿元左右。

由此可见,目前内蒙古大兴安岭地区湿地自然保护区人员能力建设经费远达不到所需水平,因此,必须开拓融资渠道,积极争取资金,并开拓创收模式,将每年经济收入中的一部分用于人员工资待遇补贴。

(六)湿地自然保护区融资模式分析

1. 政府与社会资本合作

湿地保护公益性较强,无直接经济效益,但其外部性收益较好。此类项目在引入社会资本时，可以考虑将其与周边土地开发、供水项目、林下经济、生态农业、生态旅游等经营性较强的项目组合开发，以此建立社会资本投资回报机制。市县、乡镇、村级污水收集和处理、垃圾处理项目按行业"打包"投资和运营，降低建设和运营成本，提高投资效益。

因湿地保护需要造成湿地所有者、使用者的合法权益受到损失的，应当依法补偿，对其生产、生活造成影响的，应当做出妥善安排；鼓励受益地区与湿地保护地区通过资金补偿、对口协作、产业转移、人才培训等方式建立横向补偿关系。为有效遏止盲目开发湿地资源、乱占滥用湿地等现象发生，按照国家林业局划定湿地生态红线的规定，要求地方林业局应当科学合理划定并严守湿地生态红线，确保湿地生态功能不降低、面积不减少、性质不改变。对于经济欠发达、人口稀疏及大部分农村地区，可由地方林业局通过部门预算或设立财政专项资金给予补贴。在不具备收费机制的公益性领域，制定政府采购环境服务清单，加强政府环境服务采购，建立政府付费的社会资本回报机制。完善环保专项资金管理办法，允许专项资金用于政府环保服务采购。

2. 创新湿地保护信贷融资模式和产品

创新融资担保模式，设立融资担保基金。为破解中小环保企业融资担保能力不足、融资成本过高的难题，可考虑设立湿地保护融资担保基金，基金由政府、投资公司、金融机构等出资设立，为环保企业或水污染治理项目向银行贷款提供信用保证。同时鼓励融资担保模式创新，鼓励成立专门的环保企业融资担保公司，为湿地保护领域项目提供低成本的融资担保，政府给予适当的税收优惠。创新融资抵押担保物。允许特许经营权、购买服务协议预期收益等作为抵押担保物进行融资。除传统的融资担保措施外，鼓励银行等金融机构更多地尝试收费权、合同收益权、保险权益转让及直接介入等综合增信担保措施。

创新环境金融服务，助力水污染防治领域 PPP 项目融资。鼓励金融机构为采用 PPP 模式的水污染防治项目提高授信额度，增进信用等级。开展环境金融服务创新，鼓励金融机构积极提供融资顾问及"投资、贷款、债券、证券"等综合金融服务，联合保险、信托等投资机构，以银团贷款、投贷模式、委托贷款等方式，努力拓宽水污染防治领域 PPP 项目融资渠道；在监管政策允许范围内，给予 PPP 项目差异化信贷政策，推进建立期限匹配、成本适当及多元可持续的 PPP 项目资金保障机制，延长贷款期限，贷款利率适当优惠，加快水污染防治领域 PPP 项目贷款审批。鼓励商业银行为使用 PPP 模式的水污染防治领域项目提供产业投资基金、收益信托等投行服务和融资租赁、代理保险等服务。

3. 建立湿地保护融资相关保障机制

（1）投资监管机制

一是在国家相关法律法规的指导下，应明确财政部门和项目管理部门作为监管的主体，共同制定实施政府投资监管制度和办法。在做好事后监督的前提下，还要将监管前移到项目立项之初，从预算安排到项目论证都应该符合相关制度办法。

二是建立湿地保护投资责任追究制度。要建立投资责任追究制度，对于绩效差、资金使用存在问题的项目追究责任，依法依规进行处罚，同时在之后的预算安排和项目立项的过程中对相关投资主体予以限制。

（2）市场融资机制

一是继续探索市场化运作。对于具备市场融资条件的项目，要制定相关政策鼓励社会化资金进入，逐步理顺融资程序。政府投资要发挥引导作用，对市场化资金给予贷款担保、财政补贴等支持政策。

二是规范项目经营权转让。当前能够实现经营权转让的项目主要集中于污水处理厂、垃圾处理厂等方面。在污水处理厂经营权转让的过程中，要严格执行特许经营权管理规定，科学合理约定转让协议，制定合适的经营转让期及水价。

（3）促进PPP模式在内蒙古湿地污染防治中的应用

转变政府职能，构筑完善的政策法规体系。由于缺乏PPP项目在流域污染防治方面的实际应用经验，以及从管理体制到法律法规等完整系统的科学制度安排，因此构筑完善PPP模式的相关政策、法规、资金支撑及机构管理体系，营造促进PPP应用的政策环境，是运用PPP模式推进内蒙古湿地保护的首要条件。政府应从公共服务的直接"提供者"转变为社会资本的"合作者"及PPP项目的"监管者"，不断提高驾驭"市场"的能力。针对PPP模式存在的薄弱环节，还需要发挥政府规划引导、政策机制和调控作用。

发挥市场化竞争机制，合理选择社会资本。内蒙古湿地保护项目多、投资大，单个企业通常难以承担工程任务。因此，为提高湿地保护效率，带动当地产业发展，地方政府既要从社会引进龙头环保企业参与湿地保护治理，又要督促地方平台公司进行市场化改制，通过严格规范的公开招投标、市场化竞争等方式，确定最稳定、合适的合作伙伴，建立"政府主导、社会参与、市场运作"的多元化筹资机制，切实落实湿地保护项目建设资金，积极吸引各类社会资金参与建设。

建立有效的风险分担机制。在PPP模式运行过程中，主要的风险表现为投资总额大、回收投资周期长。按照风险收益对等原则，政府和社会应该对潜在风险尽可能约定并预先制定好应对机制与措施，合理分配项目风险。原则上，项目的建设、运营风险由社会资本承担，法律、政策调整风险由政府承担，自然灾害等不可抗力风险由双方共同承担。鉴于此，大兴安岭地区的林业管理局应积极研究污染防治市场化风险规避与补偿机制，制定稳定的社会资本投资回报机制，以及能够保证一定收益的偿还待援的援助保障机制，以提高社会资本的积极性。

四、区域层面湿地公园融资计划

湿地公园是城市湿地生态恢复的一种有效途径，是城市湿地保护体系的重要组成部分。2005年国家林业局发出《关于做好湿地公园发展建设工作的通知》，《国家城市湿地公园管理办法（试行）》和《城市湿地公园规划设计技术导则（试行）》也相继出台，推动我国湿地保护和城市湿地公园建设进入快速发展期。

内蒙古大兴安岭地区湿地资源丰富，湿地公园的建立和发展也达到了前所未有的高度。如表 4-20 所示，截至 2015 年，内蒙古大兴安岭地区已有国家级湿地公园 11 个，主要以沼泽、河流类型为主，总面积达到 12.11 万 hm^2，公园内湿地总面积达到 5.86 万 hm^2。

表 4-20　2015 年内蒙古大兴安岭地区湿地公园概况

级别	湿地公园名称	湿地公园面积/hm^2	公园内湿地面积/hm^2	湿地类型
国家级	内蒙古根河源国家湿地公园	59 060	20 291	沼泽、河流
国家级	内蒙古图里河国家湿地公园	5 413	3 195	沼泽、河流
国家级	内蒙古牛耳河国家湿地公园	17 525	10 718	沼泽、河流
国家级	内蒙古绰源国家湿地公园	5 284	2 562	沼泽、河流
国家级	内蒙古伊图里河国家湿地公园	6 015	3 623	沼泽、河流
国家级	内蒙古大杨树奎勒河国家湿地公园	4 887	2 542	河流
国家级	内蒙古甘河国家湿地公园	3 965	3 498	河流
国家级	内蒙古阿尔山哈拉哈河国家湿地公园	4 139	1 505	沼泽
国家级	内蒙古卡鲁奔国家湿地公园	6 773	5 587	沼泽
国家级	内蒙古库都尔河国家湿地公园	5 776	3 892	沼泽
国家级	内蒙古绰尔雅多罗国家湿地公园	2 233.71	1 155.87	沼泽、河流

虽然内蒙古大兴安岭地区湿地公园的建设发展取得了一系列成就，但也必须指出，除根河源国家湿地公园外，大部分湿地公园无论从核心定位、功能规划，还是从建设水平、管理水平、服务水平上来看，和国内外大型先进的湿地公园仍存在一定差距。部分湿地公园基础设施落后，景观设计性差，难以吸引游客，也没有合适的融资渠道，资金问题始终制约着湿地公园的发展。因此，在未来五年内，内蒙古大兴安岭地区湿地公园应当积极拓展融资渠道，扩大融资规模，在维持园区生态系统平衡的同时，适度发展生态旅游，实现生态效益、社会效益和经济效益的统一。

（一）湿地公园保护管理工程融资计划

1. 湿地公园生境保育工程

第一，水体保育。保护水体及其缓冲带维系湿地资源、生物多样性；建设和旅游活动不破坏汇水区，不阻断汇水线，有效涵养水源；不对水资源进行无序开发，如制作饮品等；规范游客和管理人员行为，不向水体排污和乱扔垃圾，河流中不使用燃油机械；对园区污水进行净化处理。

第二，土壤保育。新增湿地内的步道以架空栈道为主；建设采土需保留表土，在下层采土后，覆盖表土恢复植被；对于不同土壤类型，保护措施应有侧重。

第三，植被保育。维持森林保持自然发育，围封抚育天然林群落及自我更新能力较好的退化群落斑块，限制游客进入；长期监测和调查次生林林地，掌握其自我更新的情况和规律；监控病虫害，及时清除病树以控制疫情传播；推广生物防治，保护食肉动物，招引和保护食虫鸟类；保护自然地形，保证湿地植物生活于适当的水湿环境中；保育河岸植被，保护小叶章、苔草草甸等良好的护岸群落；停止以提高生产力为目标的养护采伐。

第四，动物及其栖息地保育。针对园区内关键物种如驯鹿、黑嘴松鸡、雁鸭、冷水鱼等,构建其主要的食物链网络,保障食物链上下游的完整性及复杂性;针对重点保护动物的习性,如营巢环境、觅食场所、食物种类等,确定重点保护区域;针对濒危原因,恢复野生动物栖息地环境,消除人为干扰。

2. 植被恢复工程

第一,草本沼泽湿地恢复。采取工程措施,维护基底的稳定性,保证湿地面积;对地势相对较低的区域,做适当的地形改造,使周围的自然降水汇集到低洼区域,形成湿地沼泽环境。植被恢复:选择能适应当地的气候条件和具有一定的抗病虫害能力、容易繁殖及生长较快、净化能力强的乡土湿地植物,以湿地草本植物为主,如苔草、小叶章等。

第二,森林沼泽湿地恢复。采取封育和人工撒播种子等措施;选择耐水湿的乔木树种,如杨属、柳属植物,播撒种子,促进乔木层的恢复。土壤保护:避免对土壤的扰动,使土壤环境保持厌氧状态,利于厌氧微生物的生存。保持监测:对恢复群落进行长期监测,根据监测结果随时优化调整。

3. 湿地公园宣教工程

此项工程包括湿地公园内的宣教中心基础设施建设、标本陈列设施设备、解说设备、电教设施购置,以及宣传牌、宣传栏、宣传材料制作。

湿地公园保护管理工程主要依靠财政支持。参考其他各省湿地公园湿地恢复与保育财政投资额,并结合内蒙古大兴安岭地区实际情况,湿地公园保护管理工程融资额应当满足 350 元/hm^2。基于此,测算 2017~2021 年内蒙古大兴安岭地区湿地公园生境保育工程融资额分别为 4158 万元、4345.11 万元、4540.64 万元、4744.97 万元、4958.49 万元,五年合计约 2.27 亿元。

由于内蒙古大兴安岭地区湿地公园均为国家级湿地公园,应当重点申请中央财政支持。积极申请科技部农村科技司、资源配置与管理司,环保部水环境管理司,国家林业局湿地保护管理中心、野生动植物保护司,农业部,水利部水资源司、水土保持司等多部门的工程项目资金,提高湿地公园保护水平。

(二)湿地公园生态旅游融资计划

湿地公园通过合理的保护利用,集保护、科普、休闲等功能于一体,既能达到合理保护的目的,又能够为人们提供一个良好的休闲、游憩活动场所。湿地公园兼具有自然生态保护和人工游憩开发两方面的基本功能,是自然与人工的结合体,是人们理想的自然生态旅游地之一。但要发展生态旅游,仅有自然景观是远远不够的,需要投入大量经费对景区进行相应建设,包括基础旅游设施、游客中心、旅游步道、游玩设施等,以及相应的车辆及后勤保障,因此,应当留有专门的经费用于湿地公园生态旅游的基础设施建设,从而提升竞争力。

1. 湿地公园水、土壤、护岸及植物配置

城市湿地公园规划最重要环节之一,在于实现水的自然循环。因此,首先要改善湿地地表水与地下水之间的联系,使地表水与地下水能够相互补充。其次应采取必要的措施,改善作为湿地水源的河流的活力。最后应从整体角度出发,对周边地区的排水及引水系统进行调整,确保湿地水资源的合理与高效利用。在可能的情况下,应适当开挖新的水系并采取可渗透的水底处理方式,以利于整个园区地下水位的平衡。

湿地土层结构改造应顺应地形、因势利导。尽量减少动土量,以降低施工所需能耗,切实贯彻生态化设计的原则,顺应基址自然条件、减少施工能源消耗是生态化设计中相当重要的原则。

作为水陆交界地带的湿地岸边环境的营建也是十分重要的,理想的湿地护岸生态工程技术,是以自然升起的湿地基质的土壤沙砾代替人工砌筑,并在水陆交界的自然过渡地带种植湿生植物。这样,既能加强湿地的自然调节功能,又能为鸟类、两栖爬行类动物提供理想的生境,还能充分发挥湿地的渗透及过滤作用,同时也在视觉效果上形成自然和谐而又富有生机的景观。另外,还可通过沿岸木栈道、伸入水面的挑台、下沉式台阶等提升游客的亲水性。

在植物配置上,应考虑到植物物种的多样性和因地制宜,尽量采用本地植物,避免外来种。本地植物适应性强,成活率高。其他地域的植物可能难以适应异地环境,不易成活;在某些情况下又可能过度繁殖,占据其他植物的生存空间,以致造成本地植物在生态系统内的物种竞争中失败甚至灭绝,严重者成为生态灾难。在物种搭配上既要满足生态要求,做到对水体污染物处理的功能能够互相补充,又要注意主次分明,高低错落,其形态、叶色、花色等搭配协调,以取得优美的景观构图。

2. 湿地公园道路及景观系统建设

第一,提供人车分流、和谐共存的道路系统。步行道路系统满足游人散步、动态观赏等功能,串联备用出入口、景观节点等内部开放空间,主要由游览步道、台阶登山道、步石、汀步、栈道等几种类型组成;车辆道路系统包括机动车(消防、游览、养护等)和非机动车道路,主要连接与绿地相邻的周边街道空间,其中非机动车道路主要满足游客利用自行车、游览人力车游乐、游览和锻炼的需求。

第二,提供安全、舒适的亲水设施和多样的亲水步道,增进人际交往与地域感。可以充分利用基础地貌特征创造多样化的活动场所,诸如临水游览步道、伸入水面的平台、码头、栈道及贯穿绿地内部备用节点的各种形式的游览道路、休息广场等,结合栏杆、坐凳、台阶等小品,提供安全、舒适的亲水设施和多样的亲水步道,以增进人际交流和创造个性化活动空间。

第三,配置美观的道路装饰小品和灯光照明。人性化的道路设计除对道路自身的精心设计外,还要考虑诸如坐凳、指示牌等相关的装饰小品的设计,以满足游人休息和获取信息的需要。同时,灯光照明的设计也是道路设计的重要内容。道路常用的灯具包括路灯(主要干道)、庭院灯(游览支路、临水平台)、泛光灯(结合行道树)、轮廓灯(临水平台、栈道)等,灯光的设置在为游客提供晚间照明的同时,还可创造五彩缤纷的光影效果。

此外,湿地公园需要设置一定的景观建筑小品,一般常用景观小品包括:雕塑、假山、置石、坐凳、栏杆、指示牌等。常用的景观建筑类型包括:亭、廊、花架、水榭、茶室、码头、牌坊（楼）、塔等。建筑物的格调应与湿地公园的主格调协调一致，即以生态建筑为建筑物的设计和建造标准。建筑风格应定位为有中国传统特色和地方特色的建筑，中华文化源远流长，挖掘建筑文化，形成特色建筑，将成为湿地公园的一个亮点。亭、廊和其他配套设施，可以是简单、生态的框架，配上各种藤本植物，形成外观、色彩多样的各种生态建筑。

3. 湿地公园旅游配套设施建设

旅游服务设施应配合游览区设置，以提供方便周到的旅游服务，主要包括：①设置固定停靠点，如水上游线的停靠码头、环湖自行车的自行车驿站等。②在适当的地方设置指示牌、解说牌、导游图等，引导游人游览。③提供各种各样的接待服务，如游客服务中心、小卖部等。④休息亭、椅、厕所、垃圾箱等。

4. 湿地公园市场宣传营销

此外，应当加强湿地公园的市场宣传工作，有专项经费用于湿地公园的市场宣传工作。利用东北地区独特的自然景观，采取线上线下等诸多宣传手段，如加强官方网站建设、在电视及网络平台投放广告、免费发放大量的宣传出版物、在湿地公园内安置多媒体咨询系统、出售旅游纪念品等，扩大湿地公园的知名度，形成良性循环。同时，还应特别欢迎和支持各种新闻、学术单位对湿地资源的宣传工作。

目前，内蒙古大兴安岭地区已有湿地公园 11 个，总面积达到 12.1070 万 hm^2，湿地公园内部基础设施已经基本建立，但仍存在诸多不足之处，公园建设水平的提高急需资金的进一步支持。内蒙古大兴安岭地区湿地生态旅游开展面积 17.4921 万 hm^2，2016 年资金投入 2 亿元，预计未来五年资金总投入 15 亿元左右，生态旅游开展面积达到 30 万 hm^2 以上。

基于此，根据湿地资源的保护与恢复现实情况，在未来五年内，内蒙古大兴安岭地区应当继续新建 1 或 2 个国家级湿地公园、2 或 3 个省级湿地公园，以便更好地拓展融资渠道，扩大经济效益。根据《公园设计规范》《国家湿地公园建设规范》等标准和规范，参考国内其他湿地公园建设实际，如东莞市计划投资 3 亿元，建设 5 个省级湿地公园；中山市投资逾 4000 万元，建设中山市崖口省级湿地公园；哈尔滨市计划总投资 4 亿元，建设太阳岛国家湿地公园；洛阳市总投资 2.5 亿元，建设龙泉湿地公园；等等。综上可以看出，国内各个湿地公园由于级别、面积不同，融资规模差别很大。省级湿地公园多在 4000 万～7000 万元，国家级湿地公园在 2.5 亿元以上。基于此，本研究认为，内蒙古大兴安岭地区未来五年建设 3～5 个湿地公园，融资总额应当在 6.5 亿～8 亿元，平均约为 1.5 亿元/年。同时，对于原有湿地公园各项设施和功能的完善、每年市场宣传费用的融资规模，应当在 1.5 亿元左右，平均 3000 万元/年。

由于湿地公园具有盈利能力，因此，湿地公园生态旅游的融资方向应当是吸引社会资本及商业资本，通过 PPP 模式，鼓励企业参与到湿地公园建设当中来。

5. 挖掘文化促进产业聚集

首先，完善旅游业基础设施，在充分利用内蒙古大兴安岭地区现有独特的森林和湿地资源景观的前提下，将湿地建设与生态旅游紧密结合，有计划、有步骤、有针对性地完善基础设施条件，增强服务配套能力，优化城市管理体系。其次，整合区域品牌，提升生态旅游文化品牌建设，对内蒙古大兴安岭地区内部的历史遗存、风景资源（如独特的湿地、森林等自然风光）及文化背景等相关资源进行整合，挖掘旅游文化。开展地方特色之旅，提供现代旅游服务产品并不断提升产品档次，形成以体验性旅游和休闲度假为支撑、符合现代人的生活方式和消费心理的旅游服务产业，实现湿地综合效益的最大化和投融资的良性循环。

（三）湿地公园人员能力建设融资计划

人才建设是提高湿地公园管理水平的关键所在。要想开展湿地生态旅游，除基础设施建设要跟上以外，最重要的是公园管理人员和服务人员的素质提高。只有人员建设跟上了，湿地公园的服务水平才能快速提升，才会显著提升游客体验，提高公园口碑，进而扩大游客范围，增强盈利能力，形成良性循环。对于湿地公园来说，主要有以下几方面人才需要引进。

第一，科技专业人员。湿地公园依托湿地资源建设，没有湿地资源，公园也就失去了核心竞争力。因此，对于任何湿地公园来说，湿地的保护与恢复是放在第一位的。加强湿地资源保育与监测，引进湿地方面的专家和科研人员，有利于湿地公园的可持续发展，有利于丰富景观资源，是湿地公园建设的基础和保障。

第二，湿地公园专业管理人才。管理人才是湿地公园提升竞争力的"软实力"，优秀的管理人员对于湿地公园的运营和宣传，能够极大地提升湿地公园的管理水平，促进湿地公园进一步发展，提高湿地公园的盈利能力，是湿地公园建设的重要环节。

第三，高水平服务人员。在生态旅游中，服务人员的形象和素质在游客体验中占据重要地位。只有高素质的服务人员，才能有高水平的服务，才能提升游客口碑，形成良好示范效应。高水平服务人员的数量扩大及质量提高，是湿地公园建设不可或缺的重要组成部分。

基于此，经测算未来五年，内蒙古大兴安岭地区湿地公园所需人员能力建设经费如表4-21所示。由此可以看出，内蒙古大兴安岭地区湿地公园人员能力建设经费每年在5500万~7839万元，五年合计3.31亿元。其中，科技人员一般都是国家事业单位编制，经费应当由中央或省级财政支持；公园管理人员、服务人员、进修培训费用应当由企业负担。

表 4-21　2017~2021 年内蒙古大兴安岭地区湿地公园人员能力建设融资计划

	配置方案	融资额/万元				
		2017年	2018年	2019年	2020年	2021年
科技人员	每个湿地公园10~20人	1200	1278	1361.07	1449.54	1543.76
管理人员	每个湿地公园20~30人	1750	1925	2117.5	2329.25	2562.175
服务人员	每个湿地公园50~60人	2200	2420	2662	2928.2	3221.02
进修培训	确保每人每年至少1次	350	385	423.5	465.85	512.435
合计		5500	6008	6564.07	7172.84	7839.39

（四）湿地公园融资模式分析

1. 成立绿色产业基金和债券

对接《中共中央关于制定国民经济和社会发展第十三个五年规划的建议》，发展绿色金融，突出绿色融资已成为生态经济区建设融资的主旋律。内蒙古大兴安岭地区湿地公园项目资金需求量大，外溢效应明显。因此，政府需加大绿色投资的力度，更多地利用市场机制，引导金融机构及投资者支持绿色投资和绿色金融，追求长远可持续的效益。一方面，政府可以通过直接的财政预算拨款或建立绿色产业基金支持内蒙古大兴安岭生态经济区内环保产业的发展，通过加大对环境治理基础设施和设备的投资力度，扩大绿色产业规模，提高绿色产业污染处理能力；另一方面，可以通过绿色债券融资、税收优惠政策等手段支持绿色技术的开发及引导企业自主进行环境治理和实施循环经济项目。除此之外，政府应该积极探索新型融资模式，对非经营性项目、准经营性项目及经营性项目分别设计不同市场化程度的融资模式。

2. 鼓励引导民间资本投入

其一，降低市场准入门槛，允许具备条件的民间资本依法设立中小型银行等民间金融机构，发展支农金融、小微金融等普惠金融，扩大民间资本投资渠道，解决中小企业融资难的问题，激发金融市场活力；其二，鼓励民间资本依法进入融资性担保行业，积极为中小企业开展融资担保、再担保服务，促进市场竞争，满足多层次、多领域、差别化的融资需求；其三，鼓励民间资本参与设立各类投资基金，如内蒙古区基础建设基金、绿色发展基金等，同时吸引居民参与基金份额的购买，将大规模的居民储蓄转化为投资，并加大社保基金、保险投资资金的引进和争取力度。

3. 积极拓展自营资金和国际资本

社会资金主要指个人、企业或团体对湿地保护捐赠的资金，主要通过项目用于湿地保护投入。商业资金通过实施PPP融资模式，在政府和私营部门之间达成协议，对保护区基础设施进行投资。自营资金的关键在于湿地保护地内国有资源开发收益可以被保护区用于保护管理活动，因此更多地依赖门票费、开展湿地生产养殖、出租耕地等市场行为来自筹资金。由于政府预算资金投入存在时滞性和政府拨款立法程序中的不确定性，以及捐赠资金的短期性等方面的缺陷，湿地保护地的建设和发展还需更多地依赖门票费等市场行为来自筹资金。

此外，目前中国湿地保护工作还需要国际资金的注入和支持。国外资助投资主要包括联合国有关机构、自然保护国际组织、多边和双边援助机构等对中国湿地的各种资助与科技合作。基于此，内蒙古大兴安岭地区湿地公园建设可以积极引入国际资本，采用合作形式拓宽资金来源渠道，实现资金投入立体化、多元化建设。

五、根河源国家湿地公园融资计划

根河源国家湿地公园位于内蒙古大兴安岭腹地，是北部林区旅游发展的枢纽和重要游客集散地，是北上黑龙江漠河、西南下呼伦贝尔、东南进黑龙江五大连池的一个重要交通节点，占地面积59 060.48hm²，各类湿地面积20 291.01hm²，湿地率34.36%。湿地公园拥有森林、沼泽、河流、湖泊等多种生态系统，森林与湿地交错分布，处于原始或自然状态，是众多东亚水禽的繁殖地，是目前我国保持原生状态最完好、最典型的寒温带湿地生态系统之一。公园的主体——根河源头，根河是额尔古纳河的最大支流之一，担负着额尔古纳河水量供给和水生态安全的重任，维系着呼伦贝尔大草原的生态安全。

湿地公园自成立以来，在资源调查、基础设施建设、机构建设等方面做了艰苦努力，取得了一定成效，但由于地理位置、资金、人员、信息、体制等各方面原因，湿地公园还存在一些问题，制约着湿地公园的进一步发展。其中，资金缺口是制约公园进一步发展的重要阻碍。科学分析和探究根河源国家湿地公园投融资需求与缺口，探索多元化融资渠道，对于提高湿地公园建设水平、形成生态效益与经济效益相统一的良性循环有着现实意义。

（一）根河源国家湿地公园建设目标

分期建设思维以通过国家湿地公园验收为短期目标，逐步实践总体规划各项发展内容，建设分为旅游服务配套设施建设、生态保育及监测、生态恢复及监测、管理运营及培训四大工作向度，以10年为建设期限，分3个阶段推动各建设工作。第一期开始进行系统的生态保育恢复、科研监测、防灾、科普宣教工作（2014~2016年），同时建设必要的基础设施，达到公园验收及开园要求。第二期配套措施深化建设期（2016~2018年）完善生态保育恢复、科研监测、防灾、科普宣教工作，建设环境教育中心、转运系统及精品酒店。第三期总体设施建设完善期（2019~2023年）持续生态保育恢复、科研监测、防灾、科普宣教工作，建设自然科普教育学校及完善软硬件设施。

根河源国家湿地公园是内蒙古自治区的直属单位，目前应采取多种措施管理（行政、法律、经济和教育手段），生境保护最重要。不能无限扩大旅游规模，主要宣传生态意识和生态产品，对湿地认知有所提高。

（二）根河源国家湿地公园资金空缺分析

根河源国家湿地公园2016年生态旅游面积达20 291hm²，收入600万元，产值5000万元。2016年资金投入6500万元，预估资金空缺达3500万元。2017~2021年，根河源国家湿地公园预计继续扩大湿地生态旅游规模，完善生态旅游设施，提高管理水平，保证资金投入在3亿元左右，同时仍存在2亿元左右的资金空缺。基于此，测算未来五年根河源国家湿地公园的资金空缺情况，见表4-22，并制定根河源国家湿地公园五年融资计划。

表4-22 根河源国家湿地公园融资规模与计划　　（单位：万元）

	基数（2016年）		2017~2021年	
	资金投入	资金空缺	资金投入	资金空缺
根河源国家湿地公园	6 500	3 500	30 000	20 000

1. 湿地公园各类工程设备经费估算

湿地公园只是布设标桩、标牌、道路、建筑物,以及科研监测、宣传教育所需的基础设施及保护性工程设施。对于防火瞭望塔（台）、野生动物观测点等保护性、科研工程设施,在条件许可下应布设在核心区外。缓冲区可以布设科研观察、必要的保护性工程设施。实验区除布设保护性工程设施外,应适度集中布设湿地公园管理和社区可持续发展的工程项目。一切建设项目应有利于自然环境、自然资源的保护,有利于拯救濒危物种,有利于科学研究和促进科技进步。建设项目不得破坏自然资源、自然景观和保护对象的生长栖息环境,不得造成新的环境污染。各类工程及设备添置情况见表4-23~表4-27。

表 4-23　湿地保护管理工程

序号	项目名称	数量	投资额/万元
1	瞭望塔	3个	68.80
2	管护站	3个	210.80
3	人工湿地	1500m²	150.00
4	野生动物救护站	1个	86.70
合计			516.30

表 4-24　湿地恢复工程

序号	项目名称	数量	投资额
1	湿地生境和湿地植被恢复	653.16hm²	653.16万元

表 4-25　科研监测工程

序号	项目名称	数量	投资额/万元
1	科研监测中心	1个	198.50
2	科研监测设备	1个	27.30
合计			225.80

表 4-26　科普宣教工程

序号	项目名称	数量	投资额/万元
1	湿地科普中心用房	400m²	104.00
2	科普宣教设备	2或3台	53.65
合计			157.65

表 4-27　劳动、消防安全

序号	项目名称	数量	投资额/万元
1	设备费	—	21.60
2	其他费用	—	107.64
3	预备费	—	70.12
合计			199.36

由此，为促进根河源国家湿地公园的可持续发展，实现示范湿地公园的发展，需制定科学合理的管理办法及日常管理规章制度。针对现有人员、设备状况及所存在的问题，制定湿地公园自然资源保护和生物多样性保育方案、野外巡护方案、宣传和教育方案、可持续性经济和区域协调发展方案、保护管理基础设施建设和设备购置方案，各类工程设备费预算为1752.27万元。

2. 湿地公园保护管理经费估算

在根河源国家湿地公园管理计划经费预算中，健全湿地公园保护管理房舍工程项目预算费用为1000万元，占总投资的24.94%，位居所有项目的首位；第二为重点保护野生动物的保护管理项目，预算费用为600万元，占比达到14.96%；第三为生态旅游的发展项目，预算费用为500万元，占比达到12.47%；第四为生态系统恢复项目，预算费用为400万元，占比达到9.98%；第五为科普宣教硬件设施项目，预算费用为320万元，占比为7.98%；第六为湿地公园监测项目，预算费用为240万元，占比为5.99%；第七为生态系统重建项目，预算费用为200万元，占比达到4.99%；其余项目预算费用合计为750万元，占比为18.7%。总管理经费估算为4010万元。

根河源国家湿地公园规划内的基础设施建设主要包括公路、环境教育学校、游客接待中心、公园标示系统、公园交通转运系统，具体的资金需求见表4-28。

表4-28 根河源国家湿地公园基础设施建设资金需求

资金内容	金额/万元
公园内（乌南线）公路	4000
环境教育学校	3000
游客接待中心	5000
公园标示系统	1000
公园交通转运系统	2000

3. 湿地公园现有资金来源

根河源国家湿地公园有80位职工，人员事业经费来自天保管理资金，平均每人4.1万元/年的工资，每年总额为328万元。根河源国家湿地公园获得中央财政湿地奖励资金500万元。国际资金600万元左右，用于完善基础监测设备、购买实验分析等设备、聘请国际（包括国内）专家组织培训，提升人员素质和实际操作能力。国家旅游局和内蒙古自治区旅游局拨付给根河源国家湿地公园400万元建立房车营地。内蒙古自治区交通运输厅拨付4000万元修路使用。2013年，内蒙古自治区林业厅投资根河源国家湿地公园500万元发展多种产业，建立野生动植物繁育基地。2015年，旅游开发部（根河假日旅游公司）接待各地游客51 979人次，实现旅游产值502.5573万元，其中景区门票收入217.487万元，房车基地食宿159.5073万元，娱乐收入83.583万元，其他收入42万元，预计每年收入300万~500万元，每年旅游收入可供湿地公园日常管理使用。根河源国家湿地公园资金投入具体见表4-29。

表 4-29 根河源国家湿地公园资金投入分配情况

资金投入内容	资金来源	金额
人员事业经费	天保管理资金	328 万元/年
湿地奖励资金	中央财政	500 万元
国际项目资金	GEF 项目组	200 万元/5 年
房车营地建设费	国家旅游局和内蒙古自治区旅游局	400 万元
道路修建费	内蒙古自治区交通运输厅	4000 万元
野生动植物繁育基地	内蒙古自治区林业厅	500 万元
日常管理费用	湿地公园年均营业收入	500 万元

根据实地调研与管理人员访谈所知，根河源国家湿地公园资金投入仍然有很大的缺口，环境教育学校、游客接待中心、公园标示系统、公园交通转运系统等基础设施资金不足，湿地公园的各项建设仍需要大量资金。但是，为防止过分功利的投资建设给根河源湿地生态的保护与恢复带来不利影响，在以国家林业和草原局及根河林业局财政投入为主、支持湿地公园及周边基础设施的基础上，充分吸纳社会公众参与，推进投资体制的创新，以产权为纽带，以互利互惠、共同发展为目标，实现投资主体的多元化和投资方式的多样化，调动政府、企事业和社会投资者的积极性，依靠社会各方面力量的广泛参与，保证湿地公园的建设资金来源。

（三）根河源国家湿地公园筹资渠道与方法

1. 财政资金来源与方法

基于湿地保护的需要，进一步申请中央财政湿地保护与恢复项目专项资金。中央财政湿地保护补助资金是指中央财政预算安排的，主要用于林业系统管理的国际重要湿地、湿地类型自然保护区及国家湿地公园开展湿地保护与恢复相关支出的专项资金。湿地保护补助资金主要用于湿地监控、监测设备购置和湿地生态恢复及聘用管护人员劳务支出等，具体用于三个方面的支出范围：一是监测、监控设施维护和设备购置支出。具体包括：监测和保护站点相关设施维护、巡护道路维护、围栏修建、小型监测监控设备购置和运行维护等所需的专用材料费、购置费、人工费、燃料费等。二是退化湿地恢复支出。具体包括：植被恢复、栖息地恢复、湿地有害生物防治、生态补水、疏浚清淤等所需的设计费、施工费、材料费、评估费等。三是管护支出。

进一步通过发展改革系统申请中央预算内投资湿地保护工程项目。2007 年，中央财政将投入 3 亿元，用于重要湿地保护和国家湿地公园的建设工程。在"十一五"期间，国务院批准的湿地保护工程投资额是 90 亿元，但实际上资金的到位率只有 38%。"十二五"整个规划是 129 亿元，其中中央是 55 亿元，其他属于地方配套。规划的方向也是四个方面：一是湿地的保护工程，二是湿地的综合治理工程，三是可持续利用示范工程，四是能力建设工程。

2. 社会资金来源与方法

（1）政府与社会资本合作模式

在公私合营模式中，社会企业从湿地公园立项开始全程参与，政府参与湿地后期管理的深度及广度也有所提升。表现形式为政府与社会企业签订特许权合同，确定合作关系，并成立特殊目的公司，对工程进行融资，融资来源多见于银行融资。同时，特殊目的公司还负责项目设计及建设招投标，以及后期建设过程中的监管及运营。湿地所有权划归政府所有，企业承担项目的经营权，主要负责湿地的建设及运营、维护管理，政府协同管理。待经营到期后，政府无偿收回社会企业对湿地的运营权。公私合营模式是一种崭新的模式，企业自始至终参与，可以有效缓减企业自身的投资风险，由于政府担保银行融资无形增加了投资风险，同时繁杂的部门构成及事项流程增加了部门协调难度，目前该模式应用案例较少，还需探索。

政府与社会资本合作较多的一个模式是 BOT（Build-Operate-Transfer）模式，即"建设–经营–移交"，是政府吸引非官方资本加入基础设施建设的一种融资方式。它是指政府或其他公共部门将由其控制的资源，如基础设施或公益项目，以招标的形式选择企业，通过与企业签订相关协议，授权企业负责基础设施或公益项目的筹资、设计、建设等工作。作为回报，授权企业可以在设施或项目建成后的一定时间内，通过项目的经营来收回投资、建设项目的费用，以及取得一定利润作为投资回报。在协议期满后，该基础设施或公益项目由授权企业无偿转让给所在地政府或其下属公共部门。

大兴安岭根河源国家湿地公园建设项目具备 BOT 筹资方式的基本特点，可以利用 BOT 投资模式进行项目的建设和管理。通过 BOT 补偿机制，引导更多资金投入政府鼓励发展的项目中。大兴安岭根河源国家湿地公园项目投资大，项目本身商业性较低，政府必须给项目投资公司相应的补偿，或在开发其他项目方面给予项目公司优惠政策，以弥补私营资本的损失。在利用 BOT 补偿机制过程中，政府通过推出鼓励项目的优惠政策，吸引项目公司更多的资金建设其他有待开发的项目，推动当地经济的发展。

（2）委托运营模式

为保证此类湿地的良好运营，政府可尝试采取委托运营的方式。通过购买服务的方式，聘请专业的湿地公园运营机构负责管理。具体表现为根河源国家湿地公园管理部门作为项目的发起人，全权负责项目的立项、融资及建设等前期过程。由于此类湿地后期收益不明显，为保证根河源国家湿地公园管理部门资金的流通性及减缓资金压力，可采用风险相对较小的融资租赁形式，融资目标最好为银行、金融机构等国有机构。项目设计及建设采用招投标形式，通过对具有相关资质的企业进行考核，确定最终的设计及施工企业，根河源国家湿地公园管理部门成立专门的项目建设技术监督组，对施工设计过程进行全程监督。政府应建立人工湿地运营企业目录，并从中筛选管理相对完善的社会企业作为运营主体，运营产生的费用由社会企业自行承担，并向根河源国家湿地公园管理部门每年定期缴纳服务费，在此过程中，项目的所有权一直属于政府或融资公司所有，企业只负责运营。

委托运营可以实现根河源国家湿地公园管理部门与社会企业的"双赢"，企业通过较好的技术措施和管理手段实现湿地公园的良好运营，仅对运营结果负责，从收取的服务费中获得收益。根河源国家湿地公园管理部门通过委托运营的方式，承担协调、监管工作，减轻了自身的财政及管理压力，同时保障了湿地公园的运营效果。

(3) 特许权运营模式

对于具有显著经济效益的湿地公园，具有后期市场开发价值，也可采用特许权运营的模式。具体表现为政府指定项目的发起人，组建项目公司，参与项目的招标、建设及运营等过程。在特许期内，人工湿地的设计、建设及运营均由社会企业负责，企业可以通过开发湿地价值产生相应的收益。特许期满，企业需将湿地所有权交回政府，并自负盈亏。

第三节　结论与讨论

一、黑龙江大兴安岭湿地融资计划结论

基于黑龙江大兴安岭地区湿地保护地的发展情况，利用 SWOT 方法分别分析该地区湿地保护地融资的优势、劣势、面临的机遇和挑战，提出未来五年湿地保护区融资目标和任务，主要有：①保障恢复湿地生态系统；②保障资源利用方式的转变；③弥补新增野生动物的损害；④保障新增监督、管理及科研活动；⑤保障可持续利用示范工程建设。湿地公园融资目标和任务主要有：①保证充足的资金用于维护湿地生态平衡；②适度生态旅游建设与发展。

从生态补助资金、人员事业管理费和保护发展工程建设费来看，2016 年湿地保护区投资总额为 5996 万元，湿地公园投资总额为 12 339.85 万元，基于此，提出 2017~2021年融资计划：湿地保护区资金总需求为 7.05 亿元，湿地公园资金总需求为 14.87 亿元，其中生态补助资金需求为 14.01 亿元，其中湿地保护区为 4.66 亿元、湿地公园 9.35亿元；人员事业管理费资金需求为 2.50 亿元；保护与发展工程建设费用资金需求为 5.42亿元。根据黑龙江大兴安岭地区湿地资源保护和发展及湿地保护区建设的总体目标和要求，应当从财政、金融、公益环保、国际组织等各个层面形成多元化融资渠道，建立湿地保护资金投入与使用的良性循环，主要来源于社会资金和商业资本，通过 PPP 模式、特许经营模式等政府与企业合作模式，用合资、合作等方式，吸纳社会资金，实现生态效益、经济效益与社会效益的有机统一。

最后通过对黑龙江多布库尔国家级自然保护区湿地的投融资现状、存在的问题、未来融资目标和任务进行分析，根据现有预算支出情况估算出未来五年融资规模约在 1.9亿元，其中人员事业费为 1576 万元、湿地工程建设资金为 17 450.76 万元，其融资渠道主要为人员事业费和湿地工程建设资金。可见，自然保护区的建设发展是一项系统工程，需要大量人力与财力的投入。湿地保护资金坚持以国家和地方政府投资为主，特别是充分利用好新晋升国家级自然保护区建设项目经费，重点加强基础设施建设和保护管理能力提升，充分吸纳社会公众参与，推进投资体制创新，以产权为纽带，以互利互惠、共同发展为目标，实现投资主体和投资方式的多样化。

2016 年，黑龙江大兴安岭地区湿地保护投入主要来源于湿地补助金和天保工程资金，分别为 500 万元、1800 万元左右。多布库尔国家级自然保护区资金投入为 797 万元左右，主要来源于湿地补助金（50 万元）、人员能力建设费（600 万元）和国际资金（600万元左右）。根据实地调研得知，每年湿地补助资金和天保工程投入基本不变，为了实

现融资能力增加 1 倍、保护地面积增加 1 倍和保护预算增加 1 倍的融资目标，推算出黑龙江大兴安岭地区及多布库尔国家级自然保护区未来五年的融资计划，如表 4-30 所示。

表 4-30　2017~2021 年黑龙江大兴安岭地区及多布库尔国家级自然保护区融资计划

（单位：万元）

	资金投入现状		融资能力增加 1 倍		保护地面积增加 1 倍		保护预算增加 1 倍	
	2016 年		2017~2021 年		2017~2021 年		2017~2021 年	
	投入	空缺	需求	空缺	需求	空缺	需求	空缺
黑龙江大兴安岭地区	2 300	24 559	140 160	137 660	137 660	137 660	137 660	137 660
多布库尔国家级自然保护区	797	2 450	18 817	16 170	18 817	16 170	18 817	16 170

未来，黑龙江大兴安岭地区及多布库尔国家级自然保护区湿地旅游产业将作为重点发展对象。2017~2021 年，黑龙江大兴安岭地区发展湿地旅游的面积达 587 170hm²，根据黑龙江大兴安岭地区湿地"十三五"规划估算出湿地旅游产业所需资金，为 1 亿元，旅游收入可能达到 2 亿元，根据多布库尔国家级自然保护区总体规划估算出发展旅游资金需求，为 1500 万元，旅游收入可能达到 3000 万元，具体见表 4-31。

表 4-31　2017~2021 年黑龙江大兴安岭地区及多布库尔国家级自然保护区湿地旅游产业融资计划

	面积/hm²	资金需求/万元	收入/万元
黑龙江大兴安岭地区	587 170	10 000	20 000
多布库尔国家级自然保护区	128 959	1 500	3 000

黑龙江大兴安岭地区湿地保护地投融资计划的实施需要相关政策制度的保障，具体包括：①积极获取政府扶持政策；②依据法律法规运行融资项目；③建立健全湿地融资项目实施细则；④创新金融支持模式多方合力支持湿地融资；⑤培养保护区工作人员的融资知识；⑥做好湿地工程融资项目运行中的风险控制；⑦建立规范系统的监督管理机制防范财政风险。

二、内蒙古大兴安岭湿地融资计划结论

基于内蒙古大兴安岭地区的优势、劣势、机遇和威胁的 SWOT 分析，未来五年的融资目标和任务主要包括：保证湿地管护与恢复经费；保障湿地保护区及湿地公园管理体系建设；湿地退耕还湿及生态补偿经费保障；适度发展生态旅游。

内蒙古大兴安岭地区湿地自然保护区融资计划主要包括以下方面：保护区体系管理能力建设；湿地生态功能恢复与保护工程经费融资；湿地可持续利用生态工程融资；湿地自然保护区人员能力建设经费。根据测算，未来五年共需融资 16.76 亿元，平均每年 3.35 亿元，主要来源渠道是中央及省级财政支持。尤其是要积极向中央各主管部门申请工程项目资金，如向科技部、环保部申请相关科研项目提高科研建设水平，如科技部关于水体污染控制与治理科技重大专项、科技部资源领域科技创新专项项目、科技部国家科技计划农村科技领域首批预备项目、环保部水专项课题等。

内蒙古大兴安岭地区湿地公园融资计划主要包括以下方面：新建 1 或 2 个国家级湿

地公园，3~5个省级湿地公园项目融资；湿地公园保护管理工程融资；湿地公园生态旅游设施建设融资；湿地公园人员能力建设融资。根据测算，未来五年共需融资14.58亿元，平均每年2.9亿元左右。其中，大部分融资来源于社会资金和商业资本，通过PPP模式、特许经营模式等政府与企业合作模式，用合资、合作等方式，吸纳社会资金，共同受益，实现生态效益、经济效益与社会效益的有机统一。

与此同时，选取内蒙古根河源国家湿地公园作为典型湿地公园，具体分析了根河源国家湿地公园未来五年的具体融资计划，包括湿地公园各类工程设备经费估算、保护管理经费估算等，测算出未来五年融资规模，约在1.57亿元，同时分析了现有资金来源主要是财政支持，未来的筹资方法可从扩大财政资金来源、吸纳社会资金和金融资本等方面入手。

2016年，内蒙古大兴安岭地区共有8个湿地保护区和11个湿地公园，湿地保护资金投入为2亿元左右，主要来源于湿地补助金、天保工程资金、湿地专项资金，分别为3100万元、8550万元和3400万元，平均到每个保护地约为500万元、300万元和300万元。根河源国家湿地公园资金投入为6500万元左右，主要来源于一次性基础设施建设投入（4000万元）、湿地补助金（500万元）、湿地专项资金（1000万元）、湿地旅游收入（500万元）和人员能力建设费（500万元）。根据实地调研得知，每年湿地补助资金和天保工程投入基本不变，为了实现融资能力增加1倍、保护地面积增加1倍和保护预算增加1倍的融资目标，推算出内蒙古大兴安岭地区及根河源国家湿地公园未来五年的融资计划，如表4-32所示。

表4-32　2017～2021年内蒙古大兴安岭地区及根河源国家湿地公园融资计划　（单位：万元）

	资金投入现状		融资能力增加1倍		保护地面积增加1倍		保护预算增加1倍	
	2016年		2017～2021年		2017～2021年		2017～2021年	
	投入	空缺	需求	空缺	需求	空缺	需求	空缺
内蒙古大兴安岭地区	20 000	30 000	250 000	150 000	150 000	100 000	500 000	300 000
根河源国家湿地公园	6 500	3 500	30 000	20 000	—	—	60 000	40 000

未来，内蒙古大兴安岭地区及根河源国家湿地公园湿地旅游产业将作为重点发展对象。目前，内蒙古大兴安岭地区发展湿地旅游的面积达174 921.1hm^2，年投资2亿元，年收入为15亿元，根河源国家湿地公园发展旅游的面积达20 191hm^2，年投资5000万元，年收入为600万元。2017~2021年，内蒙古大兴安岭地区发展湿地旅游的面积达300 000hm^2，根据内蒙古大兴安岭地区"十三五"发展规划，估算出湿地旅游产业所需资金为15亿元，由于根河源国家湿地公园面积经过国家林业局审批不能改变，根据根河源国家湿地公园总体规划估算出资金需求，为2亿元，具体见表4-33。

表4-33　2017～2021年内蒙古大兴安岭地区及根河源国家湿地公园湿地旅游产业融资计划

	2016年			2017～2021年	
	面积/hm^2	投资/万元	收入/万元	面积/hm^2	资金需求/万元
内蒙古大兴安岭地区	174 921.1	20 000	150 000	300 000	150 000
根河源国家湿地公园	20 291	5 000	600	20 291	20 000

内蒙古大兴安岭地区湿地保护地投融资计划的实施需要相关政策制度的保障，具体包括：①积极获取政府扶持政策；②依据法律法规运行融资项目；③建立健全湿地融资项目实施细则；④创新金融支持模式多方合力支持湿地融资；⑤培养保护区工作人员的融资知识；⑥做好湿地工程融资项目运行中的风险控制；⑦建立规范系统的监督管理机制防范投资风险。

第五章 大兴安岭地区示范点旅游发展现状及规划

生态旅游由世界自然保护联盟（IUCN）于1983年首次提出，于1986年在墨西哥召开的一次国际环境会议上被正式确认，从此得到了世界各国的重视，也得到了社会公众的广泛认同和接受，成为旅游产业的中坚力量，以及普及自然生态文化和促进人与自然协调发展的重要手段。在1992年联合国环境与发展大会（地球峰会）明确提出"可持续发展"原则后，我国全面实施社会、经济和环境的可持续发展战略，并开始了生态旅游实践。本章在利用统计资料、年鉴、调研报告进行整理和分析的基础上，对大兴安岭地区生态旅游的发展历程进行回顾和梳理，阐述和总结大兴安岭地区生态旅游的发展现状与问题，提出生态旅游发展对策。当前，大兴安岭地区生态旅游目的地体系健全，生态旅游产品日趋多样，游客数量连年攀升，生态旅游呈现良好发展势头。

第一节 黑龙江省大兴安岭地区生态旅游概况

（一）黑龙江省大兴安岭生态旅游发展历程

黑龙江省大兴安岭地区的生态旅游可以追溯到20世纪80年代中期，迄今共经历了逾30年的发展历程。该地区的生态旅游活动可以大致分为以下几个历程。

1. 起步阶段（1985～2003年）

1985年5月，漠河县成立大兴安岭地区首家县级旅游行政管理机构——漠河县旅游局。

1992年11月，经地委常委会议批准，大兴安岭地区旅游局成立。1997年，中共大兴安岭地委、大兴安岭地区行政公署明确"大力发展旅游业，使其成为全区的支柱产业之一"，同年大兴安岭地区行政公署做出了《关于加快旅游业发展的决定》。2001年10月，行署主持编制了《大兴安岭地区旅游业总体规划》，2002年又提出了《关于加快全区旅游业发展的实施意见》，并编制完成了《漠河县旅游业总体规划》和《漠河县北极村建设规划》。加格达奇区、塔河县、加格达奇林业局相继成立了旅游局或旅游分公司。

2003年，大兴安岭地区把旅游业确定为八大重点推进工作之一。为此，地委、行署和各级党委、政府为地、县两级旅游局配备了比较强的领导班子，在景区景点相对较多的县、局设立了旅游机构。2013年，大兴安岭地区旅游总收入达5216万元，比2001年增长88%，接待游客量8.93万人，比2001年增长31.3%。

2. 稳步发展阶段（2004～2007年）

2005年9月，旅游主管部门制定了《大兴安岭地区旅游景区（点）开发建设管理意见》等5个旅游行业管理办法，上报行署法制办审批通过，使旅游行业管理工作步入规范化、制度化的管理轨道。

在"十一五"（2006~2010年）规划中，大兴安岭地区将生态旅游业作为六大产业体系（特色养殖业、绿色有机食品业、北药开发业、生态旅游业、林木产品精深加工业、矿产开发业）之一进行重点发展。围绕"找北""找冷""找纯""找静""找美""找奇""找自然"的定位，面向国内甚至国际加大宣传力度，利用"神州北极"品牌，依托冰雪、森林、界江、湿地等独特景观，带动整体发展。

2004~2007年，旅游总收入年均增长率达45.4%，接待游客规模年均增长率达29.3%。2007年，大兴安岭地区旅游总收入达2.5亿元，接待游客规模达29.6万人次。

3. 提升发展阶段（2008年以来）

2008年6月10日，漠河机场正式通航，并开通若干航线，大兴安岭地区交通条件大为改善，为旅游业的发展奠定了基础。

2008年8月30日，中共大兴安岭地委、大兴安岭地区行政公署做出《关于加快旅游业发展的决定》，提出8条实施意见，提出要充分发挥大兴安岭地区的资源优势，推动旅游产业跨越式发展，尽快把旅游业培育成支柱产业，推动地区经济又好又快、更好更快地发展。

2007~2009年，大兴安岭地区旅游总收入年均增长率达124%，接待游客规模年均增长率达123%。

（二）旅游发展现状

大兴安岭地区旅游发展突出"生态旅游"的总体定位，强力塑造"神州北极"品牌，发挥神州北极、生态自然、高寒冰雪、迤逦界江、神奇天象等资源优势，紧紧抓住漠河机场通航、旅游市场急剧升温、生态旅游热点北移等有利契机，以景区提档升级为重点，加大旅游基础设施建设力度、加快旅游资源开发步伐、强化旅游外宣促销、努力提升旅游行业素质，大力实施政府主导型旅游发展战略，形成了以北极村为龙头，以找北、探秘、避暑、休闲、滑雪为核心的生态旅游系列产品。

1. 产业规模不断壮大

大兴安岭地区旅游产业规模逐年增加，旅游收入占GDP的比重逐年增长，形成了以漠河县、加格达奇区为龙头，以加漠公路为主干，以呼中、呼玛为两翼的全区旅游建设格局。2009年，大兴安岭地区旅游业接待各类旅游者147万人次，实现旅游业总收入12.5亿元，旅游收入占GDP的比重达15.51%，相当于第三产业增加值的比重升至38.81%。其中加格达奇区旅游总收入为1亿元，占全地区的40.3%；漠河县旅游总收入为0.97亿元，占全地区的38.8%。加格达奇区和漠河县旅游总收入总量占全地区的79.1%，其他两县三区仅占全地区的20.9%，呈现出明显的两家独大态势。

2. 市场份额逐步提高

近年来，大兴安岭地区旅游在黑龙江省的位势逐年提高。2005年大兴安岭旅游总收入仅占全省旅游总收入的 0.37%，至 2009 年该比重已达 1.29%，呈现出快速增长的良好势头。

3. 景区建设步伐加快

大兴安岭地区有 100 多个实体景点、5 条精品旅游线路，其中 A 级景区 10 家。其中北极光、龙江源、鄂族情、大界江、大湿地、大森林、大冰雪的品牌获得国内外游客的认同和好评。

4. 基础配套突飞猛进

近年来，大兴安岭地区累计投入交通、景区、城市基础设施和旅游配套服务设施改造等建设资金 20 多亿元。现已开通直达北京、大连、哈尔滨等主要城市的旅客列车，日接发客车 11 对。漠河机场通航后，加格达奇机场获得了国家发改委的正式批复。

5. 资金投入大幅提升

近年来，大兴安岭先后投入资金近 3 亿元用于建设映山红滑雪场、北极村、北极沙洲等景区景点，投入资金 20 多亿元用于漠河机场、区内道路网络、电力和通信等基础设施建设。自 2006 年大兴安岭行署设立旅游发展基金以来，逐步加大投入力度，用于旅游规划、旅游促销、导游职员培训及旅游景区开发建设等。

6. 旅游招商稳步推进

大兴安岭地区把旅游招商引资作为筹措资金的重要渠道强力推进，每年都精心筛选、申报 10 多个旅游项目，并在黑龙江旅游网站、大兴安岭政府网站上发布旅游招商信息。

7. 行业素质不断加强

大兴安岭地区制定出台了《大兴安岭地区旅游景区（点）开发建设管理意见》等 5 个旅游行业管理办法，编制了《关于加快大兴安岭地区旅游业发展若干意见》等产业发展推进措施，连续举办了两届导游职员培训班，旅游行业管理工作步入规范化、制度化的管理轨道。

8. 管理机构相对健全

大兴安岭地区旅游事业管理局（当时名称）、旅游总公司（当时名称）、大兴安岭国际旅行社三位一体，合署办公。地区下辖区县中，1985 年成立的漠河县旅游局是全区最早的旅游管理机构，1998 年末，呼玛县成立了县旅游局；2002 年，加格达奇区、塔河县、呼中区、加格达奇林业局相继成立了旅游局或旅游公司。

9. 节庆赛事成为看点

北极光节、漠河国际冰雪汽车越野赛、全国自由式滑雪雪上技巧赛、暖春活力滑雪周、漠河中国北方民族文化歌舞服饰展演大赛、中国•黑龙江初冬热身滑雪月大兴安岭开滑式和加格达奇国际冬泳邀请赛等节庆赛事的举办，成为大兴安岭区域内外关注的焦点和亮点。节庆赛事引来新华社、《人民日报》、中央电视台等 200 多家强势媒体聚焦大兴安岭地区，为旅游业发展开拓出巨大空间。

10. 市场营销成效显著

大兴安岭地区按照"夏季做强、冬季做热"的思路，集中在中央电视台新闻频道和《请您欣赏》栏目、黑龙江卫视等媒体高强度进行旅游形象宣传，在《人民日报》《中国旅游报》等高端报刊整版刊发旅游产品和线路广告，并把旅游宣传促销贯穿到电视、广播、网络、航班、列车、气象等各个环节和细节中。北京、上海、广东、重庆、西安、哈尔滨等地 100 多家旅游企业纷纷前来考察踩线，与大兴安岭地区旅游企业制订市场拓展计划，联合进行市场营销。

（三）旅游发展存在的问题

1. 旅游发展整体水平不高

大兴安岭地区旅游发展总量不大，为黑龙江省较为落后地区。2008 年大兴安岭地区旅游总收入在同级地市中排名末 5 位，旅游总收入仅占牡丹江的 5.27%、齐齐哈尔的 12.15%、黑河的 24.67%。

2. 缺乏精品旅游景区（点）

由于大兴安岭地区旅游发展起步晚、投入少，因此旅游资源开发程度较低。与黑龙江省其他地市相比，目前形成的旅游景区（点）相对数量少、规模小、等级低，龙头景区、精品景区缺乏。A 级景区数量仅占全省的 3.4%，位于全省最后 4 位；滑雪场数量仅占全省的 3.8%。

3. 旅游产品开发趋于同质化

大兴安岭地区旅游发展同质化倾向明显。森林旅游、湿地旅游、旅游度假、特色商品制造、民族文化旅游开发等均不同程度地存在同质化、无序化开发的问题。大兴安岭蓝莓因具有独特的保持视力、强化心脑血管及动脉血管等功能而备受游客喜爱，蓝莓食品、饮品非常畅销，然而加格达奇直至漠河一线的城镇内存在多处蓝莓产品加工企业，品牌不大、知名度不高，相互之间无序竞争影响整体效益。大兴安岭地区森林旅游四处开花，特色不足，弱化了整体吸引力。

4. 旅游可进入性较差

大兴安岭地区对外交通可进入性较差，地处北陲边疆，空间距离遥远，铁路与公路交通时间过长。加格达奇与北京的公路全程近 2000km，距离最近的省会城市哈尔滨也达 760km。无论铁路还是公路，都需要较长的交通时间和较高的交通成本。大兴安岭地区现开通的漠河机场航班数量有限，仅有漠河—哈尔滨—北京、漠河—齐齐哈尔—哈尔滨、漠河—海拉尔—大连等航线，且中转较多、成本较高。

大兴安岭地区内部各旅游景区之间的交通条件也较差。许多景区旅游道路等级低，日常通行能力差，如南瓮河、呼中、双河自然保护区等；一些景区冬季可进入性较差，如大白山、苍山石林风景区等，冰雪季节难以进入。景区之间距离遥远，北极村景区与加格达奇区之间距离达 500 多千米。

5. 旅游服务配套不完善

大兴安岭地区旅游接待服务设施较少，等级不高。至 2009 年，星级饭店仅有 10 家（其中 4 星 2 家、3 星 3 家、2 星 5 家），占全省比重仅 3.32%（2009 年底全省星级饭店 301 家）。大兴安岭地区旅行社数量 24 家，其中仅有 4 家列入黑龙江省旅行社诚信档案库（黑龙江旅游局 http://hljtour.gov.cn），占库内诚信旅行社总量的比重仅为 0.85%；国际旅行社仅 1 家，占库内诚信旅行社总量的比重仅为 1.32%。区内旅游娱乐场所较少，仅有网吧 128 家、歌舞娱乐场所 117 家、电子游戏厅 25 家，层次较低，不能满足旅游者文化娱乐需求。旅游商品创新性不足，限于山特产品、桦树皮美术品、木质工艺品等传统旅游商品，艺术性、时尚性和收藏价值不高。绝大多数景区没有设立游客服务中心和导游中心等机构，没有配备观光车、标识牌、示意图、停车场和环保厕所等设施设备，尤其是景区没有旅游客运车队，大型团队无法进入。漠河机场通航后，北极村旅游交通不得不调用大巴车辆来缓解短线交通运力不足，但费用较高使旅行社和游客无法接受。

6. 旅游人才队伍弱小

大兴安岭地区地县两级旅游行政管理人员只有 35 人，其中地区旅游局在册职工仅有 10 人，专业对口、本科学历的工作人员仅有 1 人，星级宾馆、家庭宾馆、旅行社等相关服务人员基本没有接受过专业培训，高素质的旅游从业人员和高技能的旅游专业人才奇缺。

（四）生态旅游发展展望

1. 优势旅游资源和环境条件

大兴安岭地区具旅游开发价值的优势旅游资源和环境要素包括以下五方面。

第一，神州北极在全国具有垄断地位。大兴安岭地区位于中国最北部，这种特殊的地理位置所带来的奇异天象、酷寒的气候和中国最北村落、最北一家、最北点标志点等资源环境条件所带给游客的特殊感受极具魅力，在全国具有垄断地位。

第二，大森林、大界江、大湿地、大冰雪体现了黑龙江省的典型特征。大兴安岭地区拥有众多大尺度景观资源，如亿万亩大森林景观、大界江景观、大湿地景观、大冰雪景观等，体现了黑龙江省大森林、大界江、大湿地、大冰雪的资源特征。

第三，系列主题清晰的人文资源展现了北疆风情。大兴安岭地区人文资源和环境形成鄂伦春族民俗文化、产业文化、特色村落、历史事件遗迹等几个主题清晰的优势资源系列，且人文资源与大兴安岭地处北部边疆的特殊地理位置有关，成为北疆风情的人文体现。

第四，避暑度假环境舒适。夏季避暑条件舒适性与日最高气温、日照时数、降水量等要素有关。避暑度假气候公式为 $I=0.5(D+0.125S-Q)$，其中 I 为避暑旅游气候指数，D 为 7 月日最高气温<30℃的天数，S 为 7 月日照时数，Q 为 7 月≥10mm 中雨以上降水日数。$I>20$ 被认为是避暑气候条件优越。

第五，四季景观富有特色。大兴安岭地区四季景观都很有特色，春天的杜鹃花开、夏天的莽莽林海、冬季的冰雪世界、秋季的五花山，为开发四季旅游产品奠定了良好的资源基础。

总体来看，大兴安岭旅游资源类型多、等级高。尤其是北极村、北极光、大森林、大冰雪、大湿地、大界江等极具特色的旅游资源，为大兴安岭旅游发展奠定了良好基础。大兴安岭地区整体生态环境优势突出，但自然资源的数量和等级并不比黑龙江其他地区具有明显的比较优势，这决定了在旅游开发中更多地依托生态环境要素而非自然资源点进行开发，需要全面考虑生态环境要素的优势条件和限制性因素，这与我国大多数资源依托性地区的旅游开发模式形成差异。

然而，旅游资源空间分布不均衡，优良级资源形成大分散小集中的分布格局。大兴安岭 7 个区县旅游资源数量、类型、等级、密度存在巨大的差异。综合旅游资源数量、等级、分布密度，将全区旅游资源分为三个等级：漠河县旅游资源位于第一等级，加格达奇区、呼中区、塔河县、呼玛县、松岭区位于第二等级，新林区位于第三等级。这种差异是不以人的意志为转移的客观存在，因此应因地制宜，科学确定不同区县的产业结构、旅游发展方向和特色，避免各区县一哄而上，盲目发展。

优良级旅游资源形成大分散小集中的分布格局，全区形成北极村—洛古河—胭脂沟、南瓮河、呼中自然保护区、十八站—白银纳、西林吉—图强、加格达奇等相对集中的旅游资源小区。优良级旅游资源以北部、东部地区最为密集，分布偏离主要交通干线——省道 207 线。这些特征都成为决定未来旅游空间结构的重要依据。

2. 地区特殊性卖点（USP）分析

通过与黑龙江、内蒙古相关区域的比较分析，得到大兴安岭地区的特殊性卖点（USP），具体内容如下。

第一，神州北极。大兴安岭地区拥有中国最北地理区位所带来的垄断性优势特质，以及由此延伸的奇异天象、严寒气候等一系列特殊的自然资源与环境吸引要素，由此浓缩成"神州北极"的强独特性和高美誉度品牌形象，是大兴安岭地区的核心 USP。

第二，雪域林海。大兴安岭的巍巍山岭、莽莽林海既是我国东北部的绿肺，聚集了我国最密集的高品质寒温带林业生态景观，又是地形地貌多样性的博览馆和生物多样性的大观园。夏日，林木苍翠欲滴，松涛阵阵；冬日，冰雪世界，银装素裹的动人画卷构筑了北国林海雪原的动人景观，具有极佳的感官效果和极大的视觉冲击力。

第三，湿地界江。国际级品牌的中俄界江——黑龙江在大兴安岭地区是最美、最秀丽的江段，江流曲折，河水汹涌，界江风情别具特色；南瓮河湿地等丰富的湿地资源与莽莽林海汇成绝美的山水画卷，具有很高的美学观赏价值、休闲游憩价值和旅游开发价值，是具有垄断性和独特性的旅游吸引要素。

第四，北疆风情。北国玉雪，银装素裹，琼楼傲霜，美不胜收。动人的北疆风景与鄂伦风情、白桦工艺、木刻楞、斜仁柱交织，旖旎的自然风光与魅力的民族风情融合，汇成绝美的北疆画卷。大兴安岭的北疆风情既是独特性的旅游吸引要素，又是北疆文化的绚丽瑰宝。

第五，度假胜地。独特的山岭环境及避暑、养生条件造就了大兴安岭的度假胜地环境。大兴安岭地区自然生态环境优良，湿地条件充沛，无酷暑之烦扰，且蓝莓、越橘、蘑菇等物产资源富有保健作用，具有健康良好的度假环境。

3. 空间布局与项目策划

大兴安岭地区在空间布局上重打造"一轴两核两区"，以大兴安岭地区旅游资源空间分布特征与旅游客流为主要依据，确定旅游空间布局的骨架，形成资源—旅游流双重导向。同时综合考虑多方面因素，特别是考虑地区空间发展轴向与产业布局、交通大格局、游客的主要进出路径、旅游开发现状等多方面因素，确定区域旅游发展的空间格局。

第一，"一轴"指"加—漠"旅游组织服务轴，南至加格达奇，北至漠河北极村，全长约 580km，为大兴安岭地区城镇分布相对集中的轴带。依托加漠公路和加漠铁路，将大兴安岭地区南北两大旅游发展区有机串联在一起，形成南北互动的旅游发展格局；根据其他功能区的分布情况，结合轴线上的景区点分布情况，选择小扬气镇、新林镇、塔河镇等作为轴线上重要的旅游服务节点，提供相关旅游接待服务功能。

第二，"两核"指神州北极体验旅游区、加格达奇旅游综合服务区。

第三，"两区"指呼中森林生态旅游区、兴安民族文化旅游区。

围绕大兴安岭地区旅游发展的五大卖点，体现三大主导、四大特色旅游产品，在"一轴两核两区"的旅游空间格局中，构建由引擎项目和重点项目两个不同项目层次构成的旅游项目支撑体系。其中，引擎项目的垄断性强，吸引范围广，带动作用强，项目投资规模大，环境效益良好；重点项目的游客量大，旅游收入高，项目投资规模比较大。

第二节 多布库尔国家级自然保护区生态旅游

多布库尔国家级自然保护区生态旅游工作总体处于发展的初期阶段，但已经完成了生态旅游发展规划等基础性工作，在此主要介绍生态旅游资源与生态旅游规划。

一、生态旅游资源

（一）自然景观资源

1. 地文景观类

保护区地处大兴安岭主要支脉伊勒呼里山南麓，位于北部寒冷剥蚀中低山地区，为融冰剥蚀地貌，是上古生代海西运动以来经过长期的地质运动和各种内、外营力作用形成的，在我国具有较高的典型性。另一常见地貌为"气候单面山"，典型表现是其南或东南坡陡峭，坡短，而其北或西北坡则平缓，坡长，是研究日照、冰川作用的典型地貌。保护区内山体挺拔隽秀，垂直分布明显，山上还有形态各异的"石砬子"分布，陡峭嶙峋，是难得的旅游景观。由于历史时期的冰川活动，山地岩石寒冷分化作用形成碎石，整个坡面被碎石所覆盖，形成碎石坡景观。

2. 水域风光类

保护区内大小河流均属于嫩江水系。全境河流山溪密布，其中多布库尔河是保护区内最大的河流，水流湍急、河道曲折、水量适中、水体清澈，两岸风景秀丽，广阔的滩涂是理想的风景河段和漂流河段。大古里河、小古里河、古里河和大金河蜿蜒而过，加上常年积水和季节性积水，致使该地区大小沼泽密布，湿地面积比较大，可以开展垂钓、捕鱼、观鸟等旅游活动。

3. 生物景观类

第一，森林景观。森林是多布库尔国家级自然保护区生态环境的主体之一，区内分布有大面积的森林，包括针叶林、针阔叶混交林、阔叶林等，由于森林所处的环境不同，形成许多形态各异的森林景观，如"醉林"景观，由于永冻层和局部地段冰胀与融沉现象的反复作用，林木生长呈东倒西歪的醉态；"老头林"景观，由于立地条件恶劣和冻土分布影响，林木生长缓慢矮小，生长势弱，形成树干和枝条松萝密布、形似老态龙钟的老者等。所有这些均是海拔变化及微地形变化引起的森林景观变化的结果，是难得的森林景观。

第二，湿地景观。保护区处于寒温带与温带过渡地带，位于嫩江的源头区域，区内分布有大面积的沼泽湿地，包括河流、湖泊、沼泽草甸、草甸，水域之多，湿地之广，生境类型之丰富，在全国范围内是十分罕见的。由此形成的大面积湿地景观和孕育的丰富动植物资源为生态旅游的开展提供了物质保障。

（二）文化旅游资源

1. 历史文化

多布库尔国家级自然保护区所在地加格达奇区及加格达奇林业局有着深厚的历史积淀，早在原始社会末期，也就是旧石器晚期，北魏王朝的鲜卑族人民在这里生活了70多代，文化形态保存完好。历史学家评价，嘎仙洞的石碑文不亚于秦始皇兵马俑。

2. 湿地文化

湿地是历史文明的源头之一，是人类文化传承的载体。湿地也是文化景观，景观孕育了文化，文化包含了景观知识，景观又重塑了文化。通过发掘多布库尔国家级自然保护区内有特点的湿地景观和湿地野生动物资源，使人们了解、认识、理解湿地文化，并体会隐藏在湿地中独特的环境价值和文化价值。

（三）周边旅游资源

1. 黑龙江大兴安岭古里河国家湿地公园

古里河国家湿地公园是2012年国家林业局批复开展的试点工作，总面积28 702hm^2。

该公园与多布库尔国家级自然保护区相邻，湿地公园内建有野生动物养殖观赏区、百鸟园、野猪林等景点，以及原始的森林景观、自然的河流湿地景观、壮观的冰雪景观、秀丽自然的河流景观等景观资源，极具生态旅游价值。

2. 黑龙江加格达奇国家级森林公园

加格达奇国家级森林公园是 2008 年批复建立的，总面积 14 632.1hm²。公园内有寒温带森林植物园景区、森林游览景区、甘河风光游览区及塔列吐河湿地景区。

3. 映山红滑雪场

映山红滑雪场位于大兴安岭首府城市加格达奇城南 9km 处，占地面积 1.6 万 hm²，是按照国内最高标准建设的我国最北的滑雪场，也是黑龙江省西部最大、滑雪条件最好的滑雪场。雪场海拔 581m，山体落差 200m，建有高、中、初级雪道，雪道总长度 3000m，可以满足各类滑雪者的需要。另外雪场开辟有单板公园、高山滑雪（需乘坐索道）、雪地摩托、雪圈、雪橇、马拉爬犁等雪上娱乐项目。

4. 天台山百泉谷生态旅游风景区

百泉谷生态旅游风景区位于加格达奇林业局翠峰林场施业区内，规划总面积 35 267hm²。景区整体布局规划了天台山景区、鹿泉峰景区、森林药泉药谷养生区、高山深谷原生态体验区 4 个核心区域和谷外综合服务保障区、延伸区。景区坚持"资源开发与环境保护相兼顾，自然景观与人文景观相结合，融历史文化寓于景点"的原则，突出林区原始、自然、古朴、生态等特色，景区在科学合理做好战略定位的基础上，先期规划、分期开发、分项目建设，有主次、有侧重地进行旅游开发。全力塑造浪漫春季、清凉夏季、多彩秋季和梦幻冬季的旅游形象，推动森林旅游与森林康养、休闲观光、林下采摘、特色餐饮、户外体验等融合发展，构建集观光、休闲、度假、养生等功能于一体的特色旅游度假区。

5. 嘎仙洞

嘎仙洞距离加格达奇 40km，位于鄂伦春自治旗阿里河镇北约 10km、大兴安岭北段顶峰东端。峰峦层叠，树木参天，松桦蔽日。洞在峭壁之上，高出平地约 5m，洞口西南向，南北长 90 多米，东西宽 27m 许，高 20 余米，相传为仙人洞府。洞内西壁距洞口 15m 处，有北魏太平真君四年（443 年）摩崖铭刻。据《魏书》载，乌洛侯国世祖真君四年来朝，"称其国西北有国家先帝旧墟，石室南北九十步，东西四十步，高七十尺"。北魏大武帝拓跋焘派中书侍郎李敞去祭祀，并"刊祝文于室之壁而还"。现存铭刻的文字共 201 字，与史籍记载的祝文基本相符，证实为北魏王朝承认的拓跋鲜卑发祥地。洞内堆积有较丰富的文化层，对于研究拓跋鲜卑的早期历史具有重要科学价值，为全国重点文物保护单位。

6. 加格达奇北山公园

大兴安岭首府加格达奇北山公园位于城市北侧，拾阶而上登高望远尽可鸟瞰城市全貌，此处生态资源保存完好，是林区森林资源的一个缩影，山势连绵起伏且坡度平缓，伴随着林区开发建设，一些景点相继开发，突出代表有铁道兵纪念碑、城市的重要标志物电视塔、森林氧吧、绿月桥等群众休闲娱乐场所。

二、生态旅游规划

（一）功能区划与建设布局

将生态旅游区域按不同功能区划为游览、景观生态保育区和服务区，具有多个景区时，将游览区划分为景区，并按照不同功能区进行规划建设项目总体布局。

1. 总体布局

根据多布库尔国家级自然保护区旅游资源特色、生态旅游休闲地打造及相关国家级自然保护区生态旅游规划标准的规定，将自然保护区的总体布局总结为"一带、五区"。

一带：生态休闲娱乐康养带。

五区：入口引景服务区、湿地花海体验区、原生态次生林科普观光区、鲜卑部落漂流区、古里湖垂钓休闲区。

其中，生态休闲娱乐康养带以现有交通为主，串联起多布库尔国家级自然保护区实验区的主要休闲旅游功能分区，此带既是交通带，又是一条景观带、文化带和生态带，沿途资源兼具花海、林海、草海、雾海等多种优质旅游资源，成为进出自然保护区的一条重要景观通道。

2. 功能分区

根据多布库尔国家级自然保护区旅游资源的空间分布状况及本规划的总体布局安排，为增强生态旅游吸引力、丰富旅游活动项目、提升旅游产品内涵，本着突出重点、集中开发、立足当前、着眼未来的发展思路，将保护区实验区划分为5个生态旅游功能片区：入口引景服务区、湿地花海体验区、原生态次生林科普观光区、鲜卑部落漂流区、古里湖垂钓休闲区。

（1）入口引景服务区

该区位于多布库尔国家级自然保护区原有入口界碑往里区域，在母子宫河和山体之间的区域，面积约1 467 000m²。该区域视野开阔，且周边环境较好，拥有建设入口服务区设施的建设场地条件。功能定位：打造成旅游集散、信息服务的区域。开发思路定位：树立保护区入口旅游新形象，由此可以引导游客正式进入景区。借助于四季流淌的母子宫河及一侧山体之间的区域，通过建设景区大门、游客中心、停车场、入口广场等产品，满足游客暂时驻足停留的功能。

重点产品如下。

第一，景区大门。景区大门起到界标的作用，同时还给人以引导的作用。在此处充分融合多布库尔国家级自然保护区原生态的环境和鲜卑文化，打造成具有鲜卑文化元素、符号的原生态景区大门。

第二，入口主题广场。在景区大门内侧的空地建设入口主题广场，广场设计要融入自然保护区最核心的资源特色和文化景观，通过隐喻的设计手法使景观能够与资源得到很好的衔接，如依据多布库尔河的走向设计曲水流觞景观；设计不同功能的生态叠泉景观，与一侧的母子宫河有所呼应。

第三，游客服务中心。建设兼具景区介绍、信息咨询及游客休闲服务功能的游客服务中心，如此可以让游客在入口处就对景区有一个较为全面的认识，也有利于游客对于景区的认知和下一步游憩的选择。

第四，生态停车场。建设透水砖铺设的生态停车场，设立小型停车位50个、大型停车位10个。

(2) 湿地花海体验区

该区位于入口服务区内侧，由周边视野范围内的山脊线围合区域组成。该区视野开阔，由山体、湿地、河流、野花组成的田园景观较好，具有很大的开发潜力。功能定位：打造成集花田体验、科普教育、休闲观光等功能于一体的特色片区。开发思路定位：结合多布库尔国家级自然保护区内多彩的野生花卉资源，通过采集种子后有针对性地在一些片区成规模种植，可以打造成一片片同色的花海，也可以打造成一些图案的形状，中间通过游步道进行组织线路，该线路将串联不同花海片区、母子宫河沿岸及近处的山体等，如此可以形成一个大环线。

重点产品如下。

一是湿地花海。选择本地区野生花卉资源，通过技术手段达到分片区种植的目的，如此可以形成成片的花田草海的大景观，同时也可以将花卉以图案的形式展现，这样就可以让游客能够在山顶或高处鸟瞰壮观的大地艺术效果，给人以美的视觉。

二是滨水栈道。沿着母子宫河及湿地里面的花海景观设计滨水木栈道，让游客能够在花海里面及滨水岸边行走，栈道长度2500m，可以将花海、湿地、河流、山体有机地衔接起来，如此可以延长游客的停留时间。

三是登山步道。充分利用游客服务中心旁边的山体，通过建设登山步道可以引导游客由服务中心登高望远，可以让游客在山顶观景平台鸟瞰花海大地艺术景观，登山步道采用原生态的石块堆砌而成，如此可以形成与场地的协调效果，登山步道长度大约3000m。

四是观景平台。在山顶建设观景平台，面积大约20m²，材质以块石铺砌而成，同时中间可以自然生长草丛，形成一种与自然环境融为一体的观景平台。

五是七彩廊道。为了更好地营造该片区的整体美感和画面效果，在部分花田草海和母子宫河之间建设架空、飘逸的七色彩虹廊道，该廊道整体飘逸于片区花海之上，让游客既可以在木栈道上体验花海，又可以在彩虹廊道上鸟瞰花海壮观的效果。同时在栈道上修建两个艺术凉亭，供游客休闲纳凉。

六是湿地科普。在湿地木栈道两侧间隔一定距离设置科普展示系统，该系统能够让大众寓教于乐，能够在游玩中接受科普教育，从而引起游客能够更好地关注生态、热爱自然。例如，在山体旁边设置山体修复对比展示解说，用实际生态修复效果让游客能够更好地理解生态修复的意义，加深游客的印象。

七是森林消防体验。对原有特定时间段举办的森林消防体验基地进行充分利用，使其演变成能够让游客日常参与森林消防的旅游体验产品，设置消防知识大讲堂、小小消防家、消防实战演习等产品，能够提高大家的消防意识，从而更好地促进生态保护区发展。

（3）原生态次生林科普观光区

该区处于入口区与漂流点的中间位置，该区域原生态次生林茂密，植被较好，且有部分相对平整的场地，适宜开发部分森林游憩旅游产品。功能定位：打造成集森林体验、科普教育、休闲娱乐、林海观光等功能于一体的区域。开发思路：主要是利用实验区的部分原生态次生林开展生态旅游项目，即能够充分利用原生态次生林且将破坏性小、体验性强的旅游产品开发作为重点，如开展野外生存训练营、露天森林剧场、森林游乐园、森林康养家园、中草药科普园等项目，让游客在娱乐中受到科普教育。

重点产品如下。

一是野外生存训练营。充分利用原生态的森林环境，结合人类进化过程中生活方式的不断改变，以寻水、觅食、生火、露营、丛林探险、紧急避险等为主要项目形式，开展儿童主题野外生存训练营。生火用以取暖、烹饪，体验原始人类的钻木取火，深刻认识火对于人类生存的意义；以古人采集、狩猎的方式觅食；用亲自制作的陶器去寻找水源、保存水源；以野外露营的方式去体验原始的群居生活；利用身边的所有自然资源去跨越各种生存障碍及抵御丛林危险。

二是户外亲子乐园。通过桥梁、网子、人行道、障碍物、泰山跳跃和其他有趣的挑战，设计4～12条线路，打造户外拓展体验中心，建设成开展家庭、朋友、企业等团体聚会和活动必不可少的森林探险乐园。

三是森林康养家园。依托当地优美的森林资源环境，围绕城市人寻觅原生态环境休憩的需求，将观光和休闲度假紧密结合，将此处打造成林海观光、休闲游憩的驻足点。

四是中草药科普园。在翠古公路9km处，利用原有场地环境，设置中草药种植科普园，一方面可以对原有当地中草药进行合理保护，另一方面还可以有计划地种植多种中草药，结合中草药科普和医药康养保健功能，实现中草药科普园的食用和保健科普价值。

五是观景平台。该区位于原生态次生林科普观光区和鲜卑部落漂流区之间的拐角区域，视野开阔，是观光林海的绝佳位置，主要是在拐角处设置一多层木质结构观景塔，可以满足游客登高望远的需求，同时观景塔本身就是一处很好的景观，上边可以满足游客观鸟的需求。在观景塔周边，沿着缓坡地形及树木设置"回型"健身步道，让游客可以在此歇息停留。路边设计生态停车场，停车位大约12个，可以满足自驾游客在此停车登塔望远。

（4）鲜卑部落漂流区

该区域位于现有的漂流区域，多布库尔漂流已经拥有一定的品牌和知名度，是目前多布库尔国家级自然保护区旅游最为成熟的区域，周边建有服务中心、餐厅、住宿、CS基地及烧烤地区，产品较为粗放，文化性不足，急需有效提升，将此处打造成为集激情漂流、文化体验、度假野营、户外运动等多种功能于一体的综合性区域。借助现有较成熟和较高知名度的漂流项目，可以结合鲜卑文化在此升级改造为鲜卑部落核心产品。将中间的岛屿建设成为鲜卑文化图腾岛，在漂流下游和中间岛屿之间开辟场地设置鲜卑营地，将鲜卑部落特色的住宅文化、建筑文化、生存方式等有机结合，晚上可以开展篝火晚会等娱乐项目；邻水区域建设滨水步道，让游客在此自由骑行；结合鲜卑部落运动的特性，设置鲜卑射箭场、CS 基地、户外拓展体验中心等项目。

重点产品如下。

一是服务中心。打造具有民族文化特色的服务中心，针对目前新建的服务中心，主要从立面改造、风貌打造、室内装饰等方面进行提升。将服务中心打造成兼具接待、餐饮、住宿、展示鲜卑文化等功能的中心。

二是激情漂流。针对目前的激情漂流项目，要从增强游客体验的角度去提升漂流两侧的景观风貌，种植彩色叶植物形成游客漂流在花海中的意境效果，以及增加漂流器具。

三是鲜卑文化图腾岛，即将中间的岛屿改造成鲜卑文化图腾岛。

四是鲜卑营地。在漂流点往下拐角处，在一片相对宽敞的区域设置鲜卑营地，如此也能很好地对接自驾游的市场。

五是在鲜卑营地与多布库尔河之间设置滨水步道，滨水步道宽度 2m，可以使来此漂流的游客能够有更多的体育活动参与，也能使得留宿游客能够有很好的散步、游憩环境。

六是针对鲜卑族运动的特性，设置鲜卑射箭场，让游客能够体验古代鲜卑游牧民族骑马射猎的生活，也增强游客的参与性与体验感。

（5）古里湖垂钓休闲区

该度假区位于古里湖地区，该区域有大面积的古里湖，周边环境优美。功能定位：打造成集营地度假、滨水休闲、户外运动等多种功能于一体的休闲度假区。开发思路：结合古里湖的现状开展水上运动产品，如垂钓、戏水等，冬天可以在此滑雪、滑冰。河边设置滨水帐篷营地和森林度假木屋等休闲设施，满足游客的需要。

重点产品如下。

一是古里湖垂钓。此区可以设置 10 多种不同主题、不同大小的游船，满足不同喜好的游客，游客不仅可以在古里湖划船畅游，还可以在船上进行垂钓。

二是观鸟塔。在古里湖旁边西侧山顶设置栈道及观鸟塔，通过观鸟塔既可以俯瞰远处湖水一色的景观，又能够观察保护区各种鸟类活动的栖息情况。

三是滑草场、滑雪场。在古里湖南边空旷的区域，有片一定坡度的草坡，可以在此开辟运动基地。夏秋季节可以在此滑草，冬天可以在此滑雪，同时冬天还可以在古里湖开展滑冰、马拉雪橇、打冰嘎、雪上摩托车等冬季体育运动项目。

四是滨水帐篷营地。在古里湖周边的开阔区域，设置帐篷营地，提供简单的服务设施和生活设施，满足骑游爱好者和自驾游群体在湖边休闲过夜的需要。

五是次生林度假木屋。在运动基地周边的山坡上设置不同主题功能的森林度假木屋，如童话色彩、北欧风情、南美风情等主题，可以满足游客度假的需要。

（二）旅游产品规划

1. 旅游产品开发思路

旅游产品开发本着四个导向原则进行合理利用——资源导向、市场导向、问题导向和品牌导向。

资源导向：就是充分合理利用多布库尔国家级自然保护区实验区优越的生态旅游资源进行生态旅游产品策划，满足游客生态体验的需要。

市场导向：就是以游客的需求为导向，通过大数据对已有游客分析，探索未来市场游客的喜好，从而有针对性地策划产品。

问题导向：充分挖掘保护区目前产品面临的问题，以这些问题的解决为核心，从而能够策划出更多解决问题的产品。

品牌导向：建立多布库尔国家级自然保护区生态旅游的品牌，如多布库尔漂流品牌等，通过产品树立品牌，通过品牌更好地营销以吸引游客。

2. 重点旅游产品类型

（1）生态观光产品

开发思路：主要是充分利用多布库尔国家级自然保护区的优越原生态环境资源，如花海、草甸、林海等景观，合理策划大面积具有视觉冲击力和想象力的产品，以此吸引游客在此得到美的视觉震撼。

主要产品：大地花海、七彩廊道、林海景观、雾海景观、雪海景观。

（2）休闲运动产品

开发思路：以现有的漂流为基础，结合鲜卑文化的植入，策划设计多种针对青少年群体的休闲运动产品，以此可以增强游客的参与性及体验性，延长游客停留时间，从而带动消费，促进景区更好发展。

主要产品：低空飞行、漂流、热气球、运动拓展基地、鲜卑射箭场、森林时光乐园、滑雪场、滑草场等。

（3）康养度假产品

开发思路：主要是为了满足两日游乃至多日游产品布局，按照旅游目的地思维，建设合理的休闲度假设施，以此满足中远距离游客在此夜宿停留体验的需求，如此可以更好地实现多布库尔国家级自然保护区生态旅游由单纯的观光游向休闲度假游的转变。

主要产品：鲜卑营地、滨水帐篷营地、森林度假木屋。

（三）旅游环境容量控制措施

将环境容量与游客规模进行比较，当环境容量大于游客规模时，按照游客规模确定建设规模；当环境容量小于游客规模时，按照环境容量确定建设规模。

1. 加强对旅游环境容量的监测和宣传促销活动

当景区人数超过景区的物理载荷时，生态相对脆弱的自然生态类景区的环境质量将急剧下降，因此要定期对自然生态类景区进行质量监测，及时发现问题及时解决，增强环境自净能力，并使之成为旅游管理部门日常工作的一个重要部分，使之制度化。

2. 增强人们对旅游环境容量超载调控的认知

现在游客的环保意识已经有所加强，但是对旅游环境超载的现象不以为然，从对旅行社的管制和提高导游、讲解员的素质上着手，使更多的游客意识到旅游环境容量的重要性，增加游客旅游途中的环境保护意识，减少旅游所带来的环境压力，客观上增加了游客量的承载能力。

3. 制定合理的价格机制，削减旅游高峰期游客人数

根据旅游市场供给与需求的相互作用，制定合理的价格机制，采取多类型门票，调节景区时间和空间上的超载，旺季时可划定特殊旅游景点实行特殊价格，避免门票的总体提高给游客带来的心理压力。同时，利用价格、媒体及地理上的邻近性等，将潜在的以超载旅游地为目的地的游客吸引到未饱和的旅游区去，从而保证给更多的游客带来高质量的享受。

4. 建立信息网络系统

信息网络的建立不仅可以为旅游者、经营者、管理者和研究者的及时沟通提供媒介基础，还可以实现监测数据的更新与传输，调控方案的反馈与及时调整，使工作更简捷有效。

（四）生态旅游营销规划

多布库尔国家级自然保护区生态旅游营销宣传主要放在一级市场，即围绕加格达奇周边地区、城市如大兴安岭、哈尔滨、大庆、齐齐哈尔、长春等进行重点宣传。每年选定一级市场中的一两个大中城市，做重点宣传，连续进行二年，形成叠加促销之势。五年之间覆盖主要的目标市场，第六年起开始第二轮的叠加促销。如此滚动若干年，可望形成有一定深度的市场覆盖面。

1. 产品营销战略

第一，产品多样化营销。就当今世界而言，旅游市场的主体已不单纯是观光旅游市场，而多布库尔生态旅游产品目前仍以观光旅游产品为主体。一般情况下，观光旅游产品是低收入型。多布库尔生态旅游区要通过开发生态观光、休闲运动、康养度假三个重点旅游产品，建立起观光—休闲—度假的立体旅游产品体系，以便增加吸引力，延长旅游者停留时间，提高食宿消费水平。使游客每年既有新鲜感，又有品牌感。

第二，产品整合营销。多布库尔国家级自然保护区应在景区地域内形成点、线、网紧密相连的旅游网络，使旅游者在一次旅游中尽可能地享受到不同风格、不同特色的旅游活动内容。对未形成市场影响的旅游景点要紧密依托已形成一定市场规模的旅游景点，加强促销。并按照资源特色互补的开发原则，进行联合促销，增加旅游景点的娱乐性和参与性，丰富整个旅游线路的文化与生态旅游内涵。建设并完善"一带、五区"旅游带，形成集自然景观、人文景观于一体的多布库尔旅游网络环线。

第三，产品文化营销。日趋激烈的市场竞争机制推动旅游文化含量日渐提高，营销

文化氛围日益加强，文化核能价值日益突出。应依据多布库尔国家级自然保护区的地脉（自然环境）、文脉（人文特征与历史），制订出完整的文化坐标系。多布库尔国家级自然保护区的旅游开发规划、经营管理与市场营销都必须从其文化定位出发，去延伸创意，去策划卖点，去包装形象，以最后形成多布库尔国家级自然保护区旅游产品富有文化品味的特色，从而为多布库尔国家级自然保护区的旅游产品增加文化附加值。

2. 促销营销战略

强化促销的手段主要有：公共关系（奖励旅游、邀请参观）、旅游代理、旅游展览、互联网（internet）营销、人员促销、一般广告促销、销售激励和其他间接促销方式等。

第一，对一级客源目标市场，要根据覆盖面相对较大的特点，着重开发面对大兴安岭、哈尔滨、大庆、齐齐哈尔等地区公众的促销活动，刺激黑龙江客源市场需求的增长，拓宽客源层；对二级客源目标市场和机会客源市场，要根据覆盖面比较窄的现状，着重开展对京津、长三角、珠三角旅行社的促销活动，更多地发挥市场中介的作用。

第二，多布库尔生态旅游区的核心客源市场目标近期定位于京津冀、东三省城市群等北方市场。对于城市市民来说，换换环境、调剂生活、消除疲劳是他们周末度假旅游的主要目的。针对这个市场群体，多布库尔适宜开发以自然人文景观为主体，以家庭康体休闲、度假、保健疗养、生态观光为目的的旅游产品。选择京津冀、东三省大城市工薪阶层中青年旅游市场为定向市场重点培育对象。重点做好旅行社的公共关系，保证其客源输出量。

第三，宣传促销可采取一系列"攻城略地""总体轰炸""个别突击"等多种方式，充分运用广播、电视、报纸、刊物等多种新闻宣传媒介；在核心客源市场各旅游集散中心等地设立多布库尔国家级自然保护区旅游促销点；利用各种媒体、参加旅游交易会、邀请客源地的旅行社代表和新闻媒体代表、举办旅游节庆活动等；在客源地机场、火车站、长途汽车站及繁华地段设置大标语、大广告、招示牌；利用各电视台，开辟旅游专栏；建立多布库尔生态旅游网站，并与携程、途牛等旅游平台合作。

3. 渠道营销战略

第一，大众传媒。大众传媒是人们接触最多、直观性很强、很有效的传统营销渠道，主要利用电视和报纸，这些媒体分布于客源集中的大中城市，成为都市生活每日的必需品，营销效果好。可在中央电视台、黑龙江卫视、大兴安岭电视台、《黑龙江日报》《大兴安岭日报》上投放广告。

第二，户外广告。有特色的大型的户外广告，有时给行人一种特别的视觉效果，如在城市游人集中地、主要的道路边、高速公路路口及在公交、地铁内张贴广告等。

第三，旅行社。旅行社等旅游组织机构既直接组织客源，又充当旅游咨询角色。

第四，公关网络。利用各系统的关系，必要时借助名人促销。

（五）旅游线路组织

旅游线路组织主要从两个方面来考虑：景区内部游线及与外部景区组成的游线。

1. 景区内部游线

景区内部游线主要是根据景区内景点分布、旅游项目布局、游道状况（按环状、线状两种基本形式）实现连接，形成"一带双环"的游线结构。

所谓"一带"，就是由生态游览主干道组成的生态游憩带，该带串联起入口引景服务区、湿地花海体验区、原生态次生林科普观光区、鲜卑部落漂流区和古里湖垂钓休闲区等，是游览多布库尔国家级自然保护区的主要游览游线。

所谓"双环"，就是在中间的五大核心功能区域，有两个区域形成了相对面积较大、特色明显的游憩环，分别是湿地花海体验游憩环和鲜卑部落漂流游憩环。

2. 区域景区游线

（1）加格达奇生态休闲游线路

线路特色：该线路主要是将加格达奇主要的旅游资源进行有机衔接，该线路既有天台山神奇的壁画、众多的涌泉，多布库尔国家级自然保护区多布库尔漂流又有气势磅礴的林海原生态环境、古里生态旅游区的民俗文化魅力，可以形成两到三日游的度假线路。

串联景区：多布库尔国家级自然保护区—百泉谷天台山景区—古里生态旅游区。

（2）大兴安岭生态休闲游线路

线路特色：该条线路是大兴安岭生态之美的集萃。该线路涵盖了三大国家级自然保护区——多布库尔国家级自然保护区—南瓮河国家级自然保护区—呼中国家级自然保护区，且各有特色；在人文民俗方面，也拥有白银纳鄂伦春民族风情区和漠河风情度假区，既可以体验大兴安岭林海苍茫之壮阔、湿地之壮观，又可以体会中国最北的地域奇观、欣赏鄂伦春民族的风情。

串联景区：多布库尔国家级自然保护区—南瓮河国家级自然保护区—呼中国家级自然保护区—漠河风情度假区—白银纳鄂伦春民族风情区。

第三节　内蒙古大兴安岭地区生态旅游概况

（一）生态旅游概况

1. 地理位置

内蒙古大兴安岭重点国有林区位于中国版图鸡冠之顶，是中国目前保持最好、集中连片、面积最大的国有林区，隶属于内蒙古大兴安岭重点国有林管理局，总面积 10.6 万 km^2，占整个大兴安岭面积的 47%，森林覆盖率 77.44%，地跨呼伦贝尔市、兴安盟 9 个旗县市。东连黑龙江，西接呼伦贝尔大草原，南至吉林洮儿河，北部和西部与俄罗斯、蒙古国毗邻。

2. 自然条件

内蒙古大兴安岭重点国有林区属寒温带大陆性季风气候，年平均气温在-3.5℃，上下温差近 100℃，四季分明。森林面积 8.17 万 km^2，活立木总蓄积 8.87 亿 m^3，森林蓄积 7.47 亿 m³，70%的森林为国家重点、一般公益林，其中 110 万 hm² 属于从未开发的原始森林，拥有完备的森林、草原、湿地三大自然生态系统，是欧亚大陆北方森林带的重要组成部分、中国最大的山地寒温带针叶林区、重点纳碳贮碳基地，拥有各类野生动植物 202 目 686 科 1951 种，以及 779 条河流和多处湿地，是黑龙江、嫩江的发源地。

3. 旅游资源

内蒙古大兴安岭重点国有林区是中国北方游猎民族的发祥地，鲜卑族、蒙古族的摇篮，也是鄂温克、鄂伦春、达斡尔、俄罗斯民族的主要聚居地。现拥有阿尔山、莫尔道嘎、阿里河、毕拉河等 9 个国家级森林公园，根河、图里河等 10 个国家级及省级湿地公园，汗马、额尔古纳等 3 个国家级自然保护区和 94 万 hm² 的北部原始林国家公园，有国家 5A 级旅游景区 1 个、国家 4A 级旅游景区 3 个。

内蒙古大兴安岭重点国有林区森林工业从中东铁路修建开始已经有百年历史，林区开发建设与生态保护形成独特的"喊山号子""森林火车""工棚文化""山野餐饮"等森林文化。

（二）典型生态旅游经营单位

1. 阿尔山国家森林公园

阿尔山国家森林公园于 2000 年 2 月 22 日经国家林业局正式批准成立，现为国家 5A 级旅游景区。森林公园处于浩瀚的大兴安岭林海，莽莽苍苍，碧波万顷。

（1）自然资源

阿尔山国家森林公园位于兴安盟阿尔山市大兴安岭西南麓，与蒙古国接壤，距阿尔山市 60km。东南距乌兰浩特市 350km，北距呼伦贝尔市海拉尔区 350km。1995 年正式营业。景区面积为 1031.49km²，有玫瑰峰、天池、杜鹃湖、石塘林、鹿鸣湖、偃石溪、不冻河、三潭峡、驼峰岭天池、仙女池、特尔美峰、松叶湖、乌苏浪子湖和人工开发的石塘步道、碧水塘池等 29 个景点。景区内主要植物有 109 科 522 种，分为浆果类、芳香类、药用类、食用类。黄芪、灵芝、手掌参、金莲花药用价值高，蕨菜、金针、水芹、蘑菇、木耳等山野菜是备受人们青睐的绿色食品。野生动物属寒温带栖息动物，兽类有 5 目 12 科近 30 种，主要有狍子、马鹿、黑熊、猞猁等；禽类有 23 科 60 多种，主要有飞龙、乌鸡、松鸡等；鱼类主要为冷水细鳞鱼，如哲罗鲑、柳根鱼。天池海拔 1323m，面积 1350 万 m²，属高位火山口湖，池水久旱不涸，久雨不溢，且池岸古树参天，地池、驼峰岭天池与之呼应。石塘林面积 200km²，火山喷发后岩浆凝结而成，由背岩、熔岩丘、偃石溪、火山锥组成。杜鹃湖是典型的火山熔岩堰塞湖，湖边杜鹃花丛生，近 1.3km² 湖面映得如霞似火。湖中水草丰美，盛产鱼类。在湖中泛舟，乐不思归。

阿尔山国家森林公园还具有独特的北国风光，其矿泉资源得天独厚，世属罕见，举世闻名。矿泉群集饮用、洗浴、治疗于一体，被称为天下奇泉，具有"阳光""空气""绿色"三大要素。

公园内的地貌属于大兴安岭西侧火山熔岩地貌，火山喷发熔岩壅塞及水流切割，造成一系列有镶嵌性质的截头锥火山，如天池、马蹄形熔渣火山锥（摩天岭）、熔岩湖（达尔滨湖）和熔岩盆地（兴安石塘），形成特殊的地貌景观，山脊缓和，山顶多石质裸露，坡面较为平缓，坡面较短，坡谷大多平坦而宽阔，属典型的中山山地地貌，以花岗岩为主，地下矿藏有石灰石、大理石。

阿尔山国家森林公园内的河流有三条，即哈拉哈河、柴河、伊敏河，还有许多湖泊，如天池、杜鹃湖、乌苏浪子湖、鹿鸣湖、松叶湖等。公园位于蒙古高原大陆性气候区，属于寒温带湿润区，一年四季常受西伯利亚寒流的侵袭，冬季寒冷漫长，夏季短促凉爽，植物生长期短，一般在100~120天，是天然的旅游、猎奇、避暑、休闲的好去处。

阿尔山国家森林公园位于内蒙古大兴安岭西南麓，园内有大兴安岭第一峰——特尔美峰（海拔1711.8m）和大兴安岭第一湖——达尔滨湖；有独具亚洲特色的火山爆发时熔岩流淌凝成的石塘林和天池。

阿尔山市自然资源十分丰富，矿泉资源享誉中外。在长500m、宽70m的草地上，分布着48个自然泉眼，形成南北两个矿泉群。矿泉水具有很高的医疗价值，洗浴饮用可治疗多种疾病。森林资源量多质好。木材总蓄积量0.4亿m^3，林地面积359万亩，每年造林10余万亩。旅游资源独具特色。自然景观有天池、石塘林、杜鹃湖、玫瑰峰、樟松岭、哈拉哈河、冰雪及草原风光；人文景观有旧机场、火车站、日伪工事及战争遗址、边境口岸等，是集温泉、草原森林、湖泊、冰雪、奇山异石、野生动植物于一体的旅游区，是开展保健、生态、寻胜、猎奇、考古、冰雪等旅游的理想胜地。2001年10月，经国家旅游局、中央文明建设委员会、国家建设部批准，阿尔山与浙江普陀山、云南丽江等名胜旅游景区同时被命名为第二批十佳"全国文明风景旅游景区示范点"。阿尔山已被批准为国家森林公园、国家地质公园。2004年被国家旅游局评定为"全国优秀文明旅游城市"。海神集团阿尔山圣泉疗养度假区已被评为国家4A级旅游区。

（2）典型景点

第一，驼峰岭天池。 驼峰岭天池为火山喷发后在火山口积水而形成的湖泊。水面海拔1284m。总体形态呈"左脚丫"形，东西宽约450m，南北长约800m。形成时代大约为中更新世（距今约30万年）。

第二，天池。 天池位于阿尔山东北74km的天池岭上，海拔1332.3m，有484级台阶。如果从天空俯视天池，天池像一水滴。按海拔，阿尔山天池在天山天池、长白山天池之后，居全国第三。椭圆形的天池像一块晶莹的碧玉，镶嵌在雄伟瑰丽、林木苍翠的高山之巅，东西长450m，南北宽300m，面积为13.5hm^2。湖水久旱不涸、久雨不溢，水平如镜，倒映苍松翠柏，蓝天白云，景色万千。每到春夏之交，山中水气郁结，云雾氤氲，山头薄雾缭绕，白云时而傍山升腾，时而翻滚而下，郁郁葱葱的松桦合围池畔，构成了天池独特的自然景观。

天池属于高位火山口湖，由火山喷发后积水而成，登上天池山顶，没有那种"一览众山小"的感觉，相反会感到视野更狭窄了，只能看到13.5hm^2的湖面和与之对应的那片蓝天。当地林场的人说：天池水深莫测，不敢让游人划船戏水，他们曾经勘测过，把测量绳的一端系上重物放在湖里，放下去逾300m仍没有探到湖底，他们也曾向湖里投放过鱼苗，却没有生出鱼来，于是又把活蹦乱跳的鲫鱼投到湖里，这些鱼很快都不见了，既没看到鱼跃，又没有死鱼浮到湖面。天池有许多神奇的地方，神奇之一是久旱不涸、久雨不溢，其至水位多年不升不降。神奇之二，天池水没有河流注入，也没有河道泄出，一泓池水却洁净无比。神奇之三，距天池几里的姊妹湖丰产鲜鱼而天池却没有鱼。神奇之四，深不可测，有人风趣地说天池与地心相通。

第三，石塘林。 石塘林位于天池林场东，距阿尔山市温泉街84km，是大兴安岭奇景之一，为第四纪火山喷发的地质遗迹，是亚洲最大的死火山玄武岩地貌，地质构造、土壤、植被生物均保持原始状态，生物多样复杂，再现了从低等植物到高等植物的演替全过程，具有较高的科研和保护价值。

石塘林长20km、宽10km，是由火山喷发后岩浆流淌凝成的。经过千年风化和流水冲刷，形成了石塘林独具特色的自然地貌，犹如波涛汹涌的熔岩海洋，有翻花石、熔岩垄、熔岩绳、熔岩碟、熔岩洞、熔岩丘、喷气锥、熔岩陷谷、地下暗河等神奇景观。

在大面积的火山熔岩地貌中还发现了熔岩龟背构造，据地质学家介绍，这是目前国内唯一规模大、发育好、保存完整的熔岩龟背构造。另外还存在数以百计的熔岩丘，这也是全国唯一能在这里见到的一种玄武岩地貌。堆堆假山般壅塞的火山岩，千奇百怪，有的像指天利剑直立向上，有的像英勇武士持戟征战，有的像威武雄师闪电狂奔，有的又像年迈老人饱经风霜。更令人难以想象的是，在基本上无土可言的石塘林里，高大茂密的兴安落叶松挺拔俊秀，枝繁叶茂，粗壮的盘根紧紧抱住火山岩，在熔岩缝隙间深深扎下去；高山柏以其低矮的身躯遍地延伸，显示出顽强的生命力；四季常青的偃松像朵朵盛开的雪莲；金星梅、银星梅一片金黄，一片银白，真是一步一景，处处一派生机盎然。石塘林是国内少见的奇特景观，被列入中国生物多样性保护行动计划优先项目。

第四，三潭峡。 三潭峡位于距阿尔山市温泉街77km处的阿尔山林业局天池林场内，由映松潭、映壁潭、龙凤潭三个深潭组成。峡谷长约2km，由河流切割而成。湍急的哈拉哈河从河谷穿过，珠飞玉溅，火山熔岩布满河床，水深处波平如镜，难见其底，水浅处人可踏石涉水而过。峡谷南壁陡峭险峻，北壁由巨大火山岩堆积而成。古人咏赞三潭峡：神奇灵秀三潭峡，清泉汩汩绕山崖。喷珠溅玉何处去，魂系遥遥东海家。

2. 莫尔道嘎国家森林公园

（1）自然资源

莫尔道嘎国家森林公园位于锦绣中华雄鸡版图的巨冠之上，是国家4A级旅游景区，原始古老的大兴安岭密林之中，山川秀丽、资源富集。它南邻呼伦贝尔大草原，北接中俄额尔古纳河，总面积为57.8万hm^2，不仅以纬度高和面积大而名扬中外，而且仍保持着原始的自然生态、自然平衡、自然和谐。莫尔道嘎国家森林公园是中国面积最大、位置最北、观光路线最长、寒温带森林生态多样性最完整的国家级森林公园，享有"南有西双版纳北有莫尔道嘎""2006年中国最令人向往的地方"之赞誉。

（2）典型景点

第一，冰上森林。 冰上森林为典型的杜香-水藓-落叶松林型，林学称为落叶松藓林，也称"醉林"，是大兴安岭森林植物多样性不可或缺的组成部分，是最具代表性的森林演替群落之一。这种森林类型位于土层浅薄、排水不良的山脚地带，山体阴面缓坡下部的低洼处，主要成因是受第四世纪冰川的运动、延伸和西伯利亚暖湿气流的影响。山上，冰川遗留的"坡积"递次展现大陆板块"漂移"和不断隆起的历程；山下，永冻层上的泥炭潜育土或泥炭质棕色针叶林土组成的落叶松纯林，生长不良，树木低矮，地衣植物长期寄生。这里土壤贫瘠；潜育土下永冻层呈固体状态，根系无法深扎，吸收营养物质少；永冻层表层融化水渗透能力差，排水不良，根系常浸泡在水中，呼吸不充分，物质代谢极其缓慢。这里的林木枝干上寄生着主要靠孢子繁殖的胡须状松萝科地衣植物——破茎松萝，又称长松萝，因此人们敬畏地称其"老头树"。

第二，红豆坡。红豆坡位于莫尔道嘎国家森林公园9.8km处。因此处坡上、坡下数百顷的林中长满"北国红豆"而得名。唐代诗人王维有诗《相思》，衍生出一段动人的爱情故事，使南国红豆"此物最相思"流传甚广。但在塞外大兴安岭的密林深处，以青松为盖、杜香为伴、红豆可食的自然现状成为南国红豆最相思的续篇，也演绎了"北国红豆更相思"的感人传说。

红豆为越橘，红豆、牙疙瘩为别称，为杜鹃花科植物。它是常绿低矮小灌木，多生于高山或亚高山针叶林下，常与杜香伴生，主要分布在大兴安岭北部山地，果可酿酒，提取使用色素、果酸，宜可入药，有解毒、止痢之功效。此景点是典型的落叶松中龄林，也是大兴安岭独有的杜香林型。

第三，鹿道。景点位于森林公园14km处，因过去有狍鹿下山喝水踩出的小道而得名。如今的鹿道已不再是狍鹿之道，而是"仕途"之道，据说走此"禄"道便可官运亨通，且有名士为证。鹿道上下各有一株树龄300年以上的樟子松，树干粗大奇特，在森林里大有鹤立鸡群之感，且两株松树上下遥相呼应自成一景。坡上苍松因雷击而死，百年之后又因雷击而生，其枝繁叶茂，被山民传称"大寿松"，摸其松则保佑心体健康。坡下树因雷击而倒，故称雷击木。山间民俗称有辟邪、压惊、镇宅之效。游人到此重温山民旧俗，摸一摸大寿松，拜一拜雷击木，可祈祷自身吉祥如意。

第四，玛利亚索。玛利亚索，鄂温克族四大氏族"卡尔他昆氏族"人，出生于1921年，被称为中国最后一个部落长。

敖鲁古雅鄂温克族是一个只有200多人的微型族群，也是中国唯一饲养驯鹿的民族，被人们称为"中国最后的狩猎部落"。

玛利亚索酋长一生很勤俭、细心，真正保留了很多民族特有的财富，其中包括狩猎所获得的野生动物标本和祖辈遗留的工艺器皿。她还采集了很多的猎民草药，每天忙完该忙的事之后，还能亲手一针一线用鹿皮线做一些皮制的手套、小挎兜、首饰包等实用品和工艺品。现实中，被族人称为"最后的酋长"的玛利亚索话语不多，长相和一身装扮会让外人误以为她是个俄罗斯老大妈，脸上也没有人们印象中"酋长"的威严，更多是一个年长者的慈祥和岁月的沧桑。做针线和烤列巴都是她的绝活。玛利亚索最清楚驯鹿的习性，驯鹿什么时候应该在什么地方她很了解，猎民按照她的吩咐去寻找放养的驯鹿，一找一个准。

如今很多人都已在政府的关心下搬到了城里，然而在山林中生活了一辈子的玛利亚索，她舍不得山林中那群驯鹿，更钟情于山林中那古朴、宁静的生活，也许这就是一般人所无法达到的境界。

第五，森林小火车。莫尔道嘎国家森林公园森林小火车项目于2013年正式开工，

2014 年 8 月完成满载全线试运行，线路全长 9.83km，每节车厢全游客 40 人，豪华车车厢 20 人，单线运行，沿途设计 5 个停车站点，新建车站暂时定名为莫尔道嘎森林公园站、樟子松林站、花园林海站、林溪水畔站、森林牧场站，该区景点主要有红豆坡、鹿道、一目九岭、原始樟子松林。

3. 绰源国家森林公园

（1）基本情况

绰源国家森林公园为国家 2A 级旅游景区，位于内蒙古大兴安岭南麓、呼伦贝尔市牙克石市东南 170km 处，距海拉尔区 234km。公园因地处绰尔河发源地而得名，2003 年建成。公园森林覆盖率 83.3%，野生动植物繁多。育林景区包括 3km 长湿地栈桥、原始森林、6 栋木质别墅、1 座水上餐厅等；乌丹景区包括一线天、森林探险迷宫、青岭湖等；爱国主义教育基地有民国三十一年（1942 年）东北沦陷时期日伪飞机场 10 万 m^2、飞机库 18 个和 20 多个掩体山洞、日军指挥部遗址及爱国主义教育展览厅等。

日本侵华时期在绰源镇遗留了 18 个零式战斗机库群，是日本帝国主义为防御苏联红军干扰其在中国的殖民统治、达到长期霸占我国东北的目的而修筑的第二道军事防线（海拉尔西山为第一道军事防线）。18 个机库均为混凝土整体浇筑而成，现保存完好，分布在育林林场 186、187、202 林班，它是日本侵略中国铁的见证，现已成为绰源林业局和周边地区爱国主义教育基地。

（2）典型景点

第一，摩天岭。 摩天岭位于绰源国家森林公园乌丹景区内，位于苏格河林场 78 林班，是绰源林业局境内最高山峰，是旅游观光和蹬高探险的良好去处。由于海拔相对较高，因此山上常常云雾缭绕，仙气升腾。每当凌晨日出时，透过晨光，常常会看到光环笼罩的神佛影像。

第二，一线天。 一线天坐落在绰源林业局梨子山林场 180 林班，此处群岩裸露，历尽世事沧桑的岩石经风吹日蚀，千姿万态，风光独秀，形成独特的自然景观。

第三，鳄鱼岛。 鳄鱼岛位于绰源林业局苏格河林场 81 林班，远处看像一群巨大的鳄鱼，有的像是在栖息、有的像是在顺山而下、有的在扑食猎物，千姿百态，形态逼真。

4. 乌尔旗汉国家森林公园

（1）基本情况

内蒙古乌尔旗汉国家森林公园地处内蒙古自治区呼伦贝尔市中部牙克石市的乌尔旗汉林业局所管辖的林区，属内蒙古大兴安岭西坡中段。南北长约 32km，东西宽约 13km，总面积 36 922hm^2。内蒙古乌尔旗汉国家森林公园北与库都尔林业局为邻；东与毕拉河林业局、诺敏自然保护区相连；南与北大河林业局搭界；西与免渡河林业局和牙克石市牧原镇接壤。距牙克石市 60km，距海拉尔区 140km。施业区总面积 592 606hm^2，森林活立木总蓄积量 4314 万 m^3，森林覆盖率 77.4%。内蒙古乌尔旗汉国家森林公园地处大兴安岭中低山丘陵区，该区山峦起伏，山体相连而集中，最高峰海拔高 1000m，位于森林公园的中部。周围坐落着大小不等、景色各异的山峰二十九座，公园内有宽阔的谷地及库都尔河沿岸，该区属于寒温带半湿润的冬夏温差较大的典型大陆性季风气候区。其特点是冬季严寒而漫长，夏季炎热而短暂，冬季主要是西北风，夏季主要为东南风；四季冷暖干湿分明。

（2）典型景点

第一，黎明生态园。黎明生态园始建于 2012 年，占地面积 51hm^2，拥有 500m 长的人工湖、景观树种 18 000 棵、景观栈道 2000m、休闲长廊 280m 及凉亭 10 余个。这里可供人们休闲、散步、晨练、垂钓。

第二，落叶松林天然氧吧。落叶松林天然氧吧，位于五十九施业区 12 林班，林班总面积 1468hm^2，是 1966 年开始栽植的，经过半个世纪的生长，现已郁闭成林。

氧吧内修建有一条环形栈道，修建于 2008 年，全部用松木搭建，没有钢筋水泥的痕迹。为了保护好每一棵树木，工人师傅精心为每一棵影响栈道修建的树木"量体裁衣"，做到了修建 1600m 长的栈道不伐一棵树木，也使栈道成为自然、环保、生态的景观。

第三，嬷嬷峰景区。嬷嬷峰景区距乌尔旗汉局址 30km，位于莫拐施业区 25 林班 9 小班，山峰海拔 958m。因索亚嬷嬷降巫师的美丽传说而得名。登上嬷嬷峰可以看到石猴滩、迎客松、火烧木、观景台等。到乌尔旗汉观嬷嬷峰，赏四季风光，是理想的选择。

第四，兴安里湿地。兴安里湿地位于兴安里施业区，属大兴安岭西坡中段，总面积为 66 381hm^2，有大小河流 50 余条，湖泊星罗棋布，既是海拉尔河的发源地，又是黑龙江的南部源头，几乎囊括了海拉尔河重要支流大雁河流域的全部。兴安里湿地生物多样性十分丰富，不但有丰富的鸟类资源、独特的自然景观，而且对维持、改善和提高海拉尔流域的生态环境，以及调节区域资源数量、提高水资源质量有着重要意义。2004 年 3 月被国家林业局批准成立为湿地自然保护区。

第五，自然博物馆。自然博物馆始建于 20 世纪 80 年代初，雏形为标本室，2007 年进行改建，如今占地面积 2300m^2，由 5 个展厅组成，展品包括林区动物、植物、矿产资源、林产品等各类标本 2309 件，目前是内蒙古大兴安岭林区影响力最大的一座自然博物馆，已接待国内外游客 30 万人次。

5. 达尔滨湖国家森林公园

（1）基本情况

达尔滨湖国家森林公园位于呼伦贝尔市鄂伦春自治旗诺敏河与毕拉河流域上游。距呼伦贝尔市海拉尔区约 200km，距黑龙江省齐齐哈尔市 270km，301 国道转专线公路可达。2002 年 2 月经国家批准成立，以风景区内达尔滨湖而命名。公园总面积 4700km^2，共分为神指峡、达尔滨湖、四方山、诺敏河 4 个景区。

达尔滨鄂伦春语意思是"广阔的湖面"，达尔滨湖就是当年火山喷发后熔岩在海谷中壅塞而形成的堰塞湖。达尔滨湖面积 0.55km^2，湖面海拔 437m，湖长 3.4km，宽 1.5km，达尔滨湖岸上建有餐厅、旅店、游船、钓鱼台等娱乐设施，这里是夏季戏水的好地方，运气好的话还可观赏到鸿雁、花尾榛鸡（飞龙）等珍稀鸟类和其他野生动物。主要景观有扎文火山遗址、月亮岛、石海黄菠萝、相思树、霍椤沟小桥、观湖台、杜鹃林、林海石瀑、将军岩、地气洞、瞭望塔、窟窿山、烟筒石。公园每年 5 月 12 日举办杜鹃花观赏节。

(2) 典型景点

第一，林海石瀑。 在过去，达尔滨湖国家森林公园连同毕拉河林业局的作业区一起，一直是内蒙古自治区大兴安岭林管局保留的原始森林保护区。对这片原始林区的开发，达尔滨湖国家森林公园及"林海石瀑"才渐渐被揭去神秘的原始面纱，向世人露出真面目来。走进公园内，第一眼便能见到椭圆形的扎文火山口和挂在火山口周围壮观的碎石带，这条碎石带浩荡绵延，就像瀑布一样由火山口直泻而下，当地人由此称它为"林海石瀑"。这条"林海石瀑"是约9万年前扎文火山爆发时喷发的火山熔岩所形成的，也是目前我国乃至世界发现的唯一"石瀑"，堪称当世奇观。

第二，兴安杜鹃林。 兴安杜鹃林沿"林海石瀑"围成一周。每值5月中旬，姹紫嫣红的兴安杜鹃衬着尚未完全消融的皑皑白雪，在沉睡9万多年的玄武岩上怒放。红色杜鹃花和白色的积雪交相辉映，错落有致地分布着，宛若仙境。所以，这里也称"杜鹃花山谷"。每年的兴安杜鹃节，这里都有欣赏兴安杜鹃的活动。

第三，神指峡。 穿过杜鹃林，约800m，就会看到大兴安岭唯一的一条大峡谷——神指峡。神指峡长约数千米，深30~50m，两岸宽100~150m，是火山喷发时冲击出的沟壑。这两座突兀怪险的石峰，远远望去似首尾相连，又似相互对峙；瀑布由山石间飞流直下，毕拉河水从峡谷穿梭而下，注入诺敏河。峡谷两岸植被大多为针叶、阔叶混交林；河床遍布火山熔岩。这里河水清澈、水流湍急，水深1~1.5m。河水流动的声音，在数百米之外都可以听得真真切切。

第四，四方山。 四方山位于诺敏镇西北30km、毕拉河以南、诺敏河以西的群山之上。山体海拔933m，号称"大兴安岭的巨魁"；山顶东西长500多米，南北宽300多米，由火山喷发形成方形；山顶平坦，林木茂密。站在四方山上，极目远眺，群山低首朝拜。本旗护林防火指挥部的瞭望台就设在这里，可以随时发现方圆百里之遥的火情，人称大兴安岭的"眼睛"。

第五，天池。 四方山天池位于毕拉河林业局西北30多公里处，天池是一个泉水和雨水汇积的天然湖泊。"天池"水色碧绿幽深，四周都是蜂窝状的礁石，是火山岩浆冷却后形成的高耸石壁，像一堵石头筑成的墙。

第六，达尔滨湖别墅。 在达尔滨湖畔建造的仿欧式建筑风格的木刻楞，它依山而建，有田园山庄的幽静，也有鱼米之乡的享乐。内设有双人标准间、单间，在房间里可观赏湖光山色，聆听百鸟私语。

6. 兴安国家森林公园

（1）基本情况

兴安国家森林公园始建于1986年，位于克一河镇区西南侧、距离局址不足2km的大兴安岭主脉东侧的南山脚下。公园经营面积19 217hm^2。神秘的原始森林、绚丽的青山绿水、莽莽的临海雪月、精美的园林亭榭，造就了克一河兴安国家森林公园独特的自然与人文景观。

（2）典型景点

第一，白桦林。 白桦林位于南山背面，可由南山正面登1066级台阶或1000级台阶经由 2 条人工山路到达山顶而进入，或由克斯公路 8km 处驱车沿山路直接到达，由一块天然巨石人工镶嵌在路边，上书："白桦林"。每逢春季，杜鹃花开，更加映衬得桦白鹃红松绿，令人赏心悦目。秋季则"赤橙黄绿蓝靛紫"各色纷呈，更显白桦亭亭玉立身姿，令人流连忘返，记忆深刻。

第二，克一河吊桥。该桥横跨克一河，长 153m、宽 3m，整座桥身由 8 对大红柱子支撑，由千条钢索铁链拉起。每根桥柱上都饰有两个奔腾飞鹿。桥旁有花岗岩石雕刻而成的十二属相和守桥的石狮，树灌、草丛里掩映着黑熊和马鹿的雕塑，栩栩如生。

第三，兴安国家森林公园环山建立的景观凉亭。亭子是以北斗七星的星图为原型兴建的，北斗是由天枢、天璇、天玑、天权、玉衡、开阳、摇光七星组成的。古人把这七星联系起来想象成为古代舀酒的斗形。

第四，森林之神。始建于 1999 年，坐落在南山顶瞭望塔右侧，还有一尊亭亭玉立的"森林之神"雕塑，雕塑基座高 2m，像高 3m，像身为身材婀娜多姿的少女手托松果与一小鹿为伴，她神态端庄宁静，面向茫茫林海，对这片土地寄予了无限深情与眷恋，由"鹿女踏花"的美丽传说而来。

第五，兴安阁观景台。兴安阁观景台始建于 1987 年，位于海拔 886m 的南山山顶。材质为铁架结构，塔底座高 4m，后期将底座改建成亭阁，取名兴安阁。塔身高 29m，站在铁塔顶端可俯视克一河全景。眺望远山近水、林海松涛，小镇无限风光尽收眼底。日升日落时分，林海飘起彩色的云雾，日、松、云构成一幅画、一首诗。头上白云悠悠，山下云雾缭绕，耳边松涛阵阵，眼前无限风光。

第六，野生动物保护基地。基地位于吊桥的东北侧，为 $500m^2$ 悬浮式二层小楼。室内设有标本展览厅，有兽类标本 23 种，45 只；鸟类标本 51 种，91 只；昆虫标本 178 种，1186 只；菌类标本 25 种，39 个；浸渍标本 54 种，54 瓶；生活史标本 48 种，68 套；鱼类标本 1 种，1 条。共计 380 种，约 1491 只（条、个），可以为来访的游客提供科普教育活动。

第七，兴安大峡谷景区。景区距局址约 50km，沿途峭壁翠峰林立，其状的峻奇与河面的清幽及草木的葱茏完美结合，是一处探险、寻幽、观光、漂流的绝好去处。河谷内水深浪急，河鱼鲜美。桥下方 30m 处有一块墨褐色的巨石屹立水涡之中，石高一丈余，阔三米许，昔日鱼多成群时，常有人垂钓于此，故称"钓鱼台"。此处细鳞鱼、哲鳞鱼最多，夏天时可以在此观景钓鱼。栈道与钓鱼台相望，依山而建，天然木料，绳索牵绊，栈道下面河水清澈见底，鱼儿嬉戏，天然卧牛石伫立河中，站在卧牛石上观看四周美景，犹如进入人间第一仙境，栈道旁树荫下，木质桌椅是游客休息纳凉聚餐的天然餐厅，每到夏季天南地北的游客会结伴而来，在此野餐，欢声笑语回荡山谷。去年来此游玩的人数近万人。

第八，兴安云顶度假区。度假区又名"大黑山景区"，是绰尔生态功能区海拔最高、沿途景致变化最大的景区。大黑山气势雄伟，巍巍傲立，顶峰海拔 1602.2m，同时也是呼伦贝尔市辖区范围内海拔最高的山峰，是大兴安岭岭南最高峰。站在大黑山山顶，朝晖夕阴、变幻万千，登高望远，群山尽览。春天，观赏杜鹃的浪漫，俯瞰群山蓬勃的生机。夏日，满山百花斗艳，呼吸清新的空气，顿感气爽神清。凌晨，慢慢露出的红日揭去满天的睡意，将松海上空弥漫的白雾染红，如黑色剪影般的树木渐渐清晰。当一轮红日喷薄而出，万道霞光普照茫茫林海，如涛的雾气在脚下崇山峻岭间飘荡，让人的思绪顿随阵阵松涛向遥远的天际飘荡。秋天，众山层林尽染，林莽色彩斑斓。冬天，霜染林海，白雪覆盖大地，此时若观日出，朝阳的红晕和白色的世界水乳交融，冷暖相间，更是一番别样的景致。

7. 伊克萨玛国家森林公园

满归伊克萨玛国家森林公园为国家 AAA 级旅游景区，总面积 15 890hm²。伊克萨玛国家森林公园距满归镇 24km。"伊克萨玛"是鄂温克语"美丽宽阔的河"的意思。伊克萨玛国家森林公园位于内蒙古大兴安岭北部山脉，北邻黑龙江省漠河北极村，西北与北部原始林区森林管护局接壤，西南与莫尔道嘎国家森林公园相连。园内森林风景资源独具北国特色，保存着我国最后一片寒温带明亮针叶原始林景观。公园内有月牙湾、脚印湖、姊妹湖、生态园、西伯利亚红松林、森林人家、1409 摄影观光基地等近 14 个原生态景观，是一座天然氧吧，更是呼伦贝尔地区集游览、观光、避暑、度假、科研于一体的旅游胜地。

8. 玉溪公园景区

玉溪公园景区占地面积 142.89hm²，由五亭山和玉溪公园组成。两个景区分别始建于 1981 年和 1989 年。2012 年，根河林业局从建设绿色家园、提升林业行业形象、为群众办好事的角度出发，投资 1000 余万元对公园进行全面改造。改造后公园建设档次全面提升，景色更加秀美宜人，以其丰富的动植物种类、赏心悦目的游园环境及特色生态景观令广大游客心驰神往，成为大兴安岭南部林区森林生态系统、河流系统、景区比较典型的生态展示园区。内有湖心岛、水系景观、文化长廊、休闲走廊、假山、文化浮雕墙、五亭山等，为游客提供了良好的旅游休闲的环境，目前正在申请 AA 级旅游景区。

园内的五亭山形似宝塔，构造奇异，也是老百姓传说的"五厅山"，上面的亭子分别是"望海楼""知晨亭""卧龙亭""钓月楼""迎风阁"。一山一景由绰尔河紧紧相连，所以这里也被当地人寓意为圣水宝山。登上五亭山顶，您不仅可以欣赏到绰尔的全景，还可以观赏到著名的金塔山佛光，但是佛光并不常有，只有有缘者才能看到，传说能有缘见到佛光的人，在新的一年里，都能够官运亨通，财源广进。除此之外，这里也给当地百姓带来很多文化享受，每到端午节时，人们争相登高踏青，万人空巷、人头攒动、热闹非凡，由登山演化来的登山节已经成为林区的重要文化活动内容。

9. 阿里河国家森林公园

阿里河国家森林公园是国家 AA 级景区，其森林覆盖率达 98%，拥有保存最完好、生物多样性指数较高的寒温带原始森林，公园地处大兴安岭腹地，总面积为 2486hm²，是大兴安岭森林景观的特色代表之一，相思谷景区占地面积 1181hm²，是阿里河国家森林公园的核心景区。公园形成以自然景观和人文景观为主体的旅游资源分布格局，是内蒙古大兴安岭林区现有的 8 个国家级森林公园之一。阿里河国家森林公园地处寒温带，属大陆性季风气候区，一年四季气温差异很大，冬季漫长，严寒干燥；夏季短暂，温热多雨，昼夜温差较大，是负氧离子含量极高的绿色生态产业的特色旅游度假区。

相思谷综合服务楼典雅华贵，内设有相思会务中心和餐厅。相思谷景区内设有乳泉溅游览观光区、九区连心桥、水上餐厅、听涛阁、鲜卑山庄、拓跋王行宫、清馨阁、新谧居等，别具特色。相思湖呈椭圆形，湖深 3m，长和宽约 200m，面积约 4hm^2。奎勒河水流入湖中，有细鳞鱼、柳根鱼等天然冷水鱼类。相思客栈具有鲜卑文化特色的角楼，为对称式结构。

相思瀑布，又称乳泉溅瀑布，奎勒河（屈利水）蜿蜒曲折、顺谷而下，早在《魏书·室韦传》中便有记载。按照天女下凡送子、怕子饥饿、留存几滴仙乳的传说，景区设计者把奎勒河拦腰截流，在这修建了这一人工瀑布，这一人工瀑布的名字为乳泉溅，我们在百米之外便可闻声如鼓，其奔涌的河水真的犹如乳汁一样飞溅流畅。

10. 图里河国家湿地公园

内蒙古图里河国家湿地公园位于内蒙古自治区呼伦贝尔市牙克石市图里河镇、大兴安岭山脉中段的西北坡，隶属内蒙古大兴安岭林业管理局图里河林业局桔亚沟林场、图里河林场，地理坐标为北纬 50°28′59″～50°34′21″、东经 121°27′51″～121°44′47″，总面积 5413hm^2，其中湿地面积 3195hm^2，湿地面积占湿地公园总面积的 59.02%。拟建湿地公园内有刘少奇纪念林、鹤翔园度假村 2 个森林旅游景区。

图里河国家湿地公园内设有大型观景台，长廊弯曲，环绕水面，台前河水平如镜面，清澈透明，水中环岛树高林密，植被繁茂，呈现出色彩斑斓的秋色，与水面相映，让人误入仙境。园内建游览栈道 3.4km，栈道曲径蜿蜒，延伸至密林深处，沿栈道而行，内心总会有种莫名的神秘感，不知前方会出现怎样的惊奇，两侧满目的秋色图、五彩的树木构成五彩的世界，富丽堂皇，目不暇接，仿佛步入五彩斑斓的童话世界，让人流连忘返，栈道一侧建有民族特色观赏景点，加上林区特色的木刻楞小木屋，构成如油画般美丽的景色。

11. 中国冷极村

中国冷极村位于根河市金河林业局金林林场施业区内，南距根河市 53km，北离金河林业局 31km，距冷极点 13km，是距冷极点最近的一个村落，这里地处内蒙古大兴安岭腹地，冬季寒冷（零下 35℃以上）而漫长（达 6 个月），夏季温暖（30℃左右）而短促（植物生长期只有 3 个多月），冬雪夏雨，多低温冻害，历史上冬天最低温度达零下 58℃。这里地势由西南向东北缓缓倾斜，海拔 830～1340m。

冷极村最打动人心的资源是：独特的自然环境，朴实的乡土乡情，与世无争的平和和一种溢于言表的幸福感。于是此项目在改造的基础上，不破坏乡村原有的宁静气氛，不改变村民原有的生活习惯，在独有的冰雪、冷极条件下挖掘和展现属于这里独有的幸福元素，让外地人体验寒冷、感受幸福，让当地人回忆过去、享受幸福，与此同时升级冷极产业，改善职工群众的生活条件。

中国冷极村保持了林场棚户区住宅的历史风格，进行冬季林区风俗生态旅游产品设计，在冷极村中打造具有餐饮和住宿接待功能的"中国冷极人家"。在旅游产品上主打气候差异牌，吃的是村民自己种植的没有污染的农家菜和森林中的各种蘑菇、野果，以及碱面大馒头、大炖菜，看的是原汁原味的林户人家和原生态的森林风光，睡的是东北大火炕，喝的是林区小烧，玩的是林区特色娱乐抽冰嘎、坐冰车、锯木头、劈半子，体味的是普通百姓的淳朴。

第四节 根河源国家湿地公园生态旅游概况

一、发展历程

根河源国家湿地公园于 2011 年被国家林业局正式批复为国家级湿地公园（试点），是全球环境基金中国湿地保护体系项目示范点，大兴安岭房车和自驾车露营基地荣获 2012~2013 年"中国最受欢迎六大露营地"；2014 年被第一房车旅游网评为"中国最受欢迎十佳露营基地"；2014 年 6 月国家体育总局钓鱼运动协会把湿地公园确定为"中国游钓基地"；2014 年 8 月被内蒙古自治区总工会授予"职工疗休养基地"；2015 年被国家林业局湿地保护管理中心评为"全国 23 家重点建设国家湿地公园之一"；2015 年 2 月 4 日被国家旅游局和环境保护部共同评审为 2014 年度国家生态旅游示范区；2015 年 8 月 14 日被评为国家 4A 级景区；2016 年 9 月被评定为中国森林养生基地；2016 年 10 月被中国汽车摩托车联合会评为全国汽车自驾运动营地；2017 年被国家林业局评为"全国生态旅游示范县"和"冬季旅游示范单位"；2017 年 12 月被中国林业产业联合会评为"中国森林体验基地"。

2011 年 10 月根河源国家湿地公园聘请国家林业局调查规划设计院编写了《内蒙古根河源国家湿地公园总体规划》，2013 年聘请了北京 AECOM 设计公司编写了《根河源国家湿地公园总体规划及重要节点地区详细规划》。根河源国家湿地公园根据这两本规划，下一步将建设内蒙古大兴安岭环境教育中心（学校），实现根河源国家湿地公园"中国环境教育的珠穆朗玛""中国冷极天然博物馆"的总体定位。建立越野车自驾环线、中国最后的使鹿部落（玛利亚索使鹿部落）等项目。

根河源国家湿地公园森林覆盖率高达 97%，公园建设以保护生态环境为前提，合理地利用自然资源，让游客在休闲娱乐的同时了解湿地、认识湿地的重要性。

二、主要旅游项目

根河源国家湿地公园景区从 2011 年建设到现在，已建设了大兴安岭房车和自驾车露营基地、冷极湾观景栈道、雾海栈道、大兴安岭雪地摩托基地、野外拓展训练基地、野生动物驯养观赏园等景区，开展了冷极湾漂流、沙滩野炊、鄂温克民族歌舞表演、森林氧吧体验、野生浆果采摘、自驾车环线体验、徒步穿越探险、探秘马兰湖等休闲体验项目。

（一）大兴安岭房车和自驾车露营基地

大兴安岭房车和自驾车露营基地坐落于根河源国家湿地公园宣教区内，于 2012 年开始规划建设，是根河假日旅游公司全力打造的内蒙古地区首家从事集现代化房车和自驾车露营、户外拓展训练、河谷漂流和自驾休闲体验于一体的森林生态基地。目的是通过房车露营地的模式整合呼伦贝尔、大兴安岭林区的旅游资源，为实现全域旅游奠定基础。

房车基地由拖挂式房车营地、大兴安岭特有的别致的木屋营地、高档户外帐篷露营营地和自驾车露营营地组成。目前基地有房车12辆、木屋36间、露营帐篷40顶，树屋2座，可同时容纳百人以上住宿。房车基地还建有多功能接待大厅，可同时容纳300人以上的用餐和大型会议接待，均采用绿色食材，天然健康。

房车基地运营以来，得到社会各界诸多认可，被评选为"中国最受欢迎六大露营地""职工疗休养基地""中国最受欢迎十佳露营基地""中国游钓基地""全国汽车自驾运动营地"。

2017年计划启动旅游四期建设，用全新理念启动基地D区建设，与C区形成呼应，计划新建具备冬季取暖功能的标间7间，并提升和完善基地原有的基础设施和道路系统，最大限度地拉长接待周期，扩大房车露营基地的接待能力。D区建设定位不仅是接待和休闲娱乐场所，也是培训和湿地公园宣教场所。

基地内，春夏秋三季可体验草坪高尔夫、自行车环线骑乘、户外垂钓、野生浆果采摘、沙滩烧烤、沙滩篝火晚会等娱乐项目。在冬季，基地内可体验驾驶雪地摩托驰骋林海、雪地冰上足球运动、雪地高尔夫、雪地丛林穿越和敖鲁古雅猎民迁徙表演等项目。

（二）鹿苑

鹿苑坐落于内蒙古根河林业局根河源国家湿地公园内，距根河市区12km。园区占地面积742hm^2，始建于2013年。目前园区分为驯鹿饲养区、马鹿饲养区、观光环线区。园内可观赏到百余头全部散放于林内、自由采食林间绿草及苔藓的鹿科动物。游客可乘坐观光车在长14km的观光环线中漫行，能够不时看到小型野生动物自由嬉戏的情景，体现了人与动物、人与自然的和谐。鹿苑内还可以体验射箭、敖鲁古雅民俗文化、越野自行车等特色休闲活动。鹿苑秉承崇尚自然、爱护动物的理念，是体现人与动物完美融合的最佳胜地。

经过2015年和2017年根河林业局两次从荷兰引进共160头驯鹿对根河驯鹿种群进行品种改良，目前根河源国家湿地公园通过引种繁育形成了大兴安岭地区最大的驯鹿种群，经过鹿苑项目升级，园内新建野生动物生态栈道1处、撮罗子（小型民俗展馆）3座，新增驯鹿迁徙演绎活动，已成为根河驯鹿文化、民俗旅游新品牌。

（三）特色木屋

木屋别墅营地是湿地公园的又一特色亮点。营地由36座精致木屋别墅组成，室内温馨舒适，美观整洁。在居住风格上与房车互补，使整个营地功能更加完善，既能体现林区古朴的民风，又不失豪华；既能突出户外露营的休闲，又不乏舒适。

根河源国家湿地公园内的垂钓基地坐落于森林木屋营地C区，让游客体验居住在森林木屋下享受野外垂钓这一休闲项目。

（四）冷极湾景观

冷极湾观景栈道全长2376m，共有五大观景平台，最高点观景平台海拔800m，登顶可看到这段河谷湿地的河流走势形似中国书法中"冷"字的草书体。栈道全部由木板搭建而成，周围配以安全设施和安全提示，使栈道与景观融为一体。在栈道的一旁竖有大兴安岭地区特有植物和野生果树的科普讲解板，游客可以边了解植物特性边登顶到观景平台。游客在山顶的观景平台上欣赏冷极湾美景、巍巍兴安岭的壮阔，拍照留念，记录登高采风的美丽瞬间。

冷极湾漂流是根河地区唯一的天然河谷漂流，这段河谷湿地的河流走势形似中国书法中"冷"字的草书体，冷极湾因此得名。漂流河道全长 7.68km，共有漂流起点码头、漂流中间码头、漂流终点码头 3 个码头。让你融入大自然，体会人在画中游、亲近河流湿地的同时，体验漂流带给你的刺激。

湿地雾海栈道位于根河源国家湿地公园内，根萨线 21km 处，全长 1341.43m，是根河源国家湿地公园独特的自然景观。这里的雾海景观是空气因辐射冷却达到过饱和而形成的，主要发生在晴朗、微风、水汽比较充沛的夜间或早晨。这时，天空无云阻挡，水面热量迅速向外辐射出去，空气温度迅速下降。如果空气中水汽较多，就会很快达到过饱和而凝结成雾，雾海栈道因此得名。放眼望去，云蒸霞蔚，雾霭连绵，云在山间走，水在树中游，宛如人间仙境，犹如海市蜃楼。这碧水青山、蓝天白云形成一幅曼妙的神奇画面，让人美不胜收，流连忘返。

（五）停伐纪念地

为了响应国家生态保护的要求，2015 年 3 月 31 日，在根河源国家湿地公园距离大兴安岭房车和自驾车露营基地 2km 的 517 小工队木材采伐作业区内，内蒙古大兴安岭林区举办了具有历史转折意义的停伐仪式，最后一棵落叶松就在这里被伐倒，伐倒的大树将留在原地，永久保存。517 小工队作业区将成为林区发展历程重大转折的纪念地，J50 拖拉机和油锯上斑驳的印记承载着内蒙古大兴安岭林区走过的风风雨雨，停伐纪念碑标志着大兴安岭地区正式结束了长达 63 年的采伐历史。林区自全面停伐之后，根河林业局全体林业职工也走向了产业转型的新道路。

停伐纪念地有 3 个展区，分别为生产生活用品展示区、生产机械展示区、生产作业展示区。通过这 3 个展区了解林区从 20 世纪 50 年代开始的采伐作业历史，感受到林业工人曾经采伐作业时的生产生活条件。

2015 年 6 月，517 小工队原从事木材生产的林场职工以自愿集资入股的形式，将原517 小工队改造成集住宿、餐饮于一体的森林帐篷主题酒店，实现了放下斧锯、发展绿色旅游的完美转变，将林区工棚文化更好地传播出去。它的建筑面积 800 多平方米，在保留工队原有工棚的基础上进行了改造升级，外观采用小工队使用的帐篷布，内部设施均为纯实木结构，既体现了林区特色，又还原了工队的生活。现有客房 23 间，可同时接待 50 人入住，酒店餐厅可同时容纳 120 人就餐，主打森林特色，如冷水鱼、山野菜、野生菌类，以及森林溜达鸡、自家散养大鹅等。在 2016 年 2 月 8 日举行的内蒙古首届旅游发展大会上，根河林业局作为此次参展单位之一，将林区停伐纪念地 517 小工队生活体验区场景微缩还原，并将特色冷极大铜锅、冷极系列产品一同在大会现场进行展览，吸引了全国各地的游客及摄影爱好者。

（六）"根河之恋"生态纪念林

生态纪念林位于大兴安岭停伐纪念地北侧，由停伐纪念地西侧林间栈道步行 600m 即可到达。"根河之恋"生态纪念林建设灵感来源于中国少数民族作家学会常务副会长叶梅女士的散文《根河之恋》，并在 2016 年北京高考作文中以《根河之恋》作为引题。"根河之恋"生态纪念林阐述了大兴安岭林区由 63 年前的采伐历史过渡到如今保护生态、由采伐木头到生态植树的理念。让来到根河的游客在大兴安岭种下一棵树，从此与大兴安岭结缘，与保护生态意识结缘。目前"根河之恋"生态纪念林在中国（内蒙古大兴安岭）森林旅游节和 2017 年呼伦贝尔旅游发展大会上亮相，社会各界及有关团体两次在此植树，反响非常热烈。

（七）大兴安岭徒步穿越第一大本营

在根河源国家湿地公园的最北端、距离根河市区 88km 的地方，坐落着根河林业局最北的森林管护所——萨吉气森林管护所。

管护所深居大兴安岭原始森林腹地，是野外探险、原始森林徒步穿越爱好者的天堂，以萨吉气森林管护所为中心，向北穿越原始森林可达汗马国家级自然保护区，进而穿越满归至漠河，连接黑龙江大兴安岭旅游线路；向东南穿越可至甘河林业局，连接呼伦贝尔旅游线路东线。

大本营依托管护所基础设施及周边原始森林的自然风光，在为"驴友们"提供食宿服务的同时，也在周边设计出多处观光景点和富有林区森工文化的体验项目，还为徒步爱好者规划了几条原始森林徒步穿越线路，深受"驴友们"的喜爱！

（八）冬季旅游项目

在零下 40 多摄氏度的中国冷极体验严寒和白雪带来的刺激与挑战，品味中国北方为您准备的热情盛宴。热气腾腾的冷极大铜锅、工队大炖菜、驯鹿迁徙实景演艺、泼水成冰体验，以及林区特色食品品尝、雪地摩托车体验、冰上自行车、冰上足球都将让游客获得流连忘返的激情体验。

第五节　结论与讨论

大兴安岭生态旅游活动正开展得如火如荼，成为全国生态旅游的重要目的地。生态旅游活动的开展释放了森林、湿地等自然生态系统和少数民族文化资源的经济活动力，促进了区域的经济发展，也为当地生态环境的建设募集了资金。

多布库尔国家级自然保护区的生态旅游活动总体仍处于发展的初期阶段，游客数量少、旅游景点少、旅游收入少，生态旅游的良性发展机制尚未形成，但是凭借优秀的自然资源和独特的地理位置，生态旅游具有很大的发展潜力。当前，自然保护区已经完成了生态旅游发展规划，设置了多个旅游线路和观光点，为生态旅游工作的开展奠定了基础。通过生态旅游的发展，将有助于实现自然保护区生态景观资源的经济价值，构建生态旅游促进与反哺自然保护区建设和发展的有利格局。

根河源国家湿地公园凭借优秀的自然风光和独特的人文历史，适度开展生态旅游活动，充分发挥了湿地自然观光、旅游、娱乐、科研和教育等方面的功能，现已成为国内知名度较高的生态旅游景区。根河源国家湿地公园开展的生态旅游活动有效地与经济效益、生态环境保护和社会效益相结合，对根河市的深度发展起到了巨大的促进作用。同时将这种促进作用传播到了周边地区，对内蒙古大兴安岭地区的生态保护和生态可持续发展具有重要意义。

两地生态旅游开展都应该做到"名副其实"。当前，环保观念逐渐渗透人心，但生态环境意识总体上还是很淡薄，有关管理法规也还很不健全，政府的财力物力有限，还有很多政府部门人员和群众的观念尚未转变，发展体制也存在一定的缺陷等不利因素，导致生态旅游中"重旅游"和"轻生态"问题广泛存在。生态旅游活跃的地方环境污染加剧，有的地方资源还面临着退化的危险。换而言之，生态旅游产业发展虽然前景广阔，但面临着严峻挑战，需要国家与政府制定此方面的发展战略，加大法律法规的宣传力度，提高国民的整体素质，促使我国的生态旅游资源真正可持续地健康地发展，造福千秋万代。

第六章 根河源国家湿地公园传统知识利用与惠益分享

本章主要介绍根河源国家湿地公园和周边地区遗传资源及其相关传统知识的利用状况、惠益分享情况，以及根河源国家湿地公园的生态系统文化服务，通过文献研究、问卷调查和关键人物访谈等方法，对该地区的遗传资源及其相关传统知识的保存、开发利用、惠益分享现状，以及生态系统文化服务进行了调查与分析。本章实地调查共记录了根河源国家湿地公园和周边地区鄂温克、鄂伦春和达斡尔3个世居少数民族传统利用的遗传资源及其相关传统知识492种（类项），表明该地区具有丰富的遗传资源及其相关传统知识。对135家当地企业和个体户进行调查，分析结果表明，该地区遗传资源及其相关传统知识的商业化开发虽然尚未形成规模，但部分具有较高的市场开发潜力。调查结果表明，该地区获取与惠益分享（access and benefit sharing，ABS）利益相关方——持有方、使用方和监管方的意识和能力建设均存在严重不足。本章对ABS各利益相关方的制度需求和能力建设及ABS可行性进行了简要分析，建议尽快开展ABS意识提高和能力建设培训，建设ABS示范点。根河源国家湿地公园和周边地区存在9种生态系统文化服务和10种景观类型，大部分景观类型的文化服务丰富度处于中高水平，与生态系统文化服务的相互作用明显，其中湿地景观类型的文化服务丰富度最高。

第一节 周边自然环境与社会经济文化概况

一、自然环境与传统文化

根河源国家湿地公园位于大兴安岭北麓西坡中段、内蒙古自治区呼伦贝尔根河市，是北上黑龙江漠河、西南下呼伦贝尔、东南进黑龙江五大连池的一个重要交通节点。地理位置为北纬50°48′~51°13′、东经121°34′~122°41′。总体地势沿根河流域呈东北—西南走向，具有古老的准平地面与浑圆形山体的特征。河网发育，河谷开阔，比较平缓，相对高差在100~300m，地势起伏相对较缓。上游的湿地保育区以覆盖针叶林的山体地貌为主，其他功能区河汊较多。

根河源国家湿地公园属寒温带湿润型森林气候，由于远离海洋，也具有大陆性季风气候的某些特征。其特点是寒冷湿润，冬长夏短，春秋相连，无霜期短，气温年、日较差大。年均气温为–2.6℃。1月平均气温–30.8℃，极端最低气温为–49.6℃。7月平均气温为16.6℃，极端最高气温35.4℃，年均降水量425.5mm，蒸发量939mm。≥10℃的年均积温1308.9℃。年均相对湿度71%，年日照时数平均2614.1h，早霜期为8月下旬，晚霜期为6月上旬，无霜期80~90天。春秋两季风大，一般为4~5级，年平均风速1.9m/s。

根河源国家湿地公园位于中低山丘陵区，沟谷和河谷呈枝网状散布在其间。湿地水源补给主要是大气降水，流出状况为永久性流出，积水主要是季节性积水，地表水pH

为 7.14，分级为弱碱水，矿化度（g/L）为 0.06，分级为淡水，透明度为 1.0m，透明度等级为混浊；地下水水质状况为：pH 6.56，分级为中性，矿化度（g/L）为 0.318，分级为淡水，水质级别为Ⅰ级。主要土壤为棕色针叶林土，分布较为普遍，从山脊到沟谷均有分布。原始植被有兴安落叶松（*Larix gmelini*）、白桦（*Betula platyphylla*）、樟子松（*Pinus sylvestris* var. *mongolica*）。沼泽土主要分布在各沟谷溪旁。草甸土主要分布在根河两岸的岛状宜林荒地及二阶台地上。灰色森林土主要分布在山杨林和白桦林下。

根河地区古代主要是通古斯民族聚居的地方，因此，"根河"一词是混合语，"根"是通古斯语，直直的、没有分叉的意思，是古人对根河形象化的叫法；"河"自然是汉语，所以"根河"一词是汉语和通古斯语结合的词汇。

根河市属于高纬度、高寒冷地区，是内蒙古自治区年平均气温最低的城市，素有"中国冷极"之称。全市气候属寒温带湿润型森林气候，并具有大陆性季风气候的某些特征，特点是寒冷湿润，长冬无夏，春秋相连。无霜期平均为 70 天，最低年份只有 24 天，气温年日较差大，平均气温–4.1℃，极端最低气温–52.6℃，年较差 47.4℃，日较差 20℃，结冻期 210 天以上，境内遍布永冻层，个别地段 30cm 以下即永冻层。2012 年 12 月 24 日至 25 日，首届中国冷极节在根河市隆重开幕。冷极节上，游客欣赏到最自然的冰雪，体验到最独特的民俗，游客在看雪、玩雪的同时，对这里纯天然的土特产品更是情有独钟。

1953 年 2 月，上级有关部门决定成立根河森林工业局，由博克图森林工业局负责筹建，成立根河森林工业局筹备处。1954 年 7 月 1 日，根河森林工业局筹备处撤销，正式成立根河森林工业局。1956 年，根河地区又成立了根河森林经营局，局址设在现在的潮查林场场址一带。1958 年，根河森林工业局和根河森林经营局合并，称根河林业局，分为根河和好里堡两个林业局。1962 年 8 月，根河林业局和好里堡林业局合并，称根河林业局至今。1995 年 12 月 13 日，内蒙古根河林业局将所有经营职能整合组建了中国内蒙古森工集团根河森林工业有限公司。

内蒙古根河林业局名称保留至今，负责社会职能。1998 年国家开始实施天然林资源保护工程，特别是《中共中央、国务院关于加快林业发展的决定》（以下简称《决定》）的出台，给根河林业局带来了新的发展机遇和挑战。根河林业局紧紧抓住这一历史契机，坚持科学发展观，全面深入贯彻落实《决定》精神，认真实施"天保工程"，突出抓生态，重点抓调整，全力谋发展，初步形成了新的产业发展格局，不仅有效保护了森林资源，而且有力地促进了企业经济发展和社会进步。根河林业局连续多年被内蒙古大兴安岭重点国有林管理局评为林区企业管理优秀单位。根河源国家湿地公园内所有湿地包括河道、沼泽和湖泊都在根河林业局管辖范围，同时这些区域都具有林权证，全部属于国有，为今后国家湿地公园的有效保护、管理和经营提供强有力的土地权属保证。

二、少数民族地区社会经济

（一）根河市社会经济概况

根河市位于大兴安岭北段西坡、呼伦贝尔市北部，地理坐标北纬 50°20′~52°30′、东经 120°12′~122°55′，是中国纬度最高的城市之一，东以鄂伦春自治旗为邻，西与额尔古纳市接壤，南连牙克石市，北接黑龙江省大兴安岭地区漠河县、呼中区。南北直线距离最长 240.4km，东西直线距离最宽 198.8km，总面积约 2 万 km^2。

根河市现辖 3 镇 1 乡和 5 个街道办事处，分别是金河镇、阿龙山镇、满归镇、敖鲁古雅鄂温克族乡、好里堡办事处、得耳布尔办事处、河东办事处、河西办事处、森工办事处。2013 年末，根河市总人口 153 257 人，总户数 55 465 户。在总人口中，男性 77 920 人，女性 75 337 人，各占总人口数的 50.84%和 49.16%。其中，市区户数 22 600 户，市区人口 61 613 人。根河市共有 19 个民族，汉族人口 134 888 人，少数民族人口 18 369 人。

2015 年，根河市地区生产总值完成 41.6 亿元，是 2010 年的 1.6 倍，年均增长 7.7%；公共财政预算收入完成 1.8 亿元，是 2010 年的 1.7 倍，年均增长 11.8%；限额以上固定资产投资完成 17.1 亿元，是 2010 年的 2 倍，年均增长 14.8%；社会消费品零售总额达到 19.6 亿元，是 2010 年的 1.7 倍，年均增长 11.5%；非公经济增加值占地区生产总值的比重达到 65.7%，五年提高 6.7 个百分点。

产业培育发展稳步推进，初步形成了多元发展、多极支撑的产业格局。一是文化旅游业融合发展，旅游基础设施逐步完善，旅游线路培育初见成效，文化旅游产品不断丰富，举办了第五届国际驯鹿养殖者代表大会、中国冷极节等活动，根河的知名度和吸引力明显提高。五年累计实现旅游总收入 49.9 亿元，是"十一五"时期的 2.9 倍。二是绿色食品加工业不断壮大，相继实施了野生浆果、食用菌等一批深加工项目，矿泉水和山泉水、布留克开发加工实现突破，野生浆果年设计加工能力较"十一五"期末增长 175%。三是特色种养业稳步发展，特色种养基地建设规模不断扩大、带动作用明显，实施了北极狐、野猪养殖扶贫项目，五年累计种植黑木耳 2300 万袋、灵芝 39 万袋，促进群众就业增收。四是木材精深加工业转型发展，拓展国外木材原料市场，重点扶持根林木业木屋生产项目，全力打造"中国木屋之乡"。五是绿色矿产资源开发业有序发展，矿业五年累计投资 23.5 亿元，选矿能力达到 2010 年的 4 倍，带动了综合经济实力的提升。

（二）鄂温克族自治旗社会经济概况

鄂温克族自治旗地处东北边疆、内蒙古自治区东北部、呼伦贝尔大草原东南部。地理坐标北纬 47°32′50″～49°17′37″、东经 118°48′02″～121°09′25″。全境东西宽 173.25km，南北长 187.75km。鄂温克族自治旗总面积 19 111km^2，占呼伦贝尔市总面积的 7.39%。

鄂温克族自治旗辖 5 个苏木、1 个民族乡、4 个镇，分布是：巴彦托海镇、大雁镇、伊敏河镇、红花尔基镇、巴彦嵯岗苏木、锡尼河西苏木、锡尼河东苏木、巴彦塔拉达斡尔族乡、伊敏苏木、辉苏木。2013 年，鄂温克族自治旗总户数达 53 719 户，总人口为 143 415 人。鄂温克族自治旗是多民族聚居地区，由 25 个民族构成，少数民族人口为 59 205 人，少数民族人口占总人口的比例为 41.3%，其中鄂温克族人口为 11 422 人，占总人口的 8.0%。

2016 年，鄂温克族自治旗生产总值完成 115.69 亿元，同比增长 7%；一般公共预算收入完成 7.78 亿元；限额以上固定资产投资（不包括新区）完成 47.51 亿元，同比增长 14.5%；城乡常驻居民人均可支配收入分别完成 26 964 元和 18 969 元，同比增长 7%和 7.5%；单位 GDP 能耗下降 3.5%；牧业年度牲畜总头数 104 万头（只），奶、肉、草产量分别达到 8 万 t、1.9 万 t 和 11 万 t；累计生产原煤 3033.2 万 t；发电 181.5 亿千瓦时；社会消费品零售总额完成 17.5 亿元，同比增长 10%；实施重点项目 44 个，年度完成投资 32.6 亿元。

全旗三次产业结构比由 7.2∶68.2∶24.6 优化为 6.5∶67.1∶26.4。农牧业转型升级步伐加快，统筹实施各类涉农涉牧项目，投资 1.75 亿元，新建固定棚圈 500 座、储草库 10 座，畜牧业基础设施不断完善；伊赫塔拉、绿祥、华和等一批畜牧业龙头企业不断发展壮大，三河马品种改良工作成绩突出，畜产品可追溯体系不断完善，"互联网+"销售模式发展迅速。

工业经济平稳发展，全旗规模以上工业总产值完成 79.89 亿元，增加值增速完成 7.2%；全年压缩煤炭产能 813 万 t，降幅 20.8%；不断加强工业经济运行调度，规模以上工业企业产销率达 98.3%；重点实施伊敏露天矿剥离土方工艺改造、西排土场 2 万 kW 光伏发电等重点工业项目。

现代服务业健康蓬勃发展，集中力量打造辉河民俗文化旅游带和百公里旅游景观带，实施百户千万旅游富民工程，倾力打造四季旅游，全年旅游接待 60 万人次，实现旅游综合收入 6 亿元；巴彦托海经济技术开发区入驻企业 75 家，全年实现总产值 16.85 亿元；金融保险、邮电通信、交通运输、社区服务等行业持续健康发展。

（三）鄂伦春自治旗社会经济概况

鄂伦春自治旗位于呼伦贝尔市东北部、大兴安岭南麓、嫩江西岸，北纬 48°50′～51°25′、东经 121°55′～126°10′。北与黑龙江省呼玛县以伊勒呼里山为界，东与黑龙江省嫩江县隔江相望，南与莫力达瓦达斡尔族自治旗、阿荣旗接壤，西与根河市、牙克石市为邻。全旗总面积 59 880 km²。

鄂伦春自治旗下辖 8 镇 2 乡（阿里河镇、大杨树镇、吉文镇、甘河镇、克一河镇、乌鲁布铁镇、诺敏镇、宜里镇、托扎敏乡、古里乡）82 个行政村，其中 5 个猎区乡镇、7 个鄂伦春族猎民村。2013 年末，鄂伦春自治旗共有 104 659 户，户籍人口 263 904 人，其中非农业人口 202 845 人，汉族人口 231 906 人，鄂伦春族人口 2675 人。

2016 年，鄂伦春自治旗生产总值完成 69.6 亿元，增长 7.3%；限额以上固定资产投资完成 27.7 亿元，增长 13%；公共财政预算收入完成 1.9 亿元，增长 7%；城镇常住居民人均可支配收入完成 22 075 元，增长 8.1%，农村常住居民人均可支配收入完成 8069 元，增长 7.9%。区域重点帮扶成效显著，落实项目 76 个，到位资金 5.9 亿元。重大工程项目开复工 36 个，开复工率达到 92.3%，完成投资 31.3 亿元。三次产业结构比重由 35.8∶12.7∶51.5 调整为 32∶12∶56。

农牧业稳步发展，第一产业增加值达到 22.6 亿元，增长 4%。克服严重干旱等多重自然灾害影响，粮食产量达到 12.55 亿斤（1 斤=500g），牧业年度牲畜存栏达到 93 万头（只）。特色产业发展进入快车道，中草药、汉麻、蔬菜等经济作物种植面积达到 5 万亩，蓝莓、滑子菇、黑木耳等林下产品全市主产区地位不断提升。新型合作组织快速发展，农民专业合作社达到 651 家、家庭农场达到 219 家。"三品一标"认证步伐加快，黑木耳、蓝莓、北五味子获得国家地理标志认证。农业技术推广成效明显，优质马铃薯种薯繁育亩产达到 5400 斤，高产增效粮油作物种植面积推广达到 50 万亩。惠农政策全面落实，发放各项农业补贴 3.8 亿元，惠及 5.7 万人。农业生产能力持续提升，新增节水灌溉、高标准农田 3.6 万亩，农业生产机耕率达到 88%以上。

工业经济平稳运行，第二产业增加值达到 8.6 亿元，增长 6.2%，其中规模以上工业增速达到 8.2%，位居全市第一。八岔沟西铅锌矿采选配套 110kV 输变电项目开工建设；大杨树 2×20 万 kW 热电联产项目前期要件审核完成，待自治区发改委核准批复；兴安绿康牛羊肉冷链物流、森峰矿泉水、鲜卑源酒业技改项目建成并投产运行；工业园区功能不断完善，入驻企业 5 家。

现代服务业活力增强，第三产业增加值达到 38.4 亿元，增长 10%。文化旅游深度融合，投入 1.9 亿元，拓跋鲜卑历史文化园二期工程开工建设，达尔滨湖国家森林公园升级改造完成并晋升为国家 4A 级旅游景区，多布库尔猎民村荣获"2016 中国美丽休闲乡村"称号，"四大景区、两大节庆"荣登内蒙古名片优秀文化景区、节庆品牌榜。全年接待游客 60.4 万人次，增长 17.4%；实现旅游收入 4.8 亿元，增长 19.4%。商贸物流提质扩容，电子商务快速发展，社会零售品销售总额完成 27.9 亿元，增长 10%。金融支持实体经济持续发力，全年各项存款达到 100 亿元，同比增长 25.7%；各项贷款达到 68.1 亿元，同比增长 38.4%，存贷比达到 68%。非公有制经济占据半壁江山，增加值达到 34.5 亿元，占地区生产总值的 49.6%。

（四）莫力达瓦达斡尔族自治旗社会经济概况

莫力达瓦达斡尔族自治旗位于北纬 48°28′、东经 124°30′，地处呼伦贝尔市最东部、大兴安岭东麓中段、嫩江西岸。全境南北长 203.2km，东西长 125km，北与鄂伦春自治旗接壤，西、南与阿荣旗、黑龙江省甘南县为邻，东与黑龙江省讷河市、嫩江县隔江相望，面积约 1.1 万 km^2。

莫力达瓦达斡尔族自治旗辖 13 个乡镇、220 个行政村、13 个居委会。其中 10 个镇、3 个乡（其中 2 个民族乡）分别为：尼尔基镇、红彦镇、宝山镇、哈达阳镇、阿尔拉镇、汉古尔河镇、西瓦尔图镇、腾克镇、塔温敖宝镇、奎勒河镇、巴彦鄂温克民族乡、库如奇乡、杜拉尔鄂温克民族乡，还有国营甘河农场、国营巴彦农场、国营欧肯河农场、国营东方红农场。莫力达瓦达斡尔族自治旗有汉族、蒙古族、回族、满族、朝鲜族、达斡尔族、俄罗斯族、白族、黎族、锡伯族、维吾尔族、壮族、鄂温克族、鄂伦春族等 17 个民族，主体民族是达斡尔族。2013 年莫力达瓦达斡尔族自治旗总人口 330 527 人，其中达斡尔族人口 32 866 人，鄂温克族人口 6659 人，鄂伦春族人口 371 人。

2016 年，莫力达瓦达斡尔族自治旗生产总值完成 110 亿元，增长 6.2%；规模以上工业增加值增速预计为 6%；限额以上固定资产投资总额预计完成 37 亿元，增长 15.4%；社会消费品零售总额预计完成 34.47 亿元，增长 9%；公共财政预算收入完成 2.66 亿元；城镇常住居民人均可支配收入预计完成 20 420 元，增长 8%；农村常住居民人均可支配收入预计完成 8718 元，增长 8.5%。

莫力达瓦达斡尔族自治旗实施"粮改饲、旱改水、米改豆"等八项改革举措，110 万亩"全国绿色食品原料标准化生产基地"顺利通过农业部复检，成功承办全国"绿色高效大豆模式攻关项目"现场观摩会,认证"三品一标"农产品 39 个,建成菇娘标准化生产基地 8 万亩。不断夯实农业发展基础,新增节水灌溉面积 8.7 万亩,完成"旱改水"面积 2.5 万亩。

尼尔基灌区项目主体工程已完成 80%。全年粮食产量为 32.86 亿斤,有望连续 14 年获得"国家粮食生产先进县"荣誉称号,发放各类涉农资金 4.56 亿元,完成土地流转 501 万亩,农民专业合作社发展至 2771 家,有两家合作社被评为全国农民合作社示范社。大力发展畜牧业,牲畜存栏 338 万头(只),打造了畜牧养殖专业村 54 个,新建圈舍 2.41 万 m^2。推广种植青贮饲料玉米 8 万亩、紫花苜蓿 3700 亩。打造 50 个庭院经济和特色经济示范点。推广林下经济,成功创建林蛙养殖科技示范基地。

三、少数民族文化

(一)鄂温克族文化概况

鄂温克族(俄语:Эвенки,旧称通古斯或索伦)是东北亚地区的一个民族,主要居住于俄罗斯西伯利亚及中国内蒙古和黑龙江两省区,蒙古国也有少量分布。在俄罗斯鄂温克族被称为埃文基人。鄂温克是鄂温克族的民族自称,其意思是"住在大山林中的人们"。鄂温克民族的语言文化具有独特性,属阿尔泰语系之通古斯语族北语支,在日常生活中,鄂温克人多数使用本民族语言,没有本民族的文字,鄂温克族牧民大多使用蒙古文,农民则广泛使用汉文。鄂温克人是从游牧发展到定居、从事畜牧业生产的人群。他们的传统文化具有极大的丰富性,最为突出的是服饰文化和饮食文化。

鄂温克人在长期的狩猎实践中,积累了丰富多样的狩猎技术和经验。除用猎枪捕猎外,还采用围猎、陷阱、枪扎、箭射、犬捉、夹子、网套、药毒、药炸等各种捕猎方法。而狩猎知识和经验的传授,早在鄂温克人的孩童时代就已开始,孩子从小就随大人出猎,12 岁便可试枪,随父兄狩猎,先学打灰鼠,再学打大兽。到十六七岁时便可单独狩猎了,到青年时多数人已成为优秀猎手。鄂温克猎民发明制作了滑雪板作交通工具,并用来追赶各种野兽,他们还发明制作舟船。最初他们用 5m 多长的粗大原木刳木为舟,可乘一两人。后来,他们利用桦树皮制造桦皮船,可乘 3 人。

鄂温克人饲养驯鹿具有悠久的历史。相传在很早以前,他们的 8 位祖先在山中狩猎,捉了 6 只野生鹿仔带回饲养,久而久之发展成今天人工饲养的驯鹿。据有关专家考证,鄂温克人饲养鹿可追溯到汉朝以前,《梁书》中关于"养鹿如养牛"的记载指的就是这里饲养驯鹿的北方民族。由于历史的发展和时代的变迁,驯鹿在其他北方民族中都已先后消失,唯独在鄂温克猎民中得以延续。敖鲁古雅是位于根河市鄂温克族的一个部落,以饲养驯鹿为生,是我国现存唯一的驯鹿饲养地,被称为驯鹿之乡。

300 多年前,敖鲁古雅鄂温克族自勒拿河流域迁徙到大兴安岭,以狩猎和饲养驯鹿为生,敖鲁古雅鄂温克族乡是中国唯一的使鹿部落,也被称为"中国最后的狩猎部落"。他们在长期的历史发展过程中创造了丰富多彩、弥足珍贵的文化遗产,逐渐形成了包括驯鹿文化、"萨满"文化、桦树皮文化等在内的极具民族学研究价值的"使鹿部落"文化,被世界称为研究北方民族的活化石。这些文化遗产成为敖鲁古雅鄂温克族情感和精神的载体。驯鹿文化节是敖鲁古雅乡的独有节日，每年6月举行，主要内容包括"驯鹿王"评比活动、民族服饰表演，以及青年猎民搭建撮罗子和锯木头比赛。2003年，他们离开了世代居住的大山，搬迁至根河市近郊的新址，开始融入现代生活。2005年，当地政府在敖鲁古雅乡举行了首届"使鹿部落文化节"。

鄂温克族创造了丰富多彩的传统文学艺术。他们的民间文学包括神话、传说、故事、叙事诗、谚语、谜语等，其中传达着古代鄂温克人的信仰观念、历史轶事、理性思维，蕴含了人们向往美好、追求进取的情感。

（二）鄂伦春族文化概况

鄂伦春语属阿尔泰语系满-通古斯语族通古斯语支，没有文字，现在主要使用汉语汉文。

鄂伦春族的传统节日不多，主要节日是农历新年，还有篝火节。近现代，鄂伦春人的社会组织结构发生了根本性的变化，宗教信仰也淡出了鄂伦春人的思维。鄂伦春族受其他民族的影响，也过中秋节、端午节、新年等节日。春节对于鄂伦春人来说是庆祝狩猎丰收、辞旧迎新的喜庆日子，因此鄂伦春人对春节十分重视。每年的6月18日是鄂伦春民族的传统节日——篝火节。这一天，鄂伦春人都要点燃篝火，欢歌舞蹈，欢庆自己民族的节日。

过去，鄂伦春人的饮食以兽肉为主，鱼、野菜为辅，后来传入了米面。鄂伦春人喜欢食用狍子、鹿、犴、野猪、熊肉，同时也食用小动物和飞禽肉。米面食主要有面片、油面片、烙面饼、烧面、面汤、油炒面、肉粥、稠李子粥、黏饭等。鄂伦春人喜欢喝五味子汤和桦树汁。每年春季的五六月，在桦树根部砍一个小口，桦树汁便会涌出，清澈透明，甘甜可口。鄂伦春人还喝一种称为"弟尔古色"的桦树浆，将桦树的外皮剥掉，用猎刀在树干上轻轻刮下乳白色的黏稠状树液，其味甘甜清爽。

在长期的狩猎生产和社会实践中，鄂伦春人创造了丰富多彩的精神文化，如口头创作、音乐、舞蹈、造型艺术等。口头创作是鄂伦春人主要的文学形式。他们的神话、传说、民间故事、歌谣等广泛地涉及了民族历史、社会、狩猎采集、风土人情、生活习俗等各个方面的内容。

（三）达斡尔族文化概况

"达斡尔"这个族称是达斡尔人的自称。尽管这个称呼在明末清初才较多地在史籍中记载，但是在此很久以前，达斡尔族就已经生息、繁衍在中国北方广袤的土地上了。达斡尔族是一个具有久远历史文化的民族。关于达斡尔族的族源，自清代以来就一直受到历史研究者的关注，他们提出了多种达斡尔族族源的观点，其中得到较多论述并占主导地位的观点是契丹后裔说。

由于居住生活在大山草原和江河流域，达斡尔人充分利用依山傍水的自然条件，不仅从事作为主要食物来源的具有一定规模的农业，还从事以获得奶、肉、役畜为目的的定居畜牧业，从事获得各种野生皮毛、肉类的狩猎业，从事改善饮食生活的渔业、采集业，并且从事以商业交换为目的的放排业、运输业、烧炭业、大轱辘车制造业，形成了综合利用自然资源、各业相互促进、适于对外交换的比较优化的产业结构,这是达斡尔族传统经济的一大特色和优势。在此基础上,形成了达斡尔族内涵丰富、底蕴深厚、风格独特的民族文学艺术、礼仪民俗。

达斡尔族有自己民族的语言,达斡尔语属于阿尔泰语系蒙古族语,分为布特哈方言、齐齐哈尔方言、海拉尔方言和新疆方言 4 种,各方言之间可以通话交流。达斡尔语以丰富的语汇记录了达斡尔人对于高山、草原、江河的依恋,叙述了民族的岁月沧桑和文化创造。千百年来,达斡尔语联结、维系了达斡尔族人民的思想感情、生产生活和历史文化,说达斡尔语成为达斡尔人感到骄傲和自豪的事情。达斡尔族在清代主要使用满文,20 世纪以后使用汉文、蒙古文,新疆地区的达斡尔族也使用哈萨克文。

达斡尔族是具有爱国主义传统的英雄民族,是善于多种经营、各业兴旺的民族,是文化底蕴深厚、能歌善舞的民族,是尊老敬长、讲究礼仪的民族,是注重教育、人才辈出的民族,是真诚质朴、开放进取的民族,是与各兄弟民族团结互助、共同发展的民族。

第二节　遗传资源及传统知识调查与评估

一、遗传资源及传统知识名录

参照环境保护部 2014 年发布的《生物多样性相关传统知识分类、调查与编目技术规定(试行)》,对根河市、鄂温克族自治旗、鄂伦春自治旗、莫力达瓦达斡尔族自治旗等地区鄂温克族、鄂伦春族和达斡尔族等民族的传统知识实地调查资料进行整理、编目,编制了根河源国家湿地公园及周边地区遗传资源及其相关传统知识名录。该名录共记录作为传统知识载体的遗传资源 492 种(类),其中农作物遗传资源 68 种(类)、畜禽遗传资源 11 种(类)、渔业遗传资源 27 种(类)、林木遗传资源 20 种(类)、微生物遗传资源 10 种(类)、野生植物遗传资源(非药用)66 种(类)、药用生物遗传资源 290 种(类)。

由此可见,根河源国家湿地公园及周边地区保存有丰富的遗传资源及其相关传统知识,这些遗传资源及其相关传统知识是由当地世居的鄂温克族、鄂伦春族、达斡尔族、蒙古族等民族群众在长期生产生活实践中创造和积累的,对于该地区生物多样性的可持续利用和保护具有重要的促进作用,同时也能够为该地区的社会经济发展提供物质基础。

二、遗传资源及传统知识开发利用现状

(一)经营主体分析

实地调查发现,根河源国家湿地公园及周边地区遗传资源及其相关传统知识的开发利用尚处于起步阶段,未形成规模。截至 2017 年 7 月底,根河市注册的生产、加工、经营林特产品的企业和个体户共计 135 家,其中有限责任公司 9 家、非法人企业分支机构 2 家、农民专业合作社 1 家、个人独资企业 1 家、个体户 122 家。个体户的比例为 90.37%,占绝大多数,而现代市场经济中处于主体的有限责任公司仅有 9 家,占比只有 6.7%,

表明该地区的遗传资源及其相关传统知识的开发利用远未达到市场化水平，还有巨大的开发利用潜力。

在经营规模方面，由于难以获取各经营企业和个体户的实际销售金额，因此采用注册资金作为衡量各经营主体经营规模的依据。注册资金 1000 万元以上的仅有 1 家，为呼伦贝尔雪域生物科技有限公司，注册资金为 5000 万元；注册资金 100 万元以上的有 3 家，分别是根河市兴安鹿业有限责任公司（200 万元）、根河市万豪商务宾馆（200 万元）、根河市华汇山野特产品销售中心（100 万元）；注册资金 10 万元以上（含）100 万元以下的有 21 家；注册资金 5 万元以上（含）10 万元以下的有 24 家；注册资金 2 万元以上（含）5 万元以下的有 35 家；注册资金 2 万元以下的有 51 家。上述数据表明，根河源国家湿地公园及周边地区遗传资源及其相关传统知识的经营规模普遍很小，表明该地区遗传资源及其相关传统知识的开发利用程度还远远不足。

（二）开发利用的潜在重要对象

前述实地调查结果表明，根河源国家湿地公园及周边地区拥有至少 493 种（类）作为传统知识载体的遗传资源，如此丰富的遗传资源蕴含着巨大的经济开发价值。结合市场调研、访谈调查及参与式问卷调查，该地区具有极高经济开发价值的遗传资源，包括如下方面：①食用类遗传资源，如木耳、都柿、羊奶子、红果、布留克、松子、各种菌类等；②药用类遗传资源，如灵芝类、桦树泪、回心草、杜香、黄芪、不老草等；③工业建材和其他用途类，如桦树，桦树皮可制作工艺品，锯末是上好的菌类培养基等；④观赏花卉类，如兴安翠雀花、大花杓兰、马兰花、花锚、龙胆等。同时，该地区具有重要的经济、文化、生态价值的传统知识，包括：①驯鹿养殖，鹿产品（包括鹿肉、鹿皮、鹿茸、鹿血、鹿胎等）加工制作技术；②工艺品（兽皮画、桦皮画、鹿哨、口弦琴、木雕等）加工制作技术；③鄂温克族、鄂伦春族和达斡尔族等民族传统医药知识；④鄂温克族、鄂伦春族和达斡尔族等民族传统服饰加工制作技术；⑤鄂温克族、鄂伦春族和达斡尔族等民族传统建筑技术，如撮罗子、柳条包、靠老宝等；⑥鄂温克族、鄂伦春族和达斡尔族等民族传统文学艺术，如传统节日、宗教文化、神话传说、音乐、舞蹈、体育竞技等。

第三节　遗传资源及传统知识惠益分享

以公平合理的方式共享遗传资源的商业利益和其他形式的利用，即建立获取与惠益分享（access and benefit sharing，ABS）制度是《生物多样性公约》的三大目标之一。2010 年在生物多样性公约缔约方大会第 10 次会议（COP-10）上达成了《生物多样性公约关于遗传资源获取与公平和公正地分享其利用所产生惠益的名古屋议定书》（简称《名古屋议定书》）。2016 年 9 月 6 日，中国政府正式加入《名古屋议定书》。

2013 年 4 月，GEF 秘书处发布了 GEF 第六增资期规划方向方案，其中生物多样性战略部分的核心内容就是遗传资源的惠益分享。2017 年 3 月 23 日，环境保护部发布了《生物遗传资源获取与惠益分享管理条例（草案）》（征求意见稿）公开征求意见。国家林业局也在积极推进《林业生物遗传资源获取与惠益分享管理办法》的制订与实施。2013年，国家林业局科技发展中心在贵州省黔东南苗族侗族自治州实施了林业生物遗传资源获取与惠益分享试点项目。

中国是全球 12 个生物多样性大国之一，遗传资源及相关传统知识极其丰富，但长期以来，我国一直是发达国家获取遗传资源及其相关传统知识的主要对象，外国机构和个人通过多种非正当手段大量获取我国丰富的生物遗传资源，流失数量和价值难以估量。开展 ABS 案例研究及试点工作，对于推进我国的 ABS 制度立法进程、促进我国生物多样性和遗传资源及相关传统知识的保护与可持续利用、维护各利益相关者的权益、促进地区经济发展和文化传承具有重要的实践价值。

一、惠益分享现状分析

根河源国家湿地公园及周边地区遗传资源及其相关传统知识 ABS 利益相关者包括：①持有方，鄂温克族、鄂伦春族和达斡尔族地方社区、家族或个人；②使用方，外地和本地企业、科研机构等；③监管方，内蒙古根河林业局、根河源国家湿地公园管理局及根河市政府相关部门。

通过对各利益相关者进行访谈，结果表明：仅有内蒙古根河林业局和根河源国家湿地公园管理局的极少数领导干部对 ABS 制度有所了解；地方社区对遗传资源及其相关传统知识的权利意识尚停留在简单的实物产品层次，对 ABS 制度几乎没有了解；企业管理人员对 ABS 制度的认知几近空白；根河市政府相关部门工作人员对 ABS 制度认知严重不足。

通过实地调查，根河源国家湿地公园及周边地区虽然没有开展正式的 ABS 制度实践活动，但根河源国家湿地公园内部的驯鹿观赏项目体现了一定的惠益分享意识。目前，在根河源国家湿地公园管辖区域内部，仍居住有 1 户猎民（当地人将以传统方式放养驯鹿的鄂温克族村民称为猎民），该户猎民现养殖有 10 多头驯鹿。根河源国家湿地公园管理局每年为该户猎民提供一定数量的饲料，以减少驯鹿对湿地公园内苔藓的过度采食；湿地公园管理局为发展旅游，设立了驯鹿养殖观光点，租借猎民的驯鹿，每年向猎民支付租金；同时湿地公园管理局为猎民提供就业机会。

总体而言，根河源国家湿地公园及周边地区遗传资源及其相关传统知识 ABS 利益相关者的 ABS 意识和能力建设存在较大不足，急需开展 ABS 意识提高和能力建设的科普宣传与培训工作，以提供各利益相关者的 ABS 意识和能力建设，切实保护该地区遗传资源及其相关传统知识合理有序的开发利用及各利益相关者的合法权益。

二、惠益分享制度需求与能力建设分析

由于根河源国家湿地公园及周边地区遗传资源及其相关传统知识 ABS 制度建设尚未开展，各利益相关者——持有方、使用方和监管方对 ABS 制度均存在巨大需求，亟待提高能力建设。ABS 意识不足是三方共同面临的首要问题。持有方，包括鄂温克族、鄂伦春族和达斡尔族地方社区、家族或个人，缺乏对遗传资源及其相关传统知识的深入

了解，缺乏 ABS 意识，容易导致遗传资源及其相关传统知识的流失。使用方，包括企业和科研机构，ABS 意识严重不足，在对遗传资源及其相关传统知识进行商业开发的过程中，仅关注到遗传资源及其相关传统知识产品的经济价值，而忽略持有方在选育遗传资源和积累传统知识方面的知识产权。监管方，包括内蒙古根河林业局、根河源国家湿地公园管理局和根河市政府相关部门，也缺乏 ABS 意识，对遗传资源及其相关传统知识的商业开发过程中的 ABS 事项没有进行相应的制度设计和监管实施。各利益相关者急需加强 ABS 制度能力建设。持有方需要了解 ABS 制度的基本原则和程序，提高谈判能力和水平，改善其在遗传资源及其相关传统知识商业开发中的弱势地位。使用方需要了解 ABS 相关法规政策，遵循 ABS 制度的基本原则和程序，积极承担企业的社会责任，合理有序地开发利用遗传资源及其相关传统知识，保障持有方公平公正的权益。监管方需要重视 ABS 制度建设，掌握相关国际公约和国内政策法规，结合本地实际，出台相应的 ABS 政策和措施，开展 ABS 示范建设，加快 ABS 制度建设。

三、惠益分享可行性分析

《生物多样性公约》《名古屋议定书》和《生物遗传资源获取与惠益分享管理条例（草案）》（征求意见稿）已经对 ABS 制度的核心内容、要点和原则做出了较为详细的规定与说明。ABS 制度的核心内容包括：持有方的事先知情同意程序；持有方与使用方之间共同商定条件；在体现公平惠益分享原则的基础上，持有方与使用方签订合同，并由政府主管机构批准并监督实施。ABS 制度的要点包括：明确主管当局，建立管理模式，建立登记制度，审批遗传资源及相关传统知识国际证书，签订惠益分享协议，确定惠益分享形式（货币和非货币惠益），建立信息交换机制，设立检查机构，建立监督检查制度，建立出入境检验及许可制度，建立来源披露制度，保护利益相关者利益，加强能力建设，设立惠益分享基金，促进技术转让，开展宣传教育，引导公众参与。ABS 制度的原则包括：遵循国家主权，保护优先，事先知情同意，共同商定条件，科学合理利用，公平分享惠益。

根河源国家湿地公园及周边地区具有丰富的遗传资源及其相关传统知识，其中部分具有极高的经济开发价值。通过对 ABS 利益相关者开展宣传培训工作，提高其 ABS 意识和能力建设。依据国际公约和国内法规政策，参照国内外 ABS 制度和示范点建设经验，结合本地实际情况，开展遗传资源及其相关传统知识 ABS 制度建设具有可行性。

四、惠益分享措施建议

（一）开展 ABS 制度宣传培训工作

进一步深入了解各利益相关者的 ABS 认知状况和培训需求，针对不同利益相关者的关切点编写相应的宣传培训材料，结合实际情况采取适合的宣传和培训方式，提高各利益相关者的 ABS 意识和能力。

针对持有方，即地方社区、家族或个人，由于其在 ABS 关系中往往是弱势群体，首先需要提高其对遗传资源及其相关传统知识价值和权利的认识，培养其自觉保护意识，特别是注重通过培训提高其与企业和科研机构进行谈判的能力。

针对监管方，即政府机构和执法人员，主要采取专家讲座和研讨会的形式，以理论学习、经验交流和问题研讨为主，结合国内外典型案例的剖析进行学习和研究，注重点面结合，理论和实践相结合，旨在提高管理人员在 ABS 议题上的理论水平和 ABS 管理与执法能力。

针对使用方，即企业和科研机构，需要开展 ABS 基础知识的宣传教育；一方面加强企业遵章守纪和社会责任的培训，以及在法规缺失的情况下道德行为守则的培训；另一方面通过广泛深入的理论与政策学习，以国内外各种生物剽窃的典型案例为线索分析在现代技术条件下生物剽窃的手段及其对国家利益的危害，加强科研人员在对外合作中对国家遗传资源保护的意识和责任心。

实施 ABS 制度，需要全民的参与，需要培养广大公众参与遗传资源及其相关传统知识保护、ABS 实践活动的意识和积极性。通过 ABS 基础知识和实际案例的分析，提升媒体对遗传资源和传统知识重要性的认识，以科学知识为基础，通过各种传媒形式，调动全社区参与保护遗传资源和传承传统知识的积极性及自发性。

（二）建设 ABS 示范点

选择已经或者具备规模化商业开发的遗传资源或传统知识产品作为目标，尝试开展 ABS 示范点建设。鉴于各利益相关者的 ABS 意识和能力建设不足，ABS 示范点建设应由监管方——政府部门主导。首先，需要确定主管部门，由该部门统一负责 ABS 示范点建设；其次，依据国家法律法规明确管理模式；再次，调查掌握 ABS 示范目标的资源属性、价值属性和商品属性，确定持有方和使用方；再次，在遵循事先知情同意和共同商定条件原则的基础上，设计 ABS 协议书；最后，建立有效的监督检查制度，对 ABS 实施过程中的重要节点，包括召开相关研讨会、签订惠益分享协议，以及协议的执行等，进行监督。

第四节　生态系统文化服务功能调查与评估

一、生态系统文化服务与民族文化

生态系统服务自 20 世纪 90 年代提出后在国际上迅速成为生态学、地理学及环境科学的研究热点和前沿（唐晓云和吴忠军，2006；Fu and Yu, 2016）。联合国 2000~2005 年开展的千年生态系统评估计划明确了生态系统服务的概念，即生态系统服务（ecosystem service）是人类从生态系统中所获得的各种惠益（Kumar, 2005）。生态系统文化服务是指通过精神生活、发展认识、思考、消遣娱乐及美学欣赏等方式，人类从生态系统获得的非物质收益，包括知识体系、社会关系及美学价值等方面（Chan et al., 2011；Daniel et al., 2012；Milcu et al., 2013）。

作为生态系统四大服务之一，与其他服务相比，生态系统文化服务更能直接或直观地反映人们的感受和认知，从而有利于提高人们自觉自愿保护生态系统的意识（Gobster et al.，2007）。文化服务研究中的感知、价值等可以使人类更加明了生态系统服务对人类所做出的贡献，但同时文化服务又以其他生态系统服务为依托基础，通过人类活动及人类感官体现出来（徐亚丹等，2016）。没有人类的参与、体验、感触及发展，就没有生态系统文化服务的存在，也没有人类文明的产生和发展。虽然生态系统服务研究已经成为当前国内外生态学和相关学科研究的前沿与热点，但大多数研究侧重于供给服务、支持服务和调节服务研究，文化服务方面的研究则由于其本身过于抽象，且难以量化，研究的角度、深度均受到一定的限制而未能得到全面的研究和探讨。

生态系统服务作为人类赖以生存与发展的资源和环境基础，不仅为人类提供各种丰富的物质资源，还为人类提供各种精神养分。民族文化是人类与生态系统相互作用的产物，是民族地区人们在长期的历史发展过程中适应其所生息繁衍的自然生态环境所形成的物质文化和精神文化的总和，它既是一个社会学概念，又体现了生态系统文化服务的内涵（胡洁，2016）。

二、调查方法及受访人基本信息

项目一方面通过查阅、搜集、整理鄂温克族、鄂伦春族、达斡尔族三个少数民族民族文化相关的专业文献、新闻报道和网络资料，了解并理清民族文化的传统特点和现状特征，以此来构建少数民族的文化基础；另一方面通过深入访谈和参与式问卷调查了解少数民族居民对于生态系统文化服务的感知与认识。项目对根河源国家湿地公园及周边地区的居民及常驻工作人员进行问卷调查，共发放问卷250份，回收227份，有效问卷199份（完整率为79.6%），有效问卷受访者的基本信息如表6-1所示。

表6-1 受访人基本信息列表

基本信息		实地调查
性别比率	男	49.5%
	女	50.5%
民族分布	汉族	30.2%
	鄂温克族	5%
	鄂伦春族	7%
	达斡尔族	11.6%
	蒙古族	34.2%
	满族（其他）	12%
教育水平	没上过学	10.1%
	小学	2%
	初中	44.7%
	高中	24.6%
	大学	17.6%
	研究生及以上	1%
受访者平均年龄段/岁		30~40
受访者平均收入区间/（万元/年）		1~3

三、根河源国家湿地公园及周边地区生态系统文化服务与少数民族文化

根河源国家湿地公园地处大兴安岭地区，自然生态原始，具有丰富的生物多样性，发挥着重要的生态系统服务功能。同时，根河源国家湿地公园及周边地区是鄂温克族、鄂伦春族、达斡尔族3个少数民族的发祥地和聚居区，在适应当地气候环境、利用生物多样性的历史过程中，鄂温克族、鄂伦春族和达斡尔族3个少数民族孕育了独特的民族文化，并从当地获取了大量的生态系统文化服务。鄂温克族、鄂伦春族和达斡尔族3个少数民族既是当地资源的主要利用者，又是湿地和自然生态系统所提供的生态系统文化服务的主要获益者。项目通过调查和访谈根河源国家湿地公园当地居民及其周边地区的少数民族居民，识别出根河源国家湿地公园及周边地区居民认识中或感受到的生态系统文化服务的类型及鄂温克族、鄂伦春族和达斡尔族这3个本土主要少数民族的文化特征（表6-2）。

表6-2 调研区域主要少数民族及相关文化特征

少数民族类型	相关文化特征
鄂温克族 鄂温克是鄂温克族的民族自称，其意思是"住在大山林中的人们"	1.有动物崇拜、图腾崇拜和祖先崇拜等残余，部分氏族以鸟类和熊等为图腾崇拜对象 2.民间文学包括神话、传说、故事、叙事诗、谚语、谜语等 3.喜爱和保护驯鹿，将它们视为吉祥、幸福、进取的象征，也是追求美好和崇高理想的象征 4.鄂温克人积累了丰富多样的生活技术和经验，包括围猎、陷阱、枪扎、箭射、制作桦树皮制品 5.鄂温克人崇尚天鹅，以天鹅为图腾。天鹅舞是鄂温克族的民间舞蹈，鄂温克语称为"斡日切"。妇女闲暇时喜欢模仿天鹅的各种姿态，自娱而舞，逐渐演变成一种固定的舞蹈——天鹅舞 6.传统民居"撮罗子" 7.鄂温克族妇女擅长刺绣、雕刻、剪纸等工艺。图样多取材于生产、生活，如鹿、鸟、云、花卉等 8.桦树皮上面刻、镂、绘各种几何纹、花草纹、动物纹图案，雕刻艺术可分为骨刻、木刻等。刺绣的技法有平绣、锁绣、额绣补花等，所用色彩醒目夸张，图案有云卷纹、几何纹、花草、动物、人物等 9.崇敬火神 10."敖包"会宰牛、羊作祭品，祈求人畜平安 11.民间对于时间、距离、度量衡、方向、预测年成、气候等形成了独具特色的一套方法
达斡尔族	1.供奉有与农业相关联的"嘎吉日巴尔肯"（土地神）、"巴那吉音"（土地神），有与畜牧业息息相关的"吉雅其巴尔肯"（富畜神），也有与渔猎经济密切相关的"毕日给巴尔肯"（河神）、"白那查"（山神）和"巴特何巴尔肯"（猎神） 2.民间文学，包括神话、传说、民间故事、谚语、谜语、祝赞词、民歌和民间舞蹈歌词在内的民间文学作品，不仅题材广泛，而且其内容丰富，全面地反映了达斡尔族人民物质生产和社会生活、历史和文化等方面的内容 3.吟诵体韵律诗"乌钦" 4.祭祀神灵的角调式民歌 5."哈莫"（熊的吼声）、"格库"（布谷鸟的叫声）、"珠喂"（呼唤鹰的声音）等与自然相关的舞蹈和伴奏 6.达斡尔族舞词的种类有很多，如《鱼》《鹿》《齐尼花如》《美路列》《过河摘菜》
鄂伦春族	1.鄂伦春族崇拜的自然神有太阳神、月亮神、北斗星神、火神、天神、地神、风神、雨神、雷神、水神、青草神、山神等。除自然崇拜外，鄂伦春先民还崇拜"牛牛库（熊）""老玛斯（虎）"图腾 2.传统长袍身上装饰"弓剪形""鹿角形""云卷形"等图案 3.传说、故事、神话、谚语、谜语、歌谣、笑话、歇后语等讲唱文学，如"摩苏昆" 4.民族特有的医药卫生知识与经验 5.花、鸟、鱼、虫和小动物的图案等刺绣 6.神话故事、人物形象、动物形象、装饰图案等是剪皮艺术的题材 7.云纹、回纹、几何纹、波浪纹、环带纹、十字纹、团花等图样的雕刻

总体来说，根河源国家湿地公园及周边地区居民认识中或感知到的生态系统文化服务主要分为9种。

1）生理和心理健康，区域内具体表现为平和幽静，对个人有放松意义的场所。调研中被提到的描述为"经常去一些地方感觉自己会更健康更精神了"。

2）美学价值，区域内具体表现为景色优美，或对个人有独特美感的场所。调研中被提到的描述为"我觉得在这里有些地方很美，很漂亮"。

3）休闲娱乐，区域内具体表现用于娱乐活动（散步、遛狗、骑马、游泳、采摘、钓鱼、打猎等）的场所。调研中被提到的描述为"我空闲的时候喜欢在一些地方消磨时间"。

4）文化遗产，区域内具体表现为与当地历史和文化有关的地点。调研中被提到的描述为"这个区域在历史上很重要/很有名气/有特殊意义/这些地方有文物古迹"。

5）地方感，区域内具体表现为培养经历形成，有归属感或有家的感觉的场所。调研中被提到的描述为"我对一些地方很有归属感/我不愿意离开这里去其他地方生活/离开这里很久的话，我会想回来""我在这儿生活交到了很多朋友/建立了很多社会关系/我在这里有过很多难忘的回忆/我祖祖辈辈都生活在这里"。

6）宗教信仰和精神价值，区域内具体表现为精神、宗教或其他形式的特殊个人意义的场所。调研中被提到的描述为"这个地方风水很好/我在这里可以得到保佑/我会在这些地方祭拜神灵"。

7）创意和灵感，区域内具体表现为激发新思想、创意或创造性表达的场所。调研中被提到的描述为"我在有些地方会受到一些启发或得到一些创作的灵感（手工艺图案，绘画，叙事诗歌，技法）"。

8）教育和科研，区域内具体表现为可以认识了解动植物、物种知识、生活劳作常识，或具有科学科普用途的场所。调研中被提到的描述为"我在有些地方学习到动植物的种类，怎么与动物相处，怎么种植等等/我知道有学生来这里参观或做研究"。

9）社会联系，区域内表现为有稳定的社会关系和祖源关系。调研中被提到的描述为"我在这儿生活交到了很多朋友/建立了很多社会关系/我在这里有过很多难忘的回忆/我祖祖辈辈都生活在这里"。

四、根河源国家湿地公园及周边地区生态系统文化服务评估

（一）生态系统文化服务感知度

问卷结果表明，生态系统文化服务在根河源国家湿地公园及周边地区受访者中的感知度较高。其中，70.8%的受访者能够感知到全部9种生态系统文化服务，单种服务的感知人数比例在91.5%～99.5%。对于感知每种服务的受访者人群，其社会经济情况分布（如年龄、民族、收入水平等）基本与总体受访者分布相仿。

在所有受访者中，感知生态系统文化服务的种类小于3的只有3人（1.5%），年龄均在30～40岁，属于中等收入人群（小于3万元）。感知生态系统文化服务的种类在4～6种的人约占总数的5%（10人），教育程度均在初中程度以下。93.5%的受访者感知到2/3以上的生态系统文化服务，该部分受访者人群分布基本与总体分布相仿。值得注意的是，受教育程度较高的人群，感知到生态系统文化服务的类别明显多于受教育程度较低的人群，特别表现在教育和科研、生理和心理健康两种服务上。其次，在感知生态系

统文化服务较多的群体中，受访者经济收入主要分布在中高等水平（1万~3万元和3万~5万元）。

由于根河源国家湿地公园的建立和2017年森林采伐政策的调整，根河源国家湿地公园及周边居民的主要群体为根河源国家湿地公园（及旅游公司）的常驻工作人员、根河源国家湿地公园区域内各林场的工作人员及区域内生活或季节性游牧的少数民族居民，这也间接导致该区域内活动的居民及常驻工作人员主要分布在青壮年，即20~50岁，以壮年劳动力（30~40岁）为主。这种现象在结果中也多有体现，见图6-1。

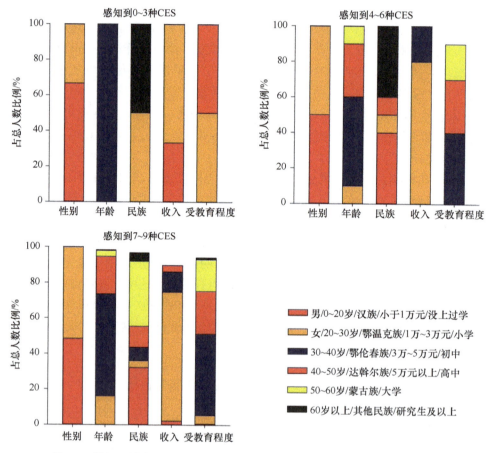

图6-1　根河源国家湿地公园及周边地区受访人群生态系统文化服务感知度
其中不满100%的区间为受访者未提供信息部分。CES为生态系统文化服务

（二）生态系统文化服务感知价值

除生态系统文化服务的识别之外，项目进一步针对根河源国家湿地公园及周边地区居民对各项生态系统文化服务的感知价值进行了分析。结果表明（图6-2），在被识别出的9种生态系统文化服务中，创意和灵感被认为具有最高的价值，其次为美学价值和文化遗产、生理和心理健康。创意和灵感的高感知价值与当地多种少数民族混居且少数民族丰富的手工艺技巧及音乐文化表达形式相呼应。在所有被识别的生态系统文化服务中，教育和科研具有相对较低的感知价值。

第六章 根河源国家湿地公园传统知识利用与惠益分享 | 213

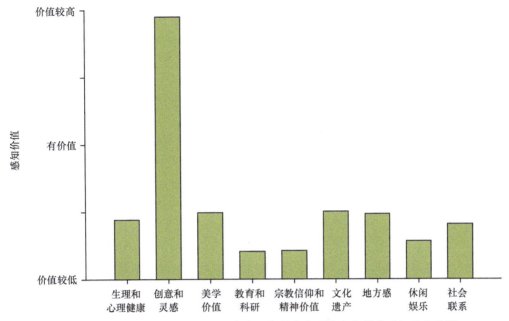

图 6-2 根河源国家湿地公园及周边地区各种生态系统文化服务感知价值总图

为进一步验证少数民族特征对以上总体感知价值可能存在的影响，我们分析了根河源国家湿地公园及周边地区不同少数民族居民对不同生态系统文化服务类型的价值感知情况。(图 6-3)。在采集到的各少数民族居民中，蒙古族居民对于各项生态系统文化服务都具有相对较高的感知价值，且对各项服务的感知比较稳定。鄂温克族居民认为创意

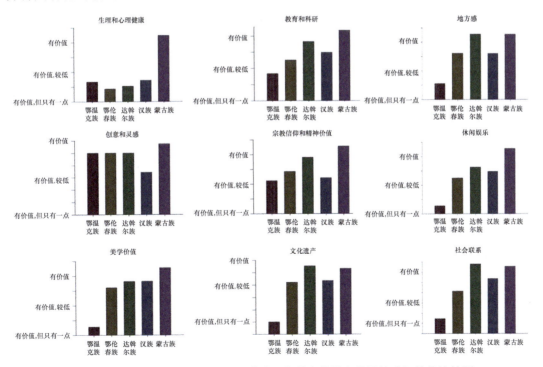

图 6-3 根河源国家湿地公园及周边地区各种文化服务分民族感知价值比较图

和灵感、宗教信仰和精神价值及教育和科学具有相对较高的价值。鄂伦春族居民更看重创意和灵感、美学价值和文化遗产三种文化服务。达斡尔族居民则认为除创意和灵感外，地方感和文化遗产也具有很高的价值。结合访谈内容，达斡尔族居民对于地方感的着重感知与其历史迁徙的文化背景之间存在很大联系。

在被根河源国家湿地公园及周边地区居民识别出的9种生态系统文化服务中，民族间差异最显著的是生理和心理健康及创意和灵感两项。蒙古族居民感知的生理和心理健康价值远高于其他4个民族；而汉族居民感知的创意和灵感价值明显低于其他4个少数民族。造成以上两项明显差异的原因除上述民族不同的文化背景外，还与不同民族居民的生计模式有关。例如，与少数民族居民相比，汉族居民对于手工艺品制作和图腾信仰的依赖明显更低，因此汉族居民拥有更少的需要、更少的机会从中得到创意和灵感。

（三）生态系统文化服务与当地景观

结合根河源国家湿地公园及周边地区的数据结果，项目着重通过直观的生态系统文化服务丰富度和生态系统文化服务的景观依赖性分析被受访者识别和感知的生态系统文化服务与其周边景观的相互关系。景观的生态系统文化服务丰富度和生态系统文化服务的景观依赖性被提出并用于表示它们的相互作用。景观的文化服务丰富度主要与两个因素相关，即其提供的文化服务的多样性和从该景观感知到单项文化服务的人数。与之相对的，每种生态系统文化服务的景观依赖性取决于可提供该种服务的景观类型及在相应景观中识别出该服务的人数。

景观的文化服务丰富度与生态系统文化服务的景观依赖性是一组用来衡量和定性地表达描述性结果的指数。景观的文化服务丰富度（Cesver）与该景观提供的文化服务类型数量和该景观中识别出每种文化服务的人数占从所有景观中识别出每种服务的比例呈正相关，表达如下式

$$|Cesver| \downarrow n = F(T_n, P_n) \qquad (6-1)$$

式中，F为函数关系；T_n为景观提供的文化服务类型数量；P_n为该景观中识别出每种文化服务的人数占从所有景观中识别出每种服务的比例。

结果表明，在根河源国家湿地公园及周边地区存在的10种景观类型中，大部分景观类型的文化服务丰富度都处于中高水平，与生态系统文化服务的相互作用明显。其中，湿地景观类型的文化服务丰富度明显高于其他景观类型。河流与湖泊景观和草地景观、森林景观同样具有很大的文化服务丰富度，但明显次于沼泽湿地景观。寺庙与敖包景观、历史遗迹、柳条包等传统民居等具有类似的文化服务丰富度，略低于河流及森林等根河源国家湿地公园及周边地区的主要景观类型。除农田景观外的其他景观类型全部提供了8种识别出的生态系统文化服务。农田景观的文化服务丰富度最低，因为其只提供了地方感及教育和科研两种服务。其中，根河源国家湿地公园（及其园内设施如宿营地、采摘园等）作为一个整体同样被识别出多种文化服务类型（如休闲娱乐、生理和心理健康等），由于难以将其拆分或归并入其他景观类型，故作为其他也具有较为丰富的文化服务多样性，见图6-4。

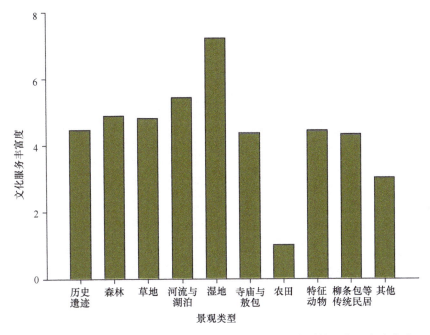

图 6-4　根河源国家湿地公园及周边地区各景观的生态系统文化服务丰富度

此外，生态系统文化服务的景观依赖性侧面论证了类似结果。文化服务的景观依赖性（D_i）与提供该服务的景观类型数呈负相关，并和该景观中识别出每种文化服务的人数占从所有景观中识别出每种服务的比例呈正相关，表达如下式

$$D_i = F(N_i, P_i) \tag{6-2}$$

式中，F 为函数关系；N_i 为提供该服务的景观类型数量；P_i 为该景观中识别出每种文化服务的人数占从所有景观中识别出每种服务的比例。

在根河源国家湿地公园及周边地区，大部分的文化服务类型对于沼泽湿地景观的依赖性最高，尤其是美学价值、宗教信仰和精神价值、文化遗产。文化遗产、宗教信仰和精神价值及地方感对于寺庙与敖包景观的依赖性明显。除农田景观外，大部分文化服务对于各景观类型都有一定的依赖性，以沼泽湿地景观和河流与湖泊景观这两种根河源国家湿地公园及周边地区的主要景观依赖性最高。

根河源国家湿地公园及周边地区自然生态原始，具有丰富的生物多样性，发挥着重要的生态系统服务功能。生态系统文化服务在根河源国家湿地公园及周边地区受访者中的识别程度和感知程度都较高，七成以上的受访者能够感知到全部9种生态系统文化服务。创意和灵感被认为具有最高的价值，其次为美学价值和文化遗产、生理和心理健康。

不同少数民族的文化服务识别特征区别明显。其中，蒙古族居民对于各项生态系统文化服务都认为具有相对较高的感知价值，且对各项服务的感知比较稳定；鄂温克族和鄂伦春族居民更看重创意和灵感；达斡尔族居民对于地方感的着重感知与其历史迁徙的文化背景之间存在很大联系。少数民族不同的文化背景和不同民族居民的生计模式对根河源国家湿地公园及周边地区居民的文化服务识别与感知，主要体现在生理和心理健康及创意和灵感两项。蒙古族居民感知的生理和心理健康价值远高于其他 4 个民族；而汉族居民感知中的创意和灵感价值明显低于其他 4 个少数民族。

在根河源国家湿地公园及周边地区存在的 10 种景观类型中，大部分景观类型的文化服务丰富度都处于中高水平，与生态系统文化服务的相互作用明显，沼泽湿地景观和河流与湖泊景观这两种当地优势景观最高，农田的文化服务丰富度最低。大部分的文化服务类型对于湿地景观的依赖性最高，尤其是美学价值、宗教信仰和精神价值、文化遗产。文化遗产、宗教信仰和精神价值及地方感对于寺庙与敖包景观的依赖性明显。

参 考 文 献

安消云. 2011. 洞庭湖湿地生态补偿问题研究. 中南林业科技大学学报(社会科学版), 5(3): 48-49.
鲍达明, 谢屹, 温亚利. 2007. 构建中国湿地生态效益补偿制度的思考. 湿地科学, 5(2): 129-133.
鲍达明. 2007. 全国湿地保护工程规划实施要点. 湿地科学与管理, 3(2): 18-20.
陈援. 2008. 南矶山成为国家级自然保护区. 中国林业, 8: 36.
戴广翠, 王福田, 夏郁芳, 等. 2012. 关于建立我国湿地生态补偿制度的思考. 林业经济, (5): 70-75.
顾钟炜, 周幼吾. 1994. 气候变暖和人为扰动对大兴安岭北坡多年冻土的影响——以阿木尔地区为例. 地理学报, (2): 182-187.
国家发展和改革委员会. 2007. 东北地区振兴规划. http://www.gov.cn/zwgk/2007-08/07/content_708474.htm [2017-3-10].
国家发展和改革委员会. 2016. 东北振兴"十三五"规划. http://www.gov.cn/xinwen/2016-12/19/5150168/files/7779d2ddc7d24744ac036acaf6a89037.pdf[2017-3-10].
国家林业局. 2000. 中国湿地保护行动计划. 北京: 中国林业出版社.
黑龙江省大兴安岭地区行政公署. 2016. 大兴安岭地区国民经济和社会发展第十三个五年规划. http://www.huma.gov.cn/openness/detail/content/577db4597f8b9a171530c870.html[2017-3-10].
黑龙江省人民代表大会常务委员会. 2001. 黑龙江丰林国家级自然保护区管理条例. http://www.hljrd.gov.cn/detail.jsp?urltype=news.NewsContentUrl&wbtreeid=1355&wbnewsid=7823[2017-3-10].
黑龙江省人民代表大会常务委员会. 2011. 黑龙江南瓮河国家级自然保护区保护条例. http://www.hljrd.gov.cn/detail.jsp?urltype=news.NewsContentUrl&wbtreeid=1193&wbnewsid=4718[2017-3-10].
黑龙江省人民代表大会常务委员会. 2012. 黑龙江双河国家级自然保护区管理条例. http://www.hljrd.gov.cn/detail.jsp?urltype=news.NewsContentUrl&wbtreeid=1386&wbnewsid=9762[2017-3-10].
黑龙江省人民代表大会常务委员会. 2013. 黑龙江呼中国家级自然保护区管理条例. http://www.hljrd.gov.cn/detail.jsp?urltype=news.NewsContentUrl&wbtreeid=1364&wbnewsid=9341[2017-3-10].
黑龙江省人民代表大会常务委员会. 2015. 黑龙江省湿地保护条例. http://www.forestry.gov.cn/portal/hljb/s/4993/content-825836.html[2017-3-10].
黑龙江人民政府. 2008. 黑龙江省人民政府关于加快大小兴安岭生态功能区建设的意见.
胡洁. 2016. 民族文化对生态系统服务的影响研究——以北方农牧交错带回族文化和蒙古族文化为例. 中国科学院大学博士学位论文.
环境保护部. 2011. 中国生物多样性保护战略与行动计划. 北京: 中国环境科学出版社: 22.
环境保护部. 2015. 全国生态功能区划(修编版). 中国环境报, 6.
廖凌云, 赵智聪, 杨锐. 2017. 基于6个案例比较研究的中国自然保护地社区参与保护模式解析. 中国园林, 33(8): 30-33.
刘春济, 高静, 朱海森. 2002. 关于西部旅游与民族文化生态的几点思考. 旅游论坛, 13(3): 39-41.
刘国强. 2008. 积极推动中国湿地生物多样性保护的主流化——"中国湿地生物多样性保护与可持续利用"项目的经验. 湿地科学, 6(4): 447-452.
刘宏娟, 胡远满, 布仁仓, 等. 2009. 气候变化对大兴安岭北部沼泽景观格局的影响. 水科学进展, 20(1): 105-110.
逯元堂, 吴舜泽, 陈鹏, 等. 2012. "十一五"环境保护投资评估. 中国人口资源与环境, 22(10): 43-47.
内蒙古自治区环境保护厅. 2015. 内蒙古自治区自然保护区条例实施办法. http://www.nmgepb.gov.cn/zwgk/zcfg/dffg/201509/t20150917_1492898.html[2017-3-10].

内蒙古自治区人民代表大会常务委员会. 2007. 内蒙古自治区湿地保护条例. http://www.shidi.org/sf_4353DD5222514D7D82DD6F07BF0C43EE_151_sdb.html[2017-3-10].

南海涛. 2012. 内蒙古大兴安岭林区外来有害生物危害现状及防控对策. 林业机械与木工设备, 40(12): 16-18.

秦大河, Stocker T, 259 名作者, 等. 2014. IPCC 第五次评估报告第一工作组报告的亮点结论. 气候变化研究进展, 10(1): 1-6.

曲占一, 董福元. 2008. 浅谈《黑龙江省湿地保护条例》执行中存在的问题及对策. 林业科技情报, 40(2): 28-29.

任艳梅. 2016. 基于典型区域自然保护区资金投入的绩效评价研究. 北京林业大学硕士学位论文.

苏桂莲. 2007. 天池自然保护区生态恢复探索与实践. 林业建设, (2): 58-60.

唐晓云, 吴忠军. 2006. 论西部民族文化资源的旅游开发——一个文化经济学的视角. 广西经济管理干部学院学报, 18(1): 55-59.

温亚利, 李小勇, 谢屹. 2009. 北京城市湿地现状及保护管理对策研究. 北京: 中国林业出版社.

谢屹, 温亚利, 李小勇, 等. 2009. 北京城市湿地保护管理的问题及解决途径. 城市问题, (11): 50-54.

徐亚丹, 陈瑾妍, 张玉钧. 2016. 生态系统文化服务研究综述. 河北林果研究, 31(2): 210-216.

杨永明, 赵承宪. 2005. 黄河湿地保护——包头市南海子湿地自然保护区. 中国城市林业, 3(4): 55-56.

郑颖颖, 杨熙颖, 张小兵. 2014. 天津市七里海湿地水资源修复规划研究. 科技视界, (8): 299.

周公乐. 2005. 中国湿地生物多样性保护与可持续利用——记我国最大的湿地保护项目第二阶段启动. 林业经济, (15): 34-39.

周晶, 章锦河, 陈静, 等. 2014. 中国湿地自然保护区、湿地公园和国际重要湿地的空间结构分析. 湿地科学, 12(5): 597-605.

周梅, 余新晓, 冯林, 等. 2003. 大兴安岭林区冻土及湿地对生态环境的作用. 北京林业大学学报, (6): 91-93.

Aqua-TT Inc. 2003. Treatment of mushroom farm leachate water [online]. Available from http://www.aquatt.com/projects/newmushroom.pdf[2013-2-15].

BenDor Todd, Nicholas Brozović. 2007. Determinants of spatial and temporal patterns in compensatory wetland mitigation. Environmental Management, 40(3): 349-364.

Bojie F U, Dandan Y U. 2016. Trade-off analyses and synthetic integrated method of multiple ecosystem services. Resources Science, 38(1): 1-9.

Brisson J, Vincent G. 2009. The treatment wetland of the Montreal Biosphere: 15 years later. IWA Specialist Group on Use of Macrophytes in Water Pollution Control. Newsletter, 35: 35-39.

Brix H. 1994. Functions of macrophytes in constructed wetlands. Wat Sci Technol, 29(4): 71-78.

Cameron K, Madramootoo C, Crolla A, et al. 2003. Pollutant removal from municipal sewage lagoon effluents with a free-surface wetland. Water Res., 37(12): 2803-2812.

Chan K M A, Goldstein J, Satterfield T, et al. 2011. Cultural services and non-use values. In: Natural capital: Theory & Practice of Mapping Ecosystem Services. Oxford: Oxford University Press: 206-228.

Chazarenc F, Merlin G, Gonthier Y. 2003. Hydrodynamics of horizontal subsurface flow constructed wetlands. Ecol Eng, 21(2-3): 165-173.

Clayton D A Rubec, Alan R Hanson. 2009. Wetland mitigation and compensation: Canadian experience. Wetlands Ecology and Management, 17(1): 3-14.

Cooper P F. 2001. Nitrification and denitrification in hybrid constructed wetlands systems. In: Vymazal J. Transformations on Nutrients in Natural and Constructed Wetlands. Leiden: Backhuys Publishers: pp. 257-270.

Dalland Q. 1978. Preservation of nature and local economic activity–Conflict or mutual interests? Geoforum, 9(1): 49-81.

Daniel T, Muhar A, Arnberger A, et al. 2012. Contributions of cultural services to the ecosystem services agenda. Proceedings of the National Academy of Sciences, 109(23): 8812-8819.

Emily Austen, Alan Hanson. 2008. Identifying wetland compensation principles and mechanisms for Atlantic Canada using a Delphi approach. Wetlands, 28(3): 640-655.

Environmental Law Institute. 2002. Banks and Fees: The Status of Off-Site Wetland Mitigation in the United States. Washington DC: Environmental Law Institute.

EU Commission. 2008. 2008 Amending Directive 2003/87/EC so as to include aviation activities in the scheme for greenhouse gas emission allowance trading within the Community. http://eur-lex.europa, eu/LexUriServ/LexUriServ, do. 2008-11-19[2012-1-1].

Finlay-Jones J. 1997. Aspects of wetland law and policy in Australia. Wetlands Ecology and Management, 5: 37-54.

Font X, Cochrane J, Tapper R. 2004. Tourism for protected area financing: understanding tourism revenues for effective management plans. Leeds (UK): Leeds Metropolitan University.

Gobster P H, Nassauer J I, Daniel T C, et al. 2007. The shared landscape: what does aesthetics have to do with ecology? Landscape Ecology, 22(7): 959-972.

Government of Canada, Department of Justice. 2012. Wastewater systems effluent regulations. http://laws-lois.justice.gc.ca/eng/regulations/SOR-2012-139/FullText.html[2013-1-12].

Hammer D A. 1992. Creating Freshwater Wetlands. Boca Raton: Lewis Publishers: 298 pp.

Ji G D, Sun T H, Ni J R. 2007. Surface flow constructed wetland for heavy oil-produced water treatment. Bioresour Technol, 98(2): 436-441.

Kirby A. 2002. Wastewater treatment using constructed wetlands. Can. Water Res. J., 27(3): 263-272.

Knight R L, Payne V W E Jr, Borer R E, et al. 2000. Constructed wetlands for livestock wastewater management. Ecol. Eng., 15: 41-55.

Kumar P. 2005. Ecosystems and Human Well-being: Synthesis. Future Survey, 34(9): 534.

Liu C, Du D S, Huang B B, et al. 2007. Biodiversity and water quality variations in constructed wetland of Yongding river system. Acta Ecol. Sin., 27(9): 3670-3677.

Matthews J W, Endress A G. 2008. Performance criteria, compliance success, and vegetation development in compensatory mitigation wetlands. Environmental Management, 41: 130-141.

Merino Joy, Aust Christiane, Caffey Rex. 2011. Cost-efficacy in wetland restoration projects in Coastal Louisiana. Wetlands, 31: 367-375.

Michael D Kaplowitz, John Kerr. 2003. Michigan residents' perceptions of wetlands and mitigation. Wetlands, 23(2): 267-277.

Milcu A I, Hanspach J, Abson D, et al. 2013. Cultural ecosystem services: a literature review and prospects for future research. Ecology & Society, 18(3): 261-272.

Naylor S, Brisson J, Labelle M A, et al. 2003. Treatment of freshwater fish farm effluent using constructed wetlands: the role of plants and substrate. Water Sci. Technol., 48: 215-222.

Norris R. 1999. Funding protected area conservation in the wider Caribbean: a guide for managers and conservation organisations. UNEP and TNC.

Ouellet-Plamondon C, Chazarenc F, Comeau Y, et al. 2006. Artificial aeration to increase pollutant removal efficiency of constructed wetlands in cold climates. Ecol. Eng., 27(3): 258-264.

Pries J H, McGarry P. 2001. Constructed wetlands for feedlot runoff treatment in Manitoba [online]. Seidelson C. Commissioning an industrial waste water treatment system in China. Int. J. of Latest Res. Sci. Technol., 1(2): 76-79.

Pries J H. 1994. Wastewater and Stormwater Applications of Wetlands in Canada. Ottawa: North American Wetlands Conservation Council (Canada): 66 pp.

Ricketts T H, Daily G C, Polasky S. 2011. Natural Capital: Theory & Practice of Mapping Ecosystem Services. Oxford: Oxford University Press: pp. 206-228.

Rochfort Q T, Anderson B C, Crowder A, et al. 1997. Field-scale studies of subsurface flow constructed wetlands for storm water quality enhancement. Water Qual. Res. J. Canada, 32(1): 101-117.

Shari Clare, Irena F Creed. 2014. Tracking wetland loss to improve evidence-based wetland policy learning and decision making. Wetlands Ecology and Management, 22: 235-245.

Tang X, Huang S, Scholz M, et al. 2009. Nutrient removal in pilot-scale constructed wetlands treating eutrophic river water: assessment of plants, intermittent artificial aeration and polyhedron hollow polypropylene balls. Water Air Soil Poll., 197: 61-73.

UNEP. 2014. The Importance of Mangroves to People: A Call to Action. http://www.unepcmc.org/system/dataset_file_fields/files/000/000/275/original/DEPI_Mangrove_ES_report_complete_Low_Res.pdf?1416237427[2015-1-1].

WWF. 2014. Living Planet Report 2014: Species and spaces, people and places. Gland, Switzerland. Mediterranean Wetlands Observatory.